全国计算机等级考试命题研究中心　编著
飞思教育产品研发中心
未来教育教学与研究中心　　联合监制

U0123802

>>>>>>>> **National Computer Rank Examination** >>

全国计算机等级考试

上机考试题库

二级Visual FoxPro

飞思考试中心
Fecit Examination Center

电子工业出版社
Publishing House of Electronics Industry

北京·BEIJING

内 容 简 介

本书依据教育部考试中心最新发布的《全国计算机等级考试考试大纲》，在最新上机真考题库的基础上编写而成。本书在编写过程中，编者充分考虑等级考试考生的实际特点，并根据考生的学习规律进行科学、合理的安排。基础篇、达标篇、优秀篇的优化设计，充分节省考生的备考时间。

全书共 4 部分，主要内容包括：上机考试指南、上机考试试题、参考答案及解析及 2009 年 9 月典型上机真题。

本书配套光盘在设计的过程中充分体现了人性化的特点，其主体包括两部分内容：上机和笔试。通过配套软件的使用，考生可以提前熟悉上机考试环境及考试流程，提前识上机真题之庐山真面目。

本书可作为全国计算机等级考试培训和自学用书，尤其适用于考生在考前冲刺使用。

图书在版编目（CIP）数据

全国计算机等级考试上机考试题库. 二级 Visual FoxPro / 全国计算机等级考试命题研究中心编著.

北京：电子工业出版社，2010.1

（飞思考试中心）

ISBN 978-7-121-09872-7

I. 全… II. 全… III.①电子计算机－水平考试－习题②关系数据库－数据库管理系统，Visual FoxPro－水平考试－习题 IV.TP3-44

中国版本图书馆 CIP 数据核字（2009）第 206396 号

责任编辑：王树伟
特约编辑：李新承
印　　刷：涿州市京南印刷厂
装　　订：涿州市桃园装订有限公司
出版发行：电子工业出版社
　　　　　北京市海淀区万寿路 173 信箱　邮编 100036
开　本：880×1230　1/16　印张：10.75　字数：464.4 千字
印　次：2010 年 1 月第 1 次印刷
印　数：6 000 册　　定　价：24.80 元（含光盘 1 张）

凡所购买电子工业出版社图书有缺损问题，请向购买书店调换。若书店售缺，请与本社发行部联系，联系及邮购电话：（010）88254888。

质量投诉请发邮件至 zlts@phei.com.cn，盗版侵权举报请发邮件至 dbqq@phei.com.cn。

服务热线：（010）88258888。

如何能顺利通过上机考试

全国计算机等级考试在各级考试中心、各级考试专家和各考点的精心培育下，已得到社会各界的广泛认可，并有了很高的知名度和权威性。考试分为笔试和上机两部分，其中上机考试一直令许多考生望而生畏，如何能顺利通过上机考试呢？

全国计算机等级考试专业研究机构——未来教育教学与研究中心历时8年，累计对两万余名考生的备考情况进行了跟踪调查，通过对最新考试大纲、命题规律和历年真题的分析，结合考生的复习规律和备考习惯，在原有7次研发修订的基础上，对本书又进行了大规模修订和再研发，希望能帮助考生顺利地通过上机考试。

1. 基础篇、达标篇、优秀篇

基础篇：覆盖上机考试的所有考点和题型。适合学练结合，使考生掌握绝大部分上机题的解法；通过"基础篇"内容的学习，考生可以基本掌握真考题库中90%试题的解法，有效避免题海战术。

达标篇：比基础篇题目稍难，覆盖所有考点和题型，适合以练为主，查漏补缺；若熟练掌握"达标篇"的内容，则考生已经可以顺利通过上机考试了。

优秀篇：题目较难，覆盖所有考点和题型，适合基础较好的考生练习；通过本篇的练习，能横扫所有偏、难题，争取高分，保证过关。

2. 模拟考试、智能评分、考试题库

登录、抽题、答题、交卷与真考一模一样，评分系统、评分原理与真考一模一样，让考生在真考环境下综合训练、模拟考试。模拟考试系统采用考试题库试题，考试中原题出现率高，且提供详细的试题解析和标准答案，错题库、学习笔记等辅助功能亦可使复习事半功倍。

3. 实用考试信息

历次考试均有考生因为忽略了上机考试的应试技巧，加之较为紧张的考场气氛，影响了水平的正常发挥，在很多小的环节上出现失误，导致一着不慎满盘皆输。为此，我们为考生准备了备考经验、应试技巧、机考误区等实用资料，旨在帮助考生从容应对并顺利通过考试。

"师傅领进门，修行在个人"，大量考生备考实例表明：只要结合"3S学习法"的优化思路，合理使用好本书及智能考试模拟软件，就能轻松顺利地通过上机考试。

丛书编委会

丛书主编　詹可军

学科主编　轲凤丽

编　　委（排名不分先后）

目　录

第一部分

上机考试指南

Part 1

报 名

考生须携带身份证（户口本、军人身份证件或军官证皆可）及两张一寸免冠照片，到就近考点报名。填写报名信息，缴纳报名费（80元左右，各地异），并领取一份考试通知单

领取准考证

一般在考前一个月左右，考生需携带上述的相关证件，以及考试通知单到考点领取准考证。注意：要现场核对考生身份信息，如有问题还可以修改

模拟考试

一般在考前一周左右，考生可以携带上述证件和准考证到考点参加模拟考试，考生最好不要错过

正式考试

携带上述证件、2B铅笔、蓝（黑）色签字笔、橡皮等考试工具在指定时间到达考点，一般上午考笔试，下午考上机（有时上机考试可能会推迟一两天）

成绩查询

按照准考证背面的提示，在指定时间（一般为考后一个月左右）查询成绩，查询方式有多种，考生届时要多关注网上的相关信息，或与考点联系

领取证书

查询考试成绩通过后，考生须与考点联系，在指定的时间，携带上述相关证件到考点领取证书，并须交纳约5元的证书费用

1.1　最新大纲专家解读

1.1.1　二级公共基础知识考试大纲

基 本 要 求

(1)掌握算法的基本概念。

(2)掌握基本数据结构及其操作。

(3)掌握基本排序和查找算法。

(4)掌握逐步求精的结构化程序设计方法。

(5)掌握软件工程的基本方法,具备初步应用相关技术进行软件开发的能力。

(6)掌握数据库的基本知识,了解关系数据库的设计流程及方法。

考 试 内 容

1. 基本数据结构与算法

大纲要求	专家解读
(1)算法的基本概念:算法复杂度(时间复杂度与空间复杂度)的概念和意义 (2)数据结构的定义:数据的逻辑结构与存储结构;数据结构的图形表示;线性结构与非线性结构的概念 (3)线性表的定义:线性表的顺序存储结构及其插入与删除运算 (4)栈和队列的定义:栈和队列的顺序存储结构及其基本运算 (5)链表的定义:线性单链表、双向链表与循环链表的结构及其基本运算 (6)树的基本概念:二叉树的定义及其存储结构;二叉树的前序、中序和后序遍历 (7)顺序查找与二分法查找算法:基本排序算法(交换类排序、选择类排序和插入类排序)	本部分内容在最近几次考试中,平均分数大约占公共基础知识分值的35% 其中(1)、(4)、(6)是常考的内容,需要熟练掌握,这部分内容多出现在选择题 5～8 题、填空题 1～3 题。其余考查内容在最近几次考试所占比重较小

2. 程序设计基础

大纲要求	专家解读
(1)程序设计方法与风格 (2)结构化程序设计 (3)面向对象的程序设计方法、对象、方法、属性、继承及多态性	本部分内容在最近几次考试中所占分值比重较小,大约为公共基础知识分值的15%。(2)、(3)是本部分考核的重点。多出现在选择题 1～2 题。填空题最近几年没有出现此类内容。

3. 软件工程基础

大纲要求	专家解读
(1)软件工程基本概念:软件生命周期的概念、软件工具与软件开发环境 (2)结构化分析方法:数据流图、数据字典、软件需求规格说明书 (3)结构化设计方法:总体设计与详细设计 (4)软件测试的方法:白盒测试与黑盒测试、测试用例设计、软件测试的实施、单元测试、集成测试和系统测试 (5)程序的调试:静态调试与动态调试	本部分内容在最近几次考试中所占分值比重较小,大约为公共基础知识分值的20%。(3)、(4)、(5)是本部分的考核重点,多出现在选择题 2～4 题。填空题 2～3 题

4.数据库设计基础

大纲要求	专家解读
(1)数据库的基本概念:数据库、数据库管理系统、数据库系统 (2)数据模型:实体联系模型及E-R图,从E-R图导出关系数据模型 (3)关系代数运算:包括集合运算及选择、投影、连接运算,数据库规范化理论 (4)数据库设计方法和步骤:需求分析、概念设计、逻辑设计和物理设计的相关策略	本部分内容在最近几次考试中所占分值比重较大,大约为公共基础知识分值的30%(2)、(3)、(4)是本部分考核的重点。多出现在选择题6~10、填空题3~5。其中关系模型和数据库关系系统更是重中之重,考生须熟练掌握

<h2 align="center">考试方式</h2>

(1)公共基础知识的考试方式为笔试,与C语言程序设计(C++语言程序设计、Java语言程序设计、Visual Basic语言程序设计、Visual FoxPro数据库程序设计、Access数据库程序设计或Delphi语言程序设计)的笔试部分合为一张试卷。公共基础知识部分占30分。

(2)公共基础知识部分包括10道选择题和5道填空题。

1.1.2 二级Visual FoxPro数据库程序设计考试大纲

<h2 align="center">基本要求</h2>

(1)掌握数据数据库系统的基本知识。
(2)基本了解面向对象的概念。
(3)掌握关系数据库的基本原理。
(4)掌握数据库程序设计方法。
(5)能够使用Visual FoxPro建立一个小型数据库应用系统。

<h2 align="center">考试内容</h2>

1.Visual FoxPro基础知识

大纲要求		专家解读
1)基本概念:数据库、数据模型、数据库管理系统、类、对象、事件和方法		基本上以笔试形式考查,考查概念的掌握情况。多出现在选择题11~15题。分值约占总分的3%
2)关系数据库	(1)关系数据库:关系模型、关系模式、关系、元组、属性、域、主关键字和外部关键字	以笔试形式考查,多出现在选择题11~15题、填空题第6、7题,分值约占总分的5%。其中,域完整性和参照完整性也会在上机题中出现,上机试题的抽中几率约为10%。
	(2)关系运算:选择、投影、连接	
	(3)数据的一致性和完整性:实体完整性、域完整性、参照完整性	
3)VF系统特点与工作方式	(1)Windows数据库的特点	以笔试和上机两种形式考查。笔试中常考查(1)、(2)和(4)。上机中常考查(3)的应用。重点是(2)、(3)和(4),分值约占总分的3%。
	(2)数据类型和主要文件类型	
	(3)各种设计器和向导	
	(4)工作方式:交互方式(命令方式、可视化操作)和程序运行方式	
4)VF的基本数据元素	(1)常量、变量、表达式	多出现在笔试试卷的选择题中,主要分布在选择题11~22题,分值约占总分的4%。
	(2)常用函数:字符处理函数、数值计算函数、日期时间函数、数据类型转换函数及测试函数	

2. Visual FoxPro 数据库的基本操作

大纲要求		专家解读
1）数据库和表的建立、修改与有效性检验	（1）表结构的建立与修改	以笔试和上机两种形式考查。笔试中，多出现在选择题15～28题、填空题第8、9题；上机中，多出现在基本操作题。约占笔试试卷分值的4%，上机试题的抽中几率约为15%
	（2）表记录的浏览、添加、删除与修改	
	（3）创建数据库，向数据库添加或移出表	
	（4）设定字段级规则和记录级规则	
	（5）表的索引：主索引、候选索引、普通索引和唯一索引	
2）多表操作	（1）选择工作区	以笔试和上机两种形式考查。笔试中，多出现在选择题15～28题，上机中，多出现在基本操作题。约占笔试分值的3%，上机试题的抽中几率约为15%
	（2）建立表之间的关联：一对一的关联和一对多的关联	
	（3）设置参照完整性	
	（4）建立表间临时关联	
3）建立视图与数据查询	（1）查询文件的建立、执行与修改	以笔试和上机两种形式考查。笔试中，多出现在选择题23～28题，上机中，多出现在简单应用题。约占笔试分值的2%，上机试题的抽中几率约为20%
	（2）视图文件的建立、查看与修改	
	（3）建立多表查询	
	（4）建立多表视图	

3. 关系数据库标准语言 SQL

大纲要求		专家解读
1）SQL 的数据定义功能	（1）CREATE TABLE – SQL	以笔试和上机两种形式考查。笔试中，多出现在选择题29～35题、填空题8～15题，主要考查 SQL 的数据查询功能。上机中，多出现在简单应用题。约占笔试分值的30%，上机试题的抽中几率约为39%
	（2）ALTER TABLE – SQL	
2）SQL 的数据修改功能	（1）DELETE – SQL	
	（2）INSERT – SQL	
	（3）UPDATE – SQL	
3）SQL 的数据查询功能	（1）简单查询	
	（2）嵌套查询	
	（3）连接查询：内连接、外连接（左连接、右连接、完全连接）	
4）分组与计算查询		
5）集合的并运算		

4. 项目管理器、设计器和向导的使用

大纲要求		专家解读
1）使用项目管理器	（1）使用"数据"选项卡	以笔试形式考查，多出现在选择题 19～21 题，填空题第 6、7 题，约占 5%
	（2）使用"文档"选项卡	
2）使用表单设计器	（1）在表单中加入和修改控件对象	以笔试和上机两种形式考查，笔试中，多出现在选择题 27～29 题；上机中，多在综合应用题中出现。约占笔试分值的 2%，上机试题的抽中几率约为 20%。
	（2）设定数据环境	
3）使用菜单设计器	（1）建立主选项	以笔试和上机两种形式考查，笔试中，多出现在选择题 27～29 题；上机中，多在综合应用题中出现。约占笔试分值的 2%，上机试题的抽中几率约为 20%
	（2）设计子菜单	
	（3）设定菜单选项程序代码	
4）使用报表设计器	（1）生成快速报表	以笔试和上机两种形式考查，笔试中，多出现在选择题 27～29 题；上机中，多在综合应用题中出现。约占笔试分值的 2%，上机试题的抽中几率约为 20%
	（2）修改报表布局	
	（3）设计分组报表	
	（4）设计多栏报表	
5）使用应用程序向导		以上机形式考查，抽中几率约为 5%
6）应用程序生成器与连编应用程序		多以上机形式考查，抽中几率约为 3%

5. Visual FoxPro 程序设计

大纲要求		专家解读
1）命令文件的建立与运行	（1）程序文件的建立	以笔试形式考查，多出现在选择题 19～21 题、填空题第 6、7 题，约占比试分值的 5%
	（2）简单的交互式输入、输出命令	
	（3）应用程序的调试与执行	
2）结构化程序设计	（1）顺序结构程序设计	以笔试和上机两种形式考查，笔试中，多出现在选择题 27～29 题；上机中，多在综合应用题中出现。约占笔试分值的 2%，上机试题的抽中几率约为 20%
	（2）选择结构程序设计	
	（3）循环结构程序设计	
3）过程与过程调用	（1）子程序设计与调用	以笔试和上机两种形式考查，笔试中，多出现在选择题 27～29 题；上机中，多在综合应用题中出现。约占笔试分值的 2%，上机试题的抽中几率约为 20%
	（2）过程与过程文件	
	（3）局部变量和全局变量，过程调用中的参数传递	
4）用户定义对话框（MESSAGEBOX）的使用		以上机形式考查，抽中几率约为 2%

考 试 方 式

（1）笔试：90 分钟，满分 100 分，其中含公共基础知识部分的 30 分。

（2）上机操作：90 分钟，满分 100 分。

① 基本操作题（30 分）	项目管理器的基本操作：项目的新建，通过项目管理器新建文件，向项目中添加文件等；数据库和表的基本操作：向数据库中添加表，从数据库中移出或删除表，新建数据表，建立表间联系，设置字段有效性规则及设置参照完整性规则及 SQL 语句相关操作等
② 简单应用题（40 分）	查询和视图的建立，向导的使用，表单常用控件及其属性、事件和方法等
③ 综合应用题（30 分）	下拉菜单的设计，返回系统菜单，简单的程序设计

1.2 上机考试环境及流程

1.2.1 考试环境简介

1.硬件环境

上机考试系统所需要的硬件环境,见表1.1。

表 1.1 硬件环境

主　机	PⅢ1GHz 或以上
内　存	512MB 以上(含 512MB)
显　卡	SVGA 彩显
硬盘空间	500MB 以上可供考试使用的空间(含 500MB)

2.软件环境

上机考试系统所需要的软件环境,见表1.2。

表 1.2 软件环境

操作系统	中文版 Windows XP
应用软件	中文版 Microsoft Visual FoxPro 6.0 和 MSDN 6.0

3.题型及分值

全国计算机等级考试二级 Visual FoxPro 上机考试满分为 100 分,共有 3 种考查题型,即基本操作题(共 4 小题,第 1、2 题各 7 分,第 3、4 题各 8 分,共 30 分)、简单应用题(共 2 小题,每题 20 分,共 40 分)和综合应用题(1 小题,30 分)。

4.考试时间

全国计算机等级考试二级 Visual FoxPro 上机考试时间为 90 分钟,考试时间由上机考试系统自动计时,考试结束前 5 分钟系统自动发出警报,以提醒考生及时存盘,考试时间结束后,上机考试系统自动将计算机锁定,考生不能继续进行考试。

1.2.2 上机考试流程演示

考生的考试过程分为登录、答题、交卷等阶段。

1.登录

在正式开始答题之前,需要进行考试系统的登录。一方面,这是考生姓名的记录凭据,系统要验证考生的身份是否"合法";另一方面,考试系统也需要为每一位考生随机抽题,生成一份二级 Visual FoxPro 上机考试试题。

(1)启动考试系统。双击桌面上的"考试系统"快捷方式,或从开始菜单的"程序"中选择"第?(? 为考次号)次 NCRE"命令,启动"考试系统",出现"登录界面"窗口,如图 1-1 所示。

(2)输入准考证号。单击图 1.1 中的"开始登录"按钮或按回车键进入"身份验证"窗口,如图 1.2 所示。

图 1.1 登录界面　　　　　　　　　　图 1.2 身份验证

(3)考号验证。考生输入准考证号,单击图 1.2 中的"考号验证"按钮或按回车键后,可能会出现两种情况的提示信息。

● 如果输入的准考证号存在,将弹出"验证信息"窗口,要求考生对准考证号、姓名及身份证号进行确认,如图 1.3 所示。

如果准考证号错误,单击"否(N)"按钮重新输入;如果准考证号正确,单击"是(Y)"按钮继续。

图 1.3 验证信息

- 如果输入的准考证号不存在,考试系统会显示相应的提示信息并要求考生重新输入准考证号,直到输入正确或单击 "是(Y)"按钮退出考试系统,如图 1.4 所示。

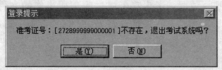

图 1.4 错误提示

(4)登录成功。当上机考试系统成功抽取试题后,屏幕上会显示二级 Visual FoxPro 的上机考试须知,考生单击"开始考试 并计时"按钮,开始考试并计时,如图 1.5 所示。

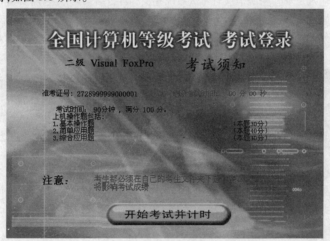

图 1.5 考试须知

2.答题

(1)试题内容查阅窗口。登录成功后,考试系统将自动在屏幕中间生成试题内容查阅窗口,至此,系统已为考生抽取一套 完整的试题,如图 1.6 所示,单击其中的"基本操作题"、"简单应用题"或"综合应用题"按钮,可以分别查看各题型题目要求。

当试题内容查阅窗口中显示上下或左右滚动条时,表示该窗口中的试题尚未完全显示,因此,考生可用鼠标操作显示余 下的试题内容,防止因漏做试题而影响考试成绩。

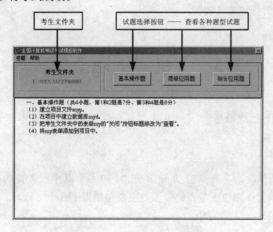

图 1.6 试题内容查阅窗口

（2）考试状态信息条。屏幕中间出现试题内容查阅窗口的同时，屏幕顶部显示考试状态信息条，其中包括：① 考生的准考证号、姓名、考试剩余时间，② 可以随时显示或隐藏试题内容查阅窗口的按钮，③ 退出考试系统进行交卷的按钮。"隐藏窗口"字符表示屏幕中间的考试窗口正在显示，当用鼠标单击"隐藏窗口"字符时，屏幕中间的考试窗口就被隐藏，且"隐藏窗口"字符串变成"显示窗口"，如图 1.7 所示。

图 1.7　考试状态信息条

（3）启动考试环境。在试题内容查阅窗口中，执行"答题"菜单下的"启动 Visual FoxPro 6.0"菜单命令，即可启动 Visual FoxPro 的上机考试环境，考生可以在此环境下答题。

3.考生文件夹

考生文件夹是考生存放答题结果的唯一位置。考生在考试过程中所操作的文件和文件夹绝对不能脱离考生文件夹，同时绝对不能随意删除此文件夹中的任何与考试要求有关的文件及文件夹，否则会影响考试成绩。考生文件夹的命名是系统默认的，一般为准考证号的前 2 位和后 6 位。假设某考生登录的准考证号为"2728999999000001"，则考生文件夹的路径为"K:\考试机机号\27000001"。

4.交卷

考试过程中，系统会为考生计算剩余考试时间。在剩余 5 分钟时，系统会显示提示信息，如图 1.8 所示。考试时间用完后，系统会锁住计算机并提示输入"延时"密码。这时考试系统并没有自行结束运行，它需要输 8 入延时密码才能解锁计算机并恢复考试界面，输入延时密码后，考试系统会自动再运行 5 分钟，在此期间可以单击"交卷"按钮提交试卷。如果没有进行交卷处理，考试系统运行到 5 分钟时，又会锁住计算机并提示输入"延时"密码，这时还可以使用延时密码。只要不进行"交卷"处理，可以"延时"多次。

图 1.8　信息提示

如果考生要提前结束考试并交卷，可在屏幕顶部显示的窗口中单击"交卷"按钮，上机考试系统将弹出如图 1.9 所示的信息提示对话框。此时，考生如果单击"确认"按钮，则退出上机考试系统进行交卷处理，单击"取消"按钮则返回考试界面，继续进行考试。

图 1.9　交卷确认

如果进行交卷处理，系统首先锁住屏幕，并显示"系统正在进行交卷处理，请稍候！"，当系统完成了交卷处理，在屏幕上显示"交卷正常，请输入结束密码："，这时只要输入正确的结束密码就可结束考试。

交卷过程不删除考生文件夹中的任何考试数据。

1.3　上机考试题型剖析

Visual FoxPro 上机考试究竟考什么、怎么考，对于考生来说是至关重要的问题。本部分内容就是通过对题库中试题的仔细分析，总结出上机考试的重点、难点。

1.3.1　基本操作题

基本操作题包括 4 个小题，分值依次为 7 分、7 分、8 分、8 分，共 30 分。其中所考查的内容基本上都是 Visual FoxPro 中最基础的知识，大多属于送分题。基本操作题中所考查的知识点主要包括以下几个方面。

1.项目管理器的基本操作

（1）项目的新建。例如，在考生文件夹下新建一个名称为"my"的项目文件，操作步骤如图 1.10 所示。

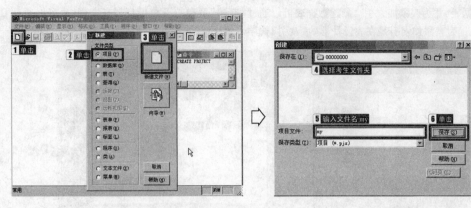

图 1.10　项目的新建

(2)通过项目管理器新建文件。例如,在项目管理器中新建一个名称为"stsc"的数据库文件,并保存在考生文件夹下,操作步骤如图 1.11 所示。

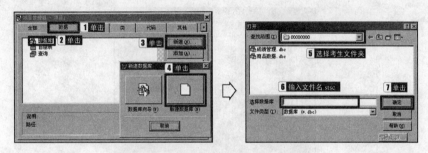

图 1.11　在项目管理器中新建数据库

(3)向项目中添加文件。例如,将考生文件夹下的"图书"数据库添加到项目中,操作步骤如图 1.12 所示。

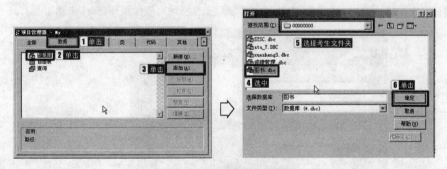

图 1.12　向项目中添加数据库

2.数据库和表的基本操作

(1)向数据库中添加表。例如,将自由表"pub"添加到"图书"数据库中,操作步骤如图 1.13 所示。

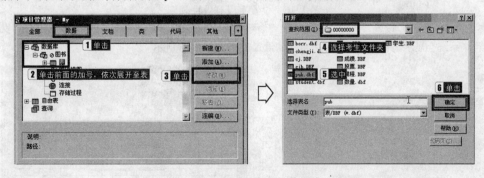

图 1.13　向项目中添加数据库

(2)从数据库中移出或删除表。在项目管理器中,依次展开至需要移出的表,并选中该表,最后单击右侧的"移出"按钮,在弹出的对话框中选择"移出"或"删除"即可。

（3）新建数据表,并为表添加索引。新建数据表可以通过"新建"菜单打开表设计器来实现,也可以通过 Create 命令打开表设计器来实现。为表添加索引是在表设计器的"索引"选项卡中完成的,操作步骤如图 1.14 所示。

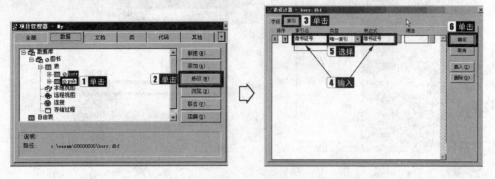

图 1.14 向项目中添加数据库

（4）建立表间联系。为两个表建立永久性联系前,需为两个表添加索引,索引添加后,即可按图 1.15 所示步骤操作。

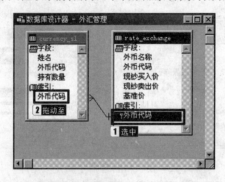

图 1.15 建立表间联系

（5）设置字段有效性规则。例如,为"学生"表的"性别"字段定义字段有效性规则,操作步骤如图 1.16 所示。

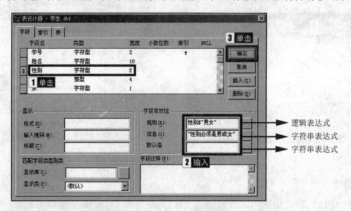

图 1.16 设置字段有效性规则

（6）设置参照完整性规则。设置参照完整性之前需要为数据库中的表建立联系,并且先要执行"数据库"菜单下的"清理数据库"命令,否则系统会显示出错信息。参照完整性的设置过程如图 1.17 所示。

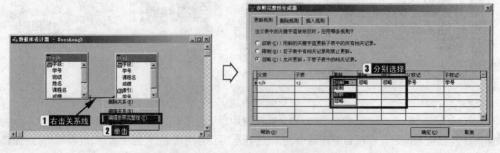

图 1.17 设置字段有效性规则

(7)其他操作。除了上述考核几率很高的知识点外,本大题还涉及表单及控件的基本设置,各种向导和设计器的使用,SQL 语句中的查询、删除、插入和更新等操作。

1.3.2　简单应用题

简单应用题的难度比基本操作题略有增加,它包括 2 个小题,每小题 20 分,共 40 分,并且每小题一般会同时考查几个知识点。简单应用题中所考查的知识点主要包括以下几个方面。

1．查询和视图的建立

查询和视图文件的建立最常用的方法是通过相应的设计器来完成,并且两种设计器的操作几乎相同(视图设计器比查询设计多一个"更新条件"选项卡)。需要考生注意的是,在建立视图前要打开存放视图文件的数据库文件。查询设计器和视图设计器常考的知识点包括"字段"选项卡、"排序依据"选项卡和"查询去向"工具按钮。

2．向导的使用

启动向导最常用的方法有两种,一是选择【文件】→【新建】菜单命令;二是单击常用工具栏中的"新建"按钮。不同向导的操作方法基本相同,下面就以表单为例介绍向导的调用过程,如图 1.18 所示。

 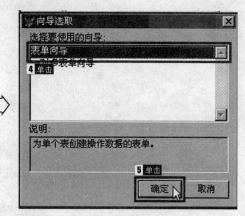

图 1.18　向导的启动

3．表单常用控件及其属性、事件和方法

(1)表单(Form)。Visual FoxPro 上机考试中,一般只会对其 Caption 属性进行考查,考查形式为按题目的要求修改标题处的文字。

(2)命令按钮(Command)。Visual FoxPro 上机考试中,常考的属性、方法和事件如下。

Caption 属性:用于指定按钮中的文字。

Click 事件:单击命令按钮控件触发其 Click 事件。

Release 方法:将指定的对象从内存中释放,即关闭指定的对象。请考生牢记命令语句:THISFORM. RELEASE。

(3)标签控件(Label)。Visual FoxPro 上机考试中,一般只会对其 Caption 属性进行考查,考查形式为按题目的要求修改标签控件处的文字。

(4)表格控件(Text)。Visual FoxPro 上机考试中,常考的属性、方法和事件如下。

RecordSourceType 属性:用于指定与表格建立联系的数据源如何打开。

通过右键菜单中的"生成器"命令指定与表格有联系的数据源。

(5)选项组控件(OptionGroup)。Visual FoxPro 上机考试中,常考的属性、方法和事件如下。

ButtonCount 属性:用于指定选项组中选项按钮的个数。

每个选项按钮的 Caption 属性:用于指定选项组中每个选项按钮的标题名称。

(6)文本框控件(TextBox)。

(7)组合框控件(ComboBox)。

(8)页框控件(PageFrame)。

(9)微调框控件(Spinner)。

(10)时间控件(Timer)。

1.3.3　综合应用题

综合应用题一般是对众多知识点的综合考查,难度较大,它包括 1 个小题,计 40 分。综合应用题中所考查的知识点主要包括以下几个方面。

（1）菜单文件的建立。菜单的设计是在菜单设计器中完成的，Visual FoxPro 上机考试中主要考查系统菜单的设计。

（2）返回系统菜单。请考生牢记命令语句：SET SYSMENU TO DEFAULT，因为凡是考查下拉菜单设计的题，该语句基本上是必考的。

（3）表单文件的建立。表单的建立是在表单设计器中完成的。

（4）简单的程序设计。程序设计最常考的是 SQL 连接查询语句和分组计算查询。如果考生不太熟悉 SQL 语句，则可以借助查询设计器完成查询的设计，然后从查询设计器中将 SQL 命令语句复制到菜单文件中，最后保存即可。

第二部分
上机考试试题

Part 2

目前市场上绝大多数上机参考书都提供大量的试题，受此误导很多考生深陷题海战术之中不能自拔，走进考场之后感觉题目似曾相识，做起来却全无思路，最终导致在上机考试中折戟沉沙。

本部分在深入研究上机真考题库的基础上，对上机考试的题型和考点加以总结。按考点分布、考试题型和题目难度，将上机考试试题分为"基础篇"、"达标篇"和"优秀篇"3部分。使考生不再迷失于题海，帮助考生在更短的时间内，投入更少的精力，顺利通过上机考试。

2.1 基础篇

内容说明： 涵盖上机考试90%的考点和题型。通过学练结合，轻松掌握绝大部分上机题的解法。

学习目的： 通过"基础篇"内容的学习，可以基本掌握真考题库中90%试题的解法，有效避免题海战术。

2.2 达标篇

内容说明： 比基础篇题目稍难，涵盖所有考点和题型，适合以练为主查漏补缺。

学习目的： 在学习"基础篇"的基础上，若再能熟练掌握"达标篇"，则您已经可以顺利通过上机考试了。

2.3 优秀篇

内容说明： 题目较难，涵盖所有考点和题型，适合基础较好的考生练习。

学习目的： 通过本篇的练习，可以横扫所有偏、难题，若熟练掌握，则能争取优秀。

百套题库，考查情况剖析

众所周知，真实的上机考试中所抽到的试题均来源于考试中心组织的一套题库，下表是对该题库考查知识点的总结，旨在使考生在备考过程中能有重点、有目的、有意义地复习。

大类名称	小类名称	抽中几率		
		基本操作	简单应用	综合应用
项目及其基本操作	创建项目	35.00%	0.00%	0.00%
	将数据库添加到项目中	32.00%	0.00%	0.00%
	将表单添加到项目中	10.00%	0.00%	0.00%
	将自由表添加到项目中	1.00%	0.00%	0.00%
	项目中移出数据库	1.00%	0.00%	0.00%
	创建数据库[项目中]	12.00%	0.00%	0.00%
数据库及其基本操作	创建数据库[非项目中]	10.00%	2.00%	0.00%
	数据库中建立表	6.00%	0.00%	1.00%
	将自由表添加到数据库中	43.00%	2.00%	0.00%
	数据库中移除表	21.00%	0.00%	0.00%
	视图	17.00%	25.00%	10.00%
表及其基本操作	创建自由表[表设计器]	10.00%	0.00%	0.00%
	表结构修改[改字段名称]	44.00%	0.00%	0.00%
	表记录[浏览(BROWSE)]	1.00%	1.00%	0.00%
	表记录[物理删除(PCAK)]	1.00%	0.00%	0.00%
	复制表[COPY (structure) TO 表名 的使用]	6.00%	0.00%	0.00%
	索引的建立[候选]	41.00%	8.00%	0.00%
	建立表间联系	27.00%	0.00%	2.00%
	设置参照完整性	10.00%	0.00%	0.00%
查询及SQL语句	创建查询	6.00%	20.00%	1.00%
	SQL语句的相关功能	47.00%	95.00%	85.00%
表单及其基本操作	创建表单	6.00%	41.00%	75.00%
	常用表单控件及其属性、方法	25.00%	84.00%	90.00%
	数据环境	0.00%	5.00%	5.00%
报表及其基本操作		4.00%	21.00%	4.00%
程序及其基本操作		0.00%	8.00%	6.00%
菜单及其基本操作		10.00%	21.00%	14.00%
常用函数的使用		2.00%	19.00%	5.00%

从该表中不难看出，基本操作题所考查的知识点主要集中在项目管理器的简单应用、数据库和数据表的简单应用、索引的建立及简单的SQL语句上；简单应用题主要考查表单、视图、查询及SQL语句的相关操作；综合应用题主要考查表单、菜单、简单程序设计及SQL语句的相关知识。

2.1 基 础 篇

第1套　上机考试试题

一、基本操作题

(1)将数据库"图书"添加到新建立的项目 my 中。

(2)建立自由表 pub(不要求输入数据),表结构如下。

出版社　　　字符型(30)

地址　　　　字符型(30)

传真　　　　字符型(20)

(3)将新建立的自由表 pub 添加到数据库"图书"中。

(4)为数据库"图书"中的 borr 表建立唯一索引,索引名称和索引表达式均为"借书证号"。

二、简单应用题

(1)首先打开考生文件夹下的数据库 stsc,然后使用表单向导制作一个表单,要求选择 student 表中所有字段,表单样式为阴影式,按钮类型为图片按钮,排序字段选择学号(升序),表单标题为"学生信息数据输入维护",最后将表单存放在考生文件夹中,表单文件名称为 st_form。表单运行结果如图 2.1 所示。

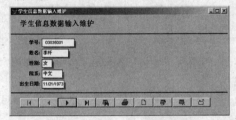

图 2.1

(2)在考生文件夹下有一个数据库 stsc,其中数据库表 student 存放学生信息,使用菜单设计器制作一个名称为 smenu1 的菜单,菜单包括"数据维护"和"文件"两个菜单项。每个菜单项都包括一个子菜单,菜单结构如下。

数据维护

　数据表格式输入

文件

　退出

其中,数据表格式输入菜单项对应的过程包括下列 4 条命令:打开数据库 stsc 的命令,打开表 student 的命令,浏览表 student 的命令,关闭数据库的命令。

退出菜单项对应的命令为 SET SYSMENU TO DEFAULT,用于返回到系统菜单。

三、综合应用题

在考生文件夹下有学生成绩数据库 xuesheng3,包括如下所示 3 个表文件及相关的索引文件。

xs.dbf(学生文件:学号 C8,姓名 C8,性别 C2,班级 C5;

另有索引文件 xs.idx,索引键:学号)

cj.dbf(成绩文件:学号 C8,课程名 C20,成绩 N5,1;另有索引文件 cj.idx,索引键:学号)

cjb.dbf(成绩表文件:学号 C8,姓名 C8,班级 C5,课程名 C12,成绩 N5.1)

设计一个名称为 xs3 的菜单,菜单中包括两个菜单项"计算"和"退出"。

程序运行时,选择"计算"命令项应完成下列操作。

将所有选修了"计算机基础"的学生的"计算机基础"成绩按由高到低的顺序添加到成绩表文件 cjb.dbf 中(首先须将文件中原有数据清空)。

选择"退出"命令。程序终止运行。

注意:相关数据表文件存在考生文件夹下。

第2套　上机考试试题

一、基本操作题

(1)建立项目文件,文件名称为"项目1"。

(2)在项目"项目1"中建立数据库,文件名称为"数据库1"。

(3)将考生文件夹下的自由表"纺织品"添加到"数据库1"中。

(4)对"数据库1"下的表"纺织品",建立视图"my-view",要求显示出表中的所有字段,并按"编码"排序(升序)。

二、简单应用题

(1)用 SQL 语句查询课程成绩在 60 分以上的学生姓名,并将结果按姓名降序存入表文件 res.dbf 中。

(2)编写 my.prg 程序,此程序的功能是:先为"学生成绩"表添加一个"平均成绩"字段,类型为 N(6,2),根据"学生选课"表统计每个学生的平均成绩,并将其写入"学生成绩"表新的字段中。

三、综合应用题

在考生文件夹下有工资数据库 wage3,包括数据表文件:zg(仓库号 C(4),职工号 C(4),工资 N(4))。设计一个名称为 tj 的菜单,此菜单中包括两个菜单项"统计"和"退出"。

程序运行时,选择"统计"命令应完成下列操作:检索出工资小于或等于本仓库职工平均工资的职工信息,并将这些职工信息按照仓库号升序,在仓库号相同的情况下再按职工号升序存放到 emp1(emp1 为自由表)文件中,该数据表文件和 zg 数据表文件具有相同的结构。

选择"退出"命令,程序终止运行。

注意:相关数据表文件存在考生文件夹下。

第3套　上机考试试题

一、基本操作题

（1）请在考生文件夹下建立一个项目 wy。

（2）将考生文件夹下的数据库 ks4 加入到新建的项目 wy 中去。

（3）利用视图设计器在数据库中建立视图 view_1，视图包括 gjhy 表的全部字段（顺序同 gjhy 中的字段）和全部记录。

（4）从表 hjqk 中查询"奖级"为一等的学生的全部信息（hjqk 表的全部字段），并按分数降序存入新表 new1 中。

二、简单应用题

（1）在考生文件夹下建立数据库"成绩管理"，将考生文件夹下的自由表"成绩"添加到"成绩管理"数据库中。根据"成绩"表建立一个视图 my，视图中包含的字段与"成绩"表相同，但视图中只能查询到积分小于等于 1800 的信息，结果按"积分"升序排序。

（2）新建表单 my，表单内包括两个按钮，标题分别为"Hello"和"关闭"。单击"Hello"按钮，弹出对话框显示"hello"；单击"关闭"，关闭表单。

三、综合应用题

在考生文件夹下有仓库数据库 gz3，其中包括如下两个表文件。

zg（仓库号 C(4)，职工号 C(4)，工资 N(4)）

dgd（职工号 C(4)，供应商号 C(4)，订购单号 C(4)，订购日期 D，总金额 N(10)）

首先在 gz3 库中建立工资文件数据表 gj（职工号 C(4)，工资 N(4)）。设计一个名称为 chaxun 的菜单，菜单中包括两个菜单项"查询"和"退出"。程序运行时，选择"查询"命令应完成下列操作：检索出与供应商 S7、S4 和 S6 都有业务联系的职工的职工号和工资，并将其按工资降序存放到所建立的 gj 文件中。选择"退出"命令，程序终止运行。

注意：相关数据表文件存在考生文件夹下。

第4套　上机考试试题

一、基本操作题

在考生文件夹下完成下列基本操作。

（1）建立一个名称为"外汇管理"的数据库。

（2）将表 currency_sl.dbf 和 rate_exchange.dbf 添加到新建立的数据库中。

（3）将表 rate_exchange.dbf 中"卖出价"字段的名称改为"现钞卖出价"。

（4）通过"外币代码"字段建立表 rate_exchange.dbf 和 currency_sl.dbf 之间的一对多永久联系（需要首先建立相关索引）。

二、简单应用题

在考生文件夹下完成如下简单应用。

（1）使用报表向导建立一个简单报表。要求选择 salarys 表中所有字段；记录不分组；报表样式为"随意式"；列数为"1"，字段布局为"列"，方向为"纵向"；排序字段为"雇员号"（升序）；报表标题为"雇员工资一览表"；报表文件名称为 print1。

（2）在考生文件夹下有一个名称为 form1 的表单文件，表单中的两个命令按钮的 Click 事件下的语句都有错误，其中一个按钮的名称有错误。请按如下要求进行修改，修改完成后保存所做的修改。

① 将按钮"刘缆雇员工资"名称修改为"浏览雇员工资"。

② 单击"浏览雇员工资"按钮时，使用 SELECT 命令查询 salarys 表中所有字段信息供用户浏览。

③ 单击"退出表单"按钮时，关闭表单。

注意：每处错误只能在原语句上进行修改，不能增加语句行。

三、综合应用题

为"部门信息"表增加一个新字段"人数"，编写满足如下要求的程序：根据"雇员信息"表中的"部门号"字段的值确定"部门信息"表的"人数"字段的值，即对"雇员信息"表中的记录按"部门号"归类。将"部门信息"表中的记录存储到 ate 表中（表结构与"部门信息"表完全相同）。最后将程序保存为 myp.prg 文件，并执行该程序。

第5套　上机考试试题

一、基本操作题

在考生文件夹下完成下列操作（在"成绩管理"数据库中完成）：

（1）为"学生"表在"学号"字段上建立升序主索引，索引名称为学号。

（2）为"学生"表的"性别"字段定义有效性规则，规则表达式为：性别 $ "男女"，违反规则时的提示信息为：性别必须是男或女。

（3）在"学生"表的"性别"和"年龄"字段之间插入一个"出生日期"字段，数据类型为"日期型"（修改表结构）。

（4）用 SQL 的 UPDATE 命令将学生"李勇"的出生日期修改为 1984 年 3 月 5 日，并将该语句粘贴在 sql_a2.txt 文件中（第一行、只占一行）。

二、简单应用题

（1）progl.prg 中的 SQL 语句用于对 books 表做如下操作。

① 使每本书的"价格"增加 1 元。

② 统计 books 表中每个作者所著书的价格总和。

③ 查询"出版单位"为"经济科学出版社"的书的所有信息。

现在该语句中有 3 处错误，请更正。

（2）打开 myf 表单，表单上有一个命令按钮和一个表格，数据环境中已经添加了表 books。按如下要求进行修改

(注意要保存所做的修改):单击表单中标题为"查询"的命令按钮控件查询 books 表中"出版单位"为"经济科学出版社"的书籍的"书名"、"作者编号"和"出版单位";有一个表格控件,修改相关属性,使在表格中显示命令按钮"查询"的结果。

三、综合应用题

考生文件夹下存在数据库"销售",其中包含表"购买信息"和表"会员信息",这两个表存在一对多的联系。对销售数据库建立文件名称为 my 的表单,其中包含两个表格控件。

第一个表格控件用于显示"会员信息"表的记录,第二个表格控件用于显示与"会员信息"表当前记录对应的"购买信息"表中的记录。

表单中还包含一个标题为"关闭"的命令按钮,单击此按钮退出表单。

第6套　上机考试试题

一、基本操作题

(1)将数据库 stu 添加到项目 my 当中。

(2)在数据库 stu 中建立"比赛安排"表,表结构如下。

　　场次　　字符型(20)
　　时间　　日期型
　　裁判　　字符型(15)

(3)为数据库 stu 中的"住址"表建立"候选"索引,索引名称和索引表达式为"电话"。

(4)设置"比赛安排"表的"裁判"字段的默认值为 tyw。

二、简单应用题

(1)在考生文件夹中有一个数据库 mydb,其中包括表 stu、kech 和 chj。利用 SQL 语句查询选修了"日语"课程的学生的全部信息,并将结果按"学号"升序排序放在 new. dbf 中(库的结构同 stu,并在其后加入课程号和课程名字段),将 SQL 语句保存在 query1. prg 文件中。

(2)在考生文件夹中有一个数据库 mydb,使用"一对多报表向导"建立一个名称为 myre 的报表,并将其存放在考生文件夹中。

要求:选择父表 stu 表中的"学号"和"姓名"字段,从子表 kech 中选择"课程号"和"成绩"字段,并按"学号"升序排序,报表样式为"简报式",方向为"纵向",报表标题为"学生成绩信息"。

三、综合应用题

对考生目录下的数据库 rate 建立文件名称为 myf 的表单。表单含有一个表格控件,用于显示用户查询的信息;表单上有一个按钮选项组,包括"外币浏览"、"个人持有量"和"个人资产"3 个选项按钮;表单上有一个命令按钮,标题为"浏览"。

当选择"外币浏览"选项按钮并单击"浏览"按钮时,在表格中显示"汇率"表的全部字段;选择"个人持有量"选项

按钮并单击"浏览"按钮时,表格中显示"数量"表中的"姓名"、"汇率"表中的"外币名称"和"数量"表中的"持有数量";选择"个人资产"选项按钮并单击"浏览"按钮时,表格中显示"数量"表中每个人的"总资产"(每个人拥有的所有外币中每种外币的基准价×持有数量的总和)。

单击"关闭"按钮,退出表单。

第7套　上机考试试题

一、基本操作题

(1)在考生文件夹下建立项目 stsc_m。

(2)把数据库 stsc 加入到 stsc_m 项目中。

(3)从 student 表中查询"金融"系学生信息(student 表全部字段),并将其按"学号"升序存入新表 new。

(4)使用视图设计器在数据库中建立视图 new_view:视图包括 student 表全部字段(字段顺序和 student 表一样)和全部记录(元组),记录按"学号"降序排序。

二、简单应用题

(1)根据数据库"炒股管理"下的"股票信息"和"数量信息"表建立一个查询,该查询包含的字段是两个表中的全部字段。要求按"现价"排序(降序),并将查询保存为 my。

(2)考生文件夹下有一个名称为 myf 的表单文件,其中有一个命令按钮(标题为"查询")下的 Click 事件下的语句是错误的。请按要求进行修改。要求:单击该按钮查询出住在四楼的所有学生的全部信息。该事件共有 3 条语句,每一句都有一处错误。请更正错误但不允许添加或删除行。

三、综合应用题

在考生文件夹下有学生管理数据库 stu_7,该库中包含 chengji 表和 xuesheng 表,其结构如下:

chengji 表(学号 C(9)、课程号 C(3)、成绩 N(7,2)),该表用于记录学生的考试成绩,一个学生可以有多项记录(登记一个学生的多门成绩)。

xuesheng 表(学号 C(9)、姓名 C(10)、平均分 N(7,2)),该表用于记录学生信息,一个学生只有一个记录(表中有固定的已知数据)。

请编写并运行符合下列要求的程序:

设计一个名称为 form_stu 的表单,表单中有两个命令按钮,按钮的名称分别为 cmdyes 和 cmdno,标题分别为"统计"和"关闭"。

程序运行时,单击"统计"按钮应完成下列操作。

根据 chengji 表计算每个学生的平均分,并将结果存入 xuesheng 表的"平均分"字段。

根据上面的计算结果,生成一个新的自由表 pingjun,该表的字段按顺序取自 xuesheng 表的学号、姓名和平均分 3 项,并且按平均分升序排序,如果平均分相等,则按学号升序排序。

单击"关闭"按钮,程序终止运行。

第8套 上机考试试题

一、基本操作题

（1）对数据库 sala 中的"工资"表使用表单向导建立一个简单的表单，要求显示表中的所有的字段，使用"标准"样式，按"部门编号"降序排序，标题为"工资"，并以文件名 my 对其进行保存。

（2）修改表单 modi，为其添加一个命令按钮，标题为"登录"。

（3）把修改后的表单 modi 添加到项目 my 中。

（4）建立简单的菜单 myme，要求有两个菜单项"查看"和"退出"。其中"查看"菜单项包括一个子菜单，该子菜单中有"查看电话"和"查看住址"菜单项。"退出"菜单项负责返回到系统菜单，其他菜单项不做要求。

二、简单应用题

（1）建立表单，标题为"系统时间"，文件名称为 my1，完成如下操作。

表单上有一个命令按钮，标题为"显示日期"，还有一个标签控件。单击命令按钮，在标签上显示当前系统时间，显示格式为：yyyy 年 mm 月 dd 日。如果当前月份为 1~9 月，如3 月，则显示为"3 月"，不显示为"03 月"。显示示例：如果系统时间为 2004-04-08，则标签显示为"2004 年 4 月 08 日"。

（2）在考生文件夹的下对数据库"图书借阅信息"中表 book 的结构做如下修改：指定"书号"为主索引，索引名称为 sh，索引表达式为"书号"。指定"作者"为普通索引，索引名和索引表达式均为"作者"。字段"价格"的有效性规则是"价格 >0"，默认值为 10。

三、综合应用题

使用报表设计器建立一个报表，具体要求如下。

① 报表的内容（细节带区）是 order_list 表的订单号、订购日期和总金额。

② 增加数据分组，分组表达式是"order_list. 客户号"，组标头带区的内容是"客户号"，组注脚带区的内容是该组订单的"总金额"合计。

③ 增加标题带区，标题是"订单分组汇总表（按客户）"，要求字体为 3 号字、黑体，括号是全角符号。

④ 增加总结带区，该带区的内容是所有订单的总金额合计。最后将建立的报表文件保存为 report1. frx 文件。

提示：在考试的过程中可以通过选择【显示】→【预览】命令查看报表的效果。

第9套 上机考试试题

一、基本操作题

（1）将考生文件夹下的自由表"商品"添加到数据库"客户"中。

（2）将表"定货"的记录复制到表"货物"中。

（3）对数据库"客户"下的表 cu，使用报表向导建立报表 my，要求显示表 cu 中的全部记录，无分组，报表样式使用"经营式"，列数为 2，方向为"纵向"，按"订单编号"升序排序，报表标题为"定货浏览"。

（4）对数据库客户下的表"定货"和"客户联系"，使用视图向导建立视图"视图浏览"，要求显示出"定货"表中的字段"订单编号"、"客户编号"、"金额"和"客户联系"表中的字段"客户名称"，并按"金额"排序（升序）。

二、简单应用题

（1）"考试成绩信息"数据库下有一个表"成绩. dbf"，使用菜单设计器制作一个名称为 my 的菜单，菜单只有 1 个"考试统计"子菜单。"考试统计"菜单中有"学生平均成绩"、"课程平均成绩"和"关闭"3 个子菜单："学生平均成绩"子菜单统计每位考生的平均成绩；"课程平均成绩"子菜单统计每门课程的平均成绩；"关闭"子菜单使用"SET SYSMENU TO DEFAULT"命令来返回系统菜单。

（2）有如下命令序列，其功能是根据输入的考试成绩显示相应的成绩等级。

```
Set talk off
Clear
Input" 请输入考试成绩： "to chj
Dj = iif( chj < 60," 不及格 ", iif( chj > = 90," 优
       秀 "," 通过 "))
?? " 成绩等级 " + dj
Set talk on
```

请编写程序，用 DO CASE 型分支结构实现该命令程序的功能。

三、综合应用题

首先为 order_detail 表增加一个新字段：新单价（类型与原来的单价字段相同），然后编写满足如下要求的程序：根据 order_list 表中"订购日期"字段的值确定 order_detail 表的"新单价"字段的值，原则是：订购日期为 2001 年的"新单价"字段的值为原单价的 90%，订购日期为 2002 年的"新单价"字段的值为原单价的 110%（注意：在修改操作过程中不要改变 order_detail 表记录的顺序），将 order_detail 表中的记录存储到 od_new 表中（其表结构与 order_detail 表完全相同）。最后将程序保存为 prog1. prg 文件，并执行该程序。

再利用 Visual FoxPro 的"快速报表"功能建立一个的简单报表，该报表内容按顺序分别包括 order_detail 表的订单号、器件号、器件名、新单价和数量字段的值，将报表文件保存为 report1。

第10套 上机考试试题

一、基本操作题

（1）将表 shu 的结构复制到新表 new 中，将命令语句保存在 query1. prg 中。

（2）将表 shu 的记录复制到表 new 中，将命令语句保存在 query2. prg 中。

（3）建立简单的菜单 mym，要求该菜单菜中包含两个菜单项"查询"和"统计"。其中"查询"菜单项又包含子菜单

"执行查询"和"关闭"。"关闭"子菜单项负责返回到系统子菜单,其他菜单项不做要求。

(4)为表 shu 增加字段"作者",类型和宽度为"字符型(8)"。

二、简单应用题

(1)考生目录下有一个商品表,使用菜单设计器制作一个名称为 caidan 的菜单,该菜单只有一个"信息查看"菜单项。此菜单项中子菜单项,包括有"中国北京"、"中国广东"和"关闭"3 个子菜单项:"中国北京"菜单项查询出产地是"中国北京"的所有商品的信息,"中国广东"菜单项查询出产地是"中国广东"的所有商品的信息。使用"关闭"菜单项项返回系统菜单。

(2)在考生文件夹的下对数据库"管理"中"会员"表的结构做如下修改:指定"会员编号"为主索引,索引名和索引表达式均为"会员编号"。指定"年龄"为普通索引,索引名称为 nl,索引表达式为"年龄"。年龄字段的有效性规则为:年龄 >=18,默认值为 20。

三、综合应用题

在考生文件夹下有"学生管理"数据库,其中包含表"宿舍信息"和"学生信息"。这两个表之间存在一对多的关系。对该数据库建立表单文件夹,文件夹名称为 myf,标题为"住宿管理",完成如下要求:

① 在表单中包含两个表格控件,第一个用于显示"宿舍信息"表中的记录;第二个用于显示与"宿舍信息"表中的当前记录对应的学生表中的记录。

② 在表单中包含一个"关闭"命令按钮,单击该按钮时退出表单。

第11套 上机考试试题

一、基本操作题

(1)将数据库"成绩"添加到项目 my 当中。

(2)对数据库"成绩"下的表 stu,使用报表向导建立报表 myre,要求显示表 stu 中的全部字段,样式选择为"经营式",列数为 3,方向为"纵向",标题为 stu。

(3)修改"积分"表的记录,为学号是"5"的考生的学分加五分。

(4)修改表单 my,将其选项按钮组中的按钮个数修改为4 个。

二、简单应用题

(1)在"汇率"数据库中查询"个人"表中每个人所拥有的外币的总净赚(总净赚 = 持有数量 ×(现钞卖出价 − 现钞买入价)),查询结果中包括"姓名"和"净赚"字段,并将查询结果保存在一个新表 new 中。

(2)建立名称为 my1 的表单,要求如下:为表单建立数据环境,并向其中添加表 hl;将表单标题改为"汇率浏览";修改命令按钮(标题为查看)的 Click 事件,使用 SQL 的 select 语句查询卖出买入差价在 5 个外币单位以上的外币的"代

码"、"名称"和"差价",并将查询结果放入表 new2 中。

三、综合应用题

"销售"数据库中含有两个数据库表"购买信息"和"会员信息"。对销售数据库设计一个表单 myf。表单的标题为"会员购买统计"。表单左侧有标题为"请选择会员"标签和用于选择"会员号"的组合框及"查询"和"退出"两个命令按钮。表单中还有一个表格控件。

表单运行时,用户在组合框中选择会员号,单击"查询"按钮,在表单上的表格控件中显示查询该会员的"会员号"、"姓名"和所购买的商品的"总金额"。

单击"关闭"按钮,关闭表单。

第12套 上机考试试题

一、基本操作题

(1)将"销售表"中的日期在 2000 年 12 月 31 日前(含 2000 年 12 月 31 日)的记录复制到一个新表"2001.dbf"中。

(2)将"销售表"中的日期(日期型字段)在 2000 年 12 月 31 日前(含 2000 年 12 月 31 日)的记录物理删除。

(3)打开"商品表",使用 BROWSE 命令浏览时,使用"文件"菜单中的命令将"商品表"中的记录生成文件名称为"商品表.htm"的文件。

(4)为"商品表"创建一个主索引,索引名和索引表达式均是"商品号";为"销售表"创建一个普通索引(升序),索引名和索引表达式均是"商品号"。

二、简单应用题

(1)建立视图 shitu,并将定义视图的代码放到考生文件夹下的 my.txt 中。具体要求是:视图中的数据取自表"值班信息"和"员工信息"。按"总加班费"排序(升序)。其中字段"总加班费"是每个人的昼值班天数 × 昼值班加班费 + 夜值班天数 × 夜值班加班费。

(2)设计界面如图 2.2 所示的"登录"表单:

图 2.2

要求:当用户输入用户名和口令并单击"确认"按钮后,检验其输入的用户名和口令是否匹配,(假定用户名称为"bbs",密码为"1234")。如正确,则显示"热烈欢迎"字样并关闭表单;若不正确,则显示"用户名或口令错误,请重新输入"字样,如果连续 3 次输入不正确,则显示"用户名与口令不正确,登录失败"字样并关闭表单。

三、综合应用题

对考生文件夹下的"学生住宿"管理数据库设计一个表单 myf,表单标题为"宿舍查询",表单中有 3 个文本框和 2 个命令按钮"查询"和"关闭"。

运行表单时,在第 1 个文本中里输入某学生的学号(S1 ~S9),单击查询按钮,则在第 2 个文本框内会显示该学生的"姓名",在第 3 个文本框里会显示该学生的"宿舍号"。

如果输入的某个学号对应的学生不存在,则在第 2 个文本框内显示"该生不存在",第 3 个文本框不显示内容;如果输入的某个学号对应的学生存在,但在宿舍表中没有该学号对应的记录,则在第 2 个文本框内显示该生的"姓名",第 3 个文本框显示"该生不住校"。

单击"关闭"按钮关闭表单。

第13套　上机考试试题

一、基本操作题

(1)根据 score 数据库,使用查询向导创建一个含有学生"姓名"和"出生日期"的标准查询 query31. qpr。

(2)从 score 数据库中删除视图 newview。

(3)用 SQL 命令向 score1 表插入 1 条记录:学号为"993503433"、课程号为"0001"、成绩为"99"。

(4)打开表单 myform34,向其中添加一个"关闭"命令按钮(名称为 Command1),单击此按钮关闭表单(不可以有多余的命令)。

二、简单应用题

(1)对考生文件夹下的表"书目",使用查询向导建立查询 bookquery,查询价格在 15 元(含)以上书籍的所有信息,并将查询结果保存在一个新表"bookinfo"中。

(2)编写程序 maxprog,完成如下要求:从键盘输入 15 个数,然后找出其中最大的数和最小的数,将它们输出到屏幕上(其中最大数和最小数分别对应变量名 max 和 min)。

三、综合应用题

在考生文件夹下设计名称为 supper 的表单(表单名和文件名均为 supper),表单的标题为"零件供应情况"。表单中有一个表格控件和两个命令按钮"查询"和"退出"。

运行表单时单击"查询"命令按钮后,表格控件中显示"供应"表中工程号为"A1"所使用的零件的"零件名"、"颜色"、和"重量"信息。并将结果放到表 jie 中。

单击"退出"按钮关闭表单。

第14套　上机考试试题

一、基本操作题

(1)建立表"送货"和表"客商"联系之间的关联(在"销售"数据库中完成)。

(2)为 1 题中建立的关联设置完整性约束,要求:更新规则为"级联",删除规则为"忽略",插入规则为"限制"。

(3)将表"客商"的结构复制到新表 cu 中。

(4)把表 cu 添加到项目 my 中。

二、简单应用题

(1)程序 1. prg 中的 SQL 语句对商品表完成如下 3 个功能:
① 查询"籍贯"为"北京"的表记录。
② 将所有的人的"月薪"增加 10%。
③ 删除"员工号"为"1011"的商品的记录。

现在该语句中有 3 处错误,分别出现在第 1 行、第 2 行和第 3 行,请改正。

(2)根据数据库仓库管理中的"部门"表和"员工"表建立一个查询,该查询包含的字段有"部门名称"、"姓名"和"员工号",查询条件为"月薪"在 2000 元(含)以上。要求按"员工号"升序排序,并将查询保存为"查询 1"。

三、综合应用题

在考生文件夹下完成如下综合应用。

设计一个表单名称为 Form_one、表单文件名称为 year、表单标题名称为"部门年度数据查询"的表单,其表单界面如图 2.3 所示。其他要求如下:

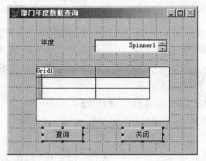

图 2.3

① 为表单建立数据环境,向数据环境添加 s_t 表(Cursor1)。

② 当在"年度"标签微调控件(Spinner1)中选择年度并单击"查询"按钮(Command1)时,则会在下边的表格(Grid1)控件内显示该年度各部门的四个季度的"销售额"和"利润"。指定微调控件的上箭头按钮(SpinnerHighValue 属性)与下箭头按钮(SpinnerLowValue 属性)属性值范围为 2010 ~1999,默认值(Value 属性)为 2003,增量(Imcrement 属性)为 l。

③ 单击"退出"按钮(Command2)时,关闭表单。

要求:表格控件的 RecordSourceType 属性设置为"4 - SQL 说明"。

第15套　上机考试试题

一、基本操作题

(1)将自由表 shu 添加到数据库"课本"中。

(2)将 shu 中的记录复制到另一个表 ben 中。

(3)使用报表向导建立报表 my。报表显示 shu 中的全部字段,无分组记录,样式为"简报式",列数为 2,方向为"横向"。按"价格"升序排序,报表标题为"书籍浏览"。

(4)用一条命令显示一个对话框,要求对话框只显示"Hello"一词,且只含一个确定按钮。将该命令保存在 mycom. txt 中。

二、简单应用题

（1）根据 school 数据库中的表，用 SQL SELECT 命令查询学生的学号、姓名、课程号和成绩，结果按"课程号"升序排序，"课程号"相同时按"成绩"降序排序，并将查询结果存储到 mytable 表中。

（2）使用表单向导选择 student 表生成一个名称为 myform 的表单。要求选择 student 表中所有字段，表单样式为"阴影式"；按钮类型为"文本按钮"；排序字段选择"学号"（升序）；表单标题为"学生数据维护"。

三、综合应用题

在考生文件夹下，对"订货管理"数据库完成如下综合应用。

建立一个名称为"视图 1"的视图，查询"订货"表中的全部字段和每条定货记录对应的"公司名称"。

设计一个名称为"表单 1"的表单，表单上设计一个页框，页框中包括"订货"和"公司信息"两个选项卡，在表单的右下角有一个"退出"命令按钮，要求如下。

① 表单的标题名称为"公司订货"。

② 选择"订货"选项卡时，在选项卡中使用表格方式显示"视图 1"中的记录。

③ 选择"公司信息"选项卡时，在选项卡中使用表格方式显示"公司信息"表中的记录。

④ 单击"退出"命令按钮时，关闭表单。

第 16 套 上机考试试题

一、基本操作题

（1）将考生文件夹下的自由表"职称"添加到数据库"职工管理"中。

（2）将数据库中的表"信息"移出，使之变为自由表。

（3）从数据库中永久性地删除数据库表"职工"，并将其从磁盘上删除。

（4）为数据库中的"职称"表建立候选索引，索引名称和索引表达式均为"职称编号"。

二、简单应用题

（1）在考生文件夹下有一个数据库"上班信息"，其中有数据库表"出勤情况"。使用报表向导制作一个名称为 report 的报表。要求：选择表中的全部字段。报表样式为"帐务式"，报表布局：列数"2"，方向为"横向"，排序字段为"工号"（升序），报表标题为"出勤情况"。

（2）在考生文件夹下对数据库"上班信息"中的表"员工信息"的结构做如下修改：指定"工号"为主索引，索引名和索引表达式均为"工号"。指定"姓名"为普通索引，索引名和索引表达式均为"姓名"。设置字段"岗位"的默认值为"销售员"。

三、综合应用题

按如下要求完成综合应用（所有控件的属性必须在表单

设计器的属性窗口中设置）。

根据"项目信息"、"零件信息"和"使用零件"3 个表建立一个查询（注意表之间的连接字段），该查询包含项目号、项目名、零件名称和（使用）数量 4 个字段，并要求先按项目号升序排序，再按零件名称降序排序，将查询保存，其文件名称为 chaxun。

建立一个表单，表单名和文件名均为 myform，表单中含有 1 个表格控件 Grid1，该表格控件的数据源是前面建立的查询 chaxun；然后在表格控件下面添加 1 个"退出"命令按钮 Command1，要求命令按钮与表格控件左对齐、并且宽度相同，单击该按钮时关闭表单。

第 17 套 上机考试试题

一、基本操作题

（1）建立数据库 xia. dbc，将自由表 com. dbf 和 bbs. dbf 添加到该数据库中。

（2）为 com. dbf 表建立主索引，索引名称为"bc"，索引表达式为"作者编号"。

（3）为 bbs. dbf 表分别建立两个普通索引，第 1 个索引名称为"ma"，索引表达式为"图书编号"；第 2 个索引名和索引表达式均为"作者编号"。

（4）建立 com. dbf 表和 bbs. dbf 之间的联系。

二、简单应用题

（1）考生目录下有"订单"表，使用菜单设计器制作一个名称为"菜单 1"的菜单，该菜单只有一个菜单项"统计"。"统计"菜单中有"查询"，"平均"和"退出"3 个菜单项："查询"菜单项负责按供应商号排序查询表的全部字段；选择"平均"命令则分组计算每个供应商的平均总金额，查询结果中包含供应商号和平均金额；选择"退出"命令返回到系统菜单。

（2）使用表单向导制作一个表单，要求显示"订单"表中的全部字段。表单样式为"边框式"，按钮类型为"滚动网格"，排序字段选择"总金额"（升序），表单标题为"订购信息浏览"，最后将表单保存为 subscribe。

三、综合应用题

对考生文件夹下的数据库学生管理中的表"宿舍"和"学生"进行如下设计。

① 为表"宿舍"增加一个字段"楼层"，字段类型为"字符型"，宽度为 2。

② 编写程序 myprog，将"宿舍"表的"楼层"字段改为"宿舍"字段值的第一位，并查询住在各个楼层的学生的"学号"和"姓名"，查询结果中包括"楼层"、"学号"和"姓名"3 个字段，并按"楼层"升序排序，同一楼层按"学号"升序排序，将查询结果存入表 mytable 中。

③ 运行该程序。

第 18 套 上机考试试题

一、基本操作题

（1）将考生文件夹下的自由表"纺织品"添加到数据库

"数据库 1"中。

(2)将表"纺织品"的字段"进货价格"从表中删除。

(3)修改表"纺织品"的记录,将单价乘以 110%。

(4)用 select 语句查询表中的产地为"广东"的商品记录。将(3)(4)中所用的 SQL 语句保存到 mysql. txt 中。

二、简单应用题

在考生文件夹下完成如下简单操作。

(1)用 SQL 语句完成下列操作。列出所有与"红"颜色零件相关的信息(供应商号,工程号和数量),并将检索结果按数量降序排序存放于表 sup_temp 中,将 SQL 语句保存在 query1. prg 文件中。

(2)建立一个名称为 m_quick 的快捷菜单,菜单中有两个菜单项"查询"和"修改"。然后在表单 myform 的 Right-Click 事件中调用快捷菜单 m_quick。

三、综合应用题

设计名称为 mystock 的表单(控件名和文件名均为 mystock)。表单的标题为:"股票持有情况"。表单中有 2 个文本框(Text1 和 Text2)和 2 个命令按钮"查询"(名称为 Command1)和"退出"(名称为 Command2)。

运行表单时,在文本框 Text1 中输入某一股票的汉语拼音,然后单击"查询"按钮,则 Text2 中会显示出相应股票的持有数量。

单击"退出"按钮关闭表单。

第 19 套　上机考试试题

一、基本操作题

(1)从项目"项目1"中移去数据库"图书馆管理"(只是移去,不是从磁盘上删除)。

(2)建立自由表"学生"(不要求输入数据),其表结构如下。

学号　　字符型(6)

宿舍号　字符型(8)

补助　　货币型

(3)将考生文件夹下的自由表"学生"添加到数据库"图书馆管理"中。

(4)从数据库中永久性地删除数据库表"借阅清单",并将其从磁盘上删除。

二、简单应用题

(1)根据学校数据库中的表用 SQL select 命令查询学生的"学号"、"姓名"、"课程名称"和"成绩"信息,将结果按"课程名称"升序排序,"课程名称"相同时按"成绩"降序排序,并将查询结果存储到 chengji 表中,将 SQL 语句保存在 query1. prg 文件中。

(2)使用表单向导下生成一个名称为 fenshu 的表单。要求选择成绩表中的所有字段,表单样式为"凹陷式";按钮类型为"文本按钮";排序字段选择"学号"(升序);表单标题为"成绩数据维护"。

三、综合应用题

在考生文件夹下有职员管理数据库 staff_10,数据库中有 yuangong(职工编码 C(4)、姓名 C(10)、夜值班天数 I、昼值班天数 I、加班费 N(10,2));zhiban(值班时间 C(2),每天加班费 N(7,2))。zhiban 表中只有两条记录,分别记载了白天和夜里的加班费标准。

请编写并运行符合下列要求的程序:

设计一个名称为 staff_menu 的菜单,菜单中有两个菜单项"计算"和"退出"。

程序运行时,选择"计算"命令应完成下列操作。

① 计算 yuangong 表的加班费字段值,计算方法是:

加班费 = 夜值班天数 × 夜每天加班费 + 昼值班天数 × 昼每天加班费

② 根据上面的结果,将员工的职工编码、姓名、加班费存储到自由表 staff_d 中,并按加班费降序排列,如果加班费相等,则按职工编码的升序排列。

选择"退出"命令,程序终止运行。

第 20 套　上机考试试题

一、基本操作题

(1)将数据库"医院管理"添加到项目"项目 1"中。

(2)从数据库"医院管理"中永久性地删除数据表"处方",并将其从磁盘上删除。

(3)将数据库医院管理中的"医生"表移出,使之变为自由表。

(4)为数据库中的"药"表建立主索引,索引名称为 ybh,索引表达式为"药编号"。

二、简单应用题

设计一个表单 my 完成以下功能。

(1)表单上有 1 个标签,表单运行时标签的 Caption 属性显示为系统时间,且表单运行期间标签标题动态显示当前系统时间。标签标题字体大小为 25,布局为"中央",字体颜色为"红色",标签样式为"透明"。

(2)表单上另有 3 个命令按钮,标题分别为"蓝色","绿色"和"退出"。当单击"蓝色"命令按钮时,表单背景颜色变为蓝色;当单击"绿色"命令按钮时,表单背景颜色变为绿色;单击"退出"命令按钮退出表单。表单的 Name 属性和表单文件名均设置为 my,标题为"变色时钟"。

三、综合应用题

① 打开基本操作中建立的数据库 sdb,使用 SQL 的 CREATE VIEW 命令定义一个名称为 sview 的视图,该视图通过 SELECT 语句完成查询操作:选课数是 3 门以上(不包括 3 门)的每个学生的学号、姓名、平均成绩、最低分和选课数,并按"平均成绩"降序排序。最后将定义视图的命令代码存放到命令文件 t1. prg 中并执行该文件。再利用报表向导制作一个报表。要求选择 sview 视图中所有字段;记录不分组;报表样式为"随意式";排序字段为"学号"(升序);报表标题为"学生成绩统计一览表";报表文件名称为 pstudent。

② 设计一个名称为 form2 的表单,表单上有"浏览"(名称为 Command1)和"打印"(名称为 Command2)个命令按钮。单击"浏览"命令按钮时,先打开数据库 sdb,然后执行 SELECT 语句查询前面定义的 sview 视图中的记录

(不可以多于两条命令),单击"打印"命令按钮时,调用报表文件 pstudent 浏览报表的内容(只用一条命令,不可以有多余命令)。

2.2 达　标　篇

第21套　上机考试试题

一、基本操作题

(1)请在考生文件夹下建立一个数据库 ks4。

(2)将考生文件夹下的自由表 stud、cour、scor 加入到数据库 ks4 中。

(3)为 stud 表建立主索引,索引名和索引表达式均为"学号";

为 cour 表建立主索引,索引名和索引表达式均为"课程编号";

为 scor 表建立两个普通索引,其中一个索引名和索引表达式均为"学号",另一个索引名和索引表达式均为"课程编号"。

(4)在以上建立的各个索引的基础上为 3 个表建立联系。

二、简单应用题

(1)根据考生文件夹下的 txl 表和 jsh 表建立一个查询 query2,查询出单位是"南京大学"的所有教师的姓名、职称、电话,要求查询去向为表,表名是 query2. dbf,并执行该查询。

(2)建立表单 enterf,表单中有两个命令按钮,按钮的名称分别为 cmdin 和 cmdout,标题分别为"进入"和"退出"。

三、综合应用题

在考生文件夹下有仓库数据库 ck3,包括如下所示两个表文件。

ck(仓库号 C(4),城市 C(8),面积 N(4))

zg(仓库号 C(4),职工号 C(4),工资 N(4))

设计一个名称为 zg3 的菜单,菜单中有两个菜单项"统计"和"退出"。

程序运行时,选择"统计"命令应完成下列操作:检索出所有工资大于 1220 元(不包括 1220 元)的职工所管理的仓库信息,将结果保存在 wh1 数据表(wh1 为自由表)文件中,该文件的结构与 ck 数据表文件的结构一致,并按"面积"升序排序。

选择"退出"命令,程序终止运行。

(注意:相关数据表文件存在考生文件夹下)

第22套　上机考试试题

一、基本操作题

(1)在考生文件夹下建立数据库 ks7,并将自由表 scor

添加到数据库中。

(2)按下面给出的表结构。为数据库添加表 stud。

字段	字段名	类型	宽度	小数
1	学号	字符型	2	
2	姓名	字符型	8	
3	出生日期	日期型	8	
4	性别	字符型	2	
5	院系号	字符型	2	

(3)为表 stud 建立主索引,索引名称为"学号",索引表达式为"学号",为表 scor 建立普通索引,索引名称为"学号",索引表达式为"学号"。

(4)stud 表和 scor 表必要的索引已建立,为两表建立永久性的联系。

二、简单应用题

(1)在考生文件夹下有一个数据库 stsc,其中有数据库表 student、score 和 course,利用 SQL 语句查询选修了"网络工程"课程的学生的全部信息,并将结果按学号降序存放在 netp. dbf 文件中(表的结构同 student,并在其后加入课程号和课程名字段)。

(2)在考生文件夹下有一个数据库 stsc,其中有数据库表 student,使用一对多报表向导制作一个名称为 cjb 的报表,存放在考生文件夹下。要求:从父表 student 中选择学号和姓名字段,从子表 score 中选择课程号和成绩,排序字段选择学号(升序),报表样式为"简报式",方向为"纵向"。报表标题为"学生成绩表"。

三、综合应用题

在考生文件夹下有仓库数据库 chaxun3,它包括如下所示的 3 个表文件。

zg(仓库号 C(4),职工号 C(4),工资 N(4))

dgd(职工号 C(4),供应商号 C(4),订购单号 C(4),订购日期 D,总金额 N(10))

gys(供应商号 C(4),供应商名 C(16),地址 C(10))

设计一个名称为 cx3 的菜单,菜单中有两个菜单项"查询"和"退出"。

程序运行时,选择"查询"命令应完成下列操作:检索出工资多于 1230 元的职工向北京的供应商发出的订购单信息,并将结果按总金额降序排列存放在 order 文件中。

选择"退出"命令,程序终止运行。

注意:相关数据表文件存放在考生文件夹下。

第23套 上机考试试题

一、基本操作题

(1)创建一个名称为 student 的项目文件。

(2)将考生文件夹下的数据库 std 添加到新建的项目文件中。

(3)打开学生数据库 std,将考生文件夹下的自由表 tea 添加到学生数据库 std 中;为教师表 tea 创建一个索引名和索引表达式均为"教师编号"的主索引(升序)。

(4)通过"班级编号"字段建立表 ass 和表 dent 表间的永久联系。

二、简单应用题

(1)在销售记录数据库中有"商品信息"表和"购买信息"表。用 SQL 语句查询会员号为"C3"的会员购买商品的信息(包括购买表的全部字段和商品名)。并将结果存放于表 new 中,将 SQL 语句保存在 query1.prg 文件中。

(2)在考生文件夹下有一个数据库"图书借阅",其中有数据库表借阅。使用报表向导制作一个名称为 rep 的报表。要求:选择表中的全部字段。报表样式为"带区式",报表布局:列数2,方向为"纵向"。排序字段为"借书日期"(升序)。报表标题为"图书借阅"。

三、综合应用题

对"出勤"数据库中的表"出勤情况"建立文件名称为 myf 的表单,标题为"出勤情况查询",表单上有 1 个表格控件和 3 个命令按钮"未迟到查询"、"迟到查询"和"关闭"。

单击"未迟到查询"按钮,查询出勤情况表中每个人的"姓名"、"出勤天数"和"未迟到天数",其中"未迟到天数"为"出勤天数"减去"迟到次数"。结果在表格控件中显示,同时将其保存在表 table1 中。

单击"迟到查询"按钮,查询迟到天数在1天以上的人的所有信息,结果在表格控件中显示,同时将其保存在表 table2 中。

单击"关闭"按钮关闭表单。

第24套 上机考试试题

一、基本操作题

(1)将数据库 tyw 添加到项目 my 中。

(2)对数据库 tyw 下的表"出勤",使用视图向导建立视图 shitu,要求显示出"出勤"表中的"姓名"、"出勤次数"和"迟到次数",记录并按"姓名"排序(升序)。

(3)为"员工"表的"工资"字段设置完整性约束,要求"工资 > =0",否则弹出提示信息"工资必须大于0"。

(4)设置"员工"表的"工资"字段的默认值为"1000"。

二、简单应用题

(1)考生文件夹下有一个分数表,使用菜单设计器制作一个名称为 my 的菜单,该菜单只有一个菜单项"信息查看"。"信息查看"菜单中有"查看学生信息","查看课程信息"和"关闭"3 个菜单项:选择"查看学生信息"命令,按"学号"排序查看成绩;选择"查看课程信息"命令,按"课程号"排序查看成绩;选择"关闭"命令,返回系统菜单。

(2)在考生文件夹下有一个数据库 mydb,其中有数据库表"购买情况",在考生文件夹下设计一个表单 myf,该表单为"购买情况"表的窗口输入界面,表单上还有一个标题为"关闭"的按钮,单击该按钮,则退出表单。

三、综合应用题

对"图书借阅管理"数据库中的表"借阅"、"loans"和"图书",建立文件名称为 myf 的表单,标题为"图书借阅浏览",表单上有 3 个命令按钮"读者借书查询"、"书籍借出查询"和"关闭"。

单击"读者借书查询"按钮,查询出 02 年 3 月中旬借出书的所有的读者的"姓名"、"借书证号"和"图书登记号",同时将查询结果保存在表 new1 中。

单击"书籍借出查询"按钮,查询借"数据库原理与应用"一书的所有读者的"借书证号"和"借书日期",查询结果中含"书名"、"借书证号"和"日期"字段,同时将其保存在表 new2 中。

单击"关闭"按钮关闭表单。

第25套 上机考试试题

一、基本操作题

(1)在考生文件夹下建立项目 sales_m。

(2)把考生文件夹中的数据库 cust_m 加入到 sales_m 项目中。

(3)为 cust_m 数据库中的 cust 表增加字段:联系电话 C(12),字段值允许为"空"。

(4)为 cust_m 数据库中 order1 表"送货方式"字段设计默认值为"铁路"。

二、简单应用题

(1)在"医院"数据库中有"医生信息"表、"处方信息"表和"药信息"表。用 SQL 语句查询开了药物"银翘片"的医生的所有信息,将使用的 SQL 语句保存在 my.txt 中。

(2)在考生文件夹下有一个数据库"医院",其中有数据库表"医生信息",在考生文件夹下设计一个表单 ys,该表单为"医生信息"表的窗口输入界面,表单上还有一个标题为"关闭"的按钮。单击该按钮,则退出表单。表单运行结果如图 2.4 所示。

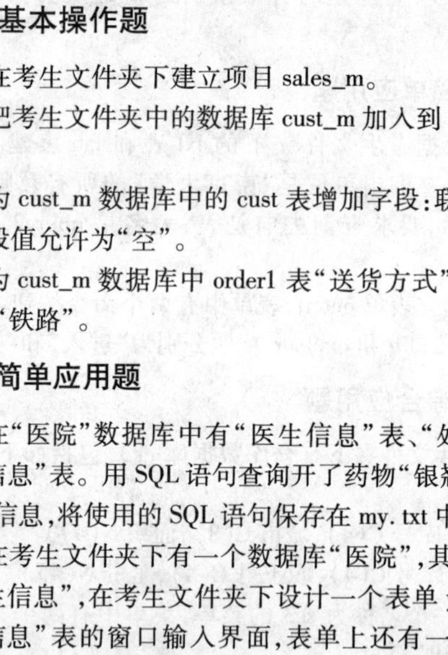

图 2.4

三、综合应用题

在考生文件夹下有职员管理数据库 staff_8,数据库中有 yuangong 表和 zhicheng 表。

yuangong 表的结构为:职工编码 C(4)、姓名 C(10)、职称代码 C(1)、工资 N(10,2)。

zhigong 表的结构为:职称代码 C(1)、职称名称 C(8)、增加百分比 N(10)。

编写并运行符合下列要求的程序:

设计一个名称为 staff_m 的菜单,菜单中有两个菜单项"计算"和"退出"。程序运行时,选择"计算"命令应完成下列操作。

在表 yuangong 中增加一个新的字段:新工资 N(10,2)。

现在要给每个人增加工资,请计算 yuangong 表的新工资字段,方法是根据 zhicheng 表中相应职称增加的百分比来计算:

新工资 = 工资 * (1 + 增加百分比/100)

选择"退出"命令,其对应命令为 SET SYSMENU TO DEFAULT,用于返回到系统菜单,程序终止运行。

第 26 套 上机考试试题

一、基本操作题

(1) 在考生文件夹下建立项目 market。

(2) 在项目 market 中建立数据库 prod_m。

(3) 把考生文件夹中自由表 category 和 products 加入到 prod_m 数据库中。

(4) 为 category 表建立主索引,索引名称为 primarykey,索引表达式为"分类编码";

为 products 表建立普通索引,索引名称为 regularkey,索引表达式为"分类编码"。

二、简单应用题

(1) 使用"一对多表单向导"生成一个名称为 sell 的表单。要求从父表 de 中选择所有字段,从子表 PT 表中选择所有字段,使用"部门号"建立两表之间的关系,样式为"阴影式";按钮类型为"图片按钮";排序字段为部门编号(升序);表单标题为"数据维护"。运行结果如图 2.5 所示。

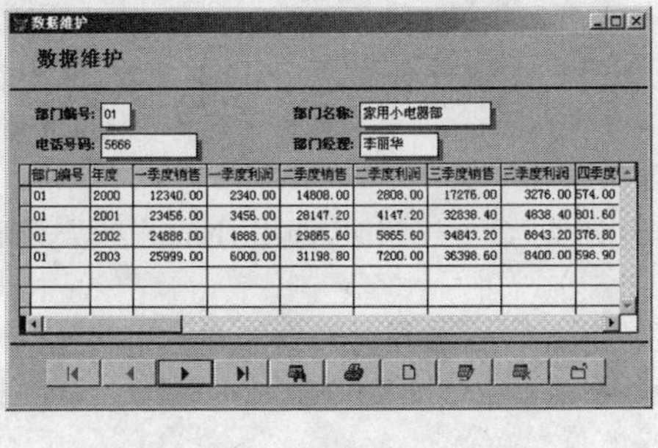

图 2.5

(2) 在考生文件夹下打开命令文件 asp. prg,该命令文件用来查询各部门年度的"部门编号"、"部门名称"、"年度"、"全年销售额"、"全年利润"和"利润率"(全年利润/全年销售额),查询结果先按"年度"升序、再按"利润率"降序排序,

并将结果存储到 li 表中。

注意,程序在第 5 行、第 6 行、第 8 行和第 9 行有错误,请直接在错误处修改。修改时,不可改变 SQL 语句的结构和短语的顺序,不允许增加或合并行。

三、综合应用题

对考生目录下的数据库"学籍"建立文件名称为 myf 的表单,标题为"学籍浏览"。

表单含有 1 个表格控件,用于显示用户查询的信息;表单上有 1 个按钮选项组,包括"学生信息"、"课程信息"和"选课信息"3 个选项按钮。表单上有 1 个命令按钮,标题为"关闭"。当选择"学生"选项按钮时,在表格中显示"学生信息"表的全部字段;选择"课程"选项按钮时,表格中显示"课程信息"表的课程名称字段;选择"选课"选项按钮时,表格中显示成绩在 60 分以上(含 60 分)的"课程号"、"课程名称"和"成绩"。

单击"关闭"按钮退出表单。

第 27 套 上机考试试题

一、基本操作题

(1) 建立项目文件,文件名称为 my。

(2) 将数据库 stu 添加到新建立的项目当中。

(3) 从数据库 stu 中永久性地删除数据库表"student",并将其从磁盘上删除。

(4) 修改表单 wen,将其 Name 属性值改为 my。

二、简单应用题

(1) 使用 SQL 命令查询 2001 年(不含)以前进货的商品,列出其"分类名称"、"商品名称"和"进货日期",查询结果按"进货日期"升序排序并存入文本文件 infor. txt 中,所用命令存入文本文件 sql. txt 中。

(2) 用 SQL UPDATE 命令为所有"商品编码"首字符是"3"的商品计算销售价格:销售价格为在进货价格基础上加价格的 22.68%,并把所用命令存入文本文件 update. txt 中。

三、综合应用题

"成绩管理"数据库中含有 3 个数据库表"学生"、"分数"和"课程"。为了对"成绩管理"数据库数据进行查询,设计一个表单 my,表单标题为"成绩查询";表单中包括"查询"和"关闭"两个命令按钮。

表单运行时,单击"查询"按钮,查询每门课程的最高分,查询结果中含"课程名"和"最高分"字段,结果按"课程名"升序保存在表 myt 中。

单击"关闭"按钮,关闭表单。

第 28 套 上机考试试题

一、基本操作题

(1) 建立项目文件,名称为 my。

(2) 将数据库"课本"添加到新建立的项目当中。

(3) 为数据库中的表"作者"建立主索引,索引名称和索引表达式均为"作者编号";为"书籍"建立普通索引,索引名和索引表达式均为"作者编号"。

(4)建立表"作者"和表"书籍"之间的关联。

二、简单应用题

(1)在考生文件夹下有一个数据库 stsc,其中有数据库表 student、score 和 course。利用 SQL 语句查询选修了"C++"课程的学生的全部信息,并将结果按学号升序存放在 cplus. dbf 文件中(库的结构同 student,并在其后加入课程号和课程名字段)。

(2)在考生文件夹下有一个数据库 stsc,其中有数据库表 student,使用报表向导制作一个名称为 p1 的报表,存放在考生文件夹下。要求:选择 student 表中所有字段,报表样式为"经营式";报表布局:列数为 1,方向为纵向,字段布局为列;排序字段选择学号(升序);报表标题为"学生基本情况一览表"。

三、综合应用题

考生文件夹下有"定货"表和"客户"表,设计一个文件名称为 myf 的表单,表单中有两个命令按钮,按钮的标题分别为"计算"和"关闭"。

程序运行时,单击"计算"按钮应完成下列操作。

① 计算"客户"表中每个订单的"总金额"(总金额为"定货"表中订单号相同的所有记录的"单价×数量"的总和)。

② 根据上面的计算结果,生成一个新的自由表 newt,该表只包括"客户号"、"订单号"和"总金额"项,并按客户号升序排序。

单击"关闭"按钮,程序终止运行。

第29套 上机考试试题

一、基本操作题

在考生文件夹下的"订货管理"数据库中完成下列基本操作:

(1)将 order_detail、order_list 和 customer 表添加到数据库。

(2)为 order_list 表创建一个主索引,索引名和索引表达式均是"订单号"。

(3)建立表 order_list 和表 order_detail 间的永久联系(通过"订单号"字段)。

(4)为以上建立的联系设置参照完整性约束:更新规则为"限制",删除规则为"级联",插入规则为"限制"。

二、简单应用题

(1)根据表"股票"和"数量"建立一个查询,该查询包含的字段有"股票代码"、"股票简称"、"买入价"、"现价","持有数量"和"总金额"(现价×持有数量),要求按"总金额"降序排序,并将查询保存为 myquery。

(2)打开 myprog 程序,该程序包含 3 条 SQL 语句,每条语句都有一个错误,请改正。

三、综合应用题

考生文件夹下存在数据库"书籍管理",其中包含表"作者"和"图书",这两个表存在一对多的联系。对该数据库建立文件名称为 myf 的表单,其中包含两个表格控件。第一个表格控件用于显示表"作者"的记录,第二个表格控件用于显示与表"图书"当前记录对应的"作者"表中的记录。

表单中还包含一个标题为"关闭"的命令按钮,要求单击此按钮后退出表单。

第30套 上机考试试题

一、基本操作题

(1)为数据库 score 中的表 stu 建立主索引,索引名称和索引表达式均为"学号"。

(2)建立表 stu 和表 fenshu 之间的关联。

(3)为 stu 和 fenshu 之间的关联设置完整性约束,要求更新规则为"级联",删除规则为"忽略",插入规则为"限制"。

(4)设置表 keb"学分"字段的默认值为60。

二、简单应用题

对考生文件夹下的"学生"表、"课程"表和"选课"表进行如下操作。

(1)用 SQL 语句查询"课程成绩"在 80 分以上(包括 80 分)的学生姓名,并将结果按学号升序存入表文件 cheng. dbf 中,将 SQL 语句保存在考生文件夹下的 cha. txt 文件中。

(2)使用表单向导制作一个表单,要求选择"学生"表中的全部字段。表单样式为"彩色式",按钮类型为"文本按钮",排序字段选择"学号"(升序),表单标题为"学生浏览",最后将表单保存为"my"。

三、综合应用题

(1)请编写名称为 change_c 的程序并执行。该程序实现下面的功能:将雇员工资表 salarys 进行备份,备份文件名称为 baksals. dbf。利用"人事部"向"财务部"提供的雇员工资调整表 c_salary1 的"工资",对 salarys 表的"工资"进行调整(请注意:按"雇员号"对应调整,并且只是部分雇员的工资进行了调整,其他雇员的工资不动)。最后将 salarys 表中的记录存储到 od_new 表中(表结构与 salarys 表完全相同)。

(2)设计一个文件名称为 form2 的表单,其中包含"调整"(名称为 Command1)和"退出"(名称为 Command2)2 个命令按钮。

单击"调整"命令按钮时,调用 change_c 程序实现工资调整。

单击"退出"命令按钮时,关闭表单。

注意:在两个命令按钮中均只有一条命令,不可以有多余命令。

第31套 上机考试试题

一、基本操作题

(1)将数据库"学生"添加到项目文件 my 中。

(2)将自由表 kecheng 添加到"学生"数据库中。

(3)建立数据库表"课程"与"选修"之间的关联(两表的索引已经建立)。

(4)为3题中的两个表之间的联系设置完整性约束,要求"更新"规则为"忽略","删除"规则和"插入"规则均为"限制"。

二、简单应用题

在考生文件夹下实现如下简单应用。

(1)将 customer1 表中的全部记录追加到 customer 表中,然后用 SQL SELECT 语句完成查询:列出目前有订购单的客户信息(即与 order_list 记录对应的 customer 表中的记录),同时要求按客户号升序排序,并将结果存储到 results 表中(表结构与 customer 表结构相同),将 SQL 语句保存在 query1.prg 文件中。

(2)打开并按如下要求修改 form1 表单文件(最后保存所做的修改)。

① "确定"命令按钮的 Click 事件(过程)下的程序中有两处错误,请改正。

② 设置 Text2 控件的相关属性,使用户在输入口令时显示" * "(星号)。

三、综合应用题

对考生目录下的数据库"医院"建立文件名称为 myf 的表单。表单含有 1 个表格控件,用于显示用户查询的信息;表单上有 1 个按钮选项组,含有"药查询","处方查询"和"查询综合" 3 个选项按钮;表单上有 2 个命令按钮,标题分别为"浏览"和"关闭"。

当选择"药查询"选项按钮并单击"浏览"按钮时,在表格中显示"药信息"表的全部字段。

选择"处方查询"选项按钮并单击"浏览"按钮,表格中显示"处方信息"表的字段"处方号"和"药编号"。

选择"综合查询"选项按钮并单击"浏览"按钮时,表格中显示所开处方中含有"药编号"为"5"的处方号、药名及开此处方的医生姓名。

单击"关闭"按钮退出表单。

第32套　上机考试试题

一、基本操作题

(1)建立项目文件,文件名称为 my。

(2)将数据库"职工"添加到此项目中。

(3)为数据库中的"员工"表建立"候选索引",索引名称和索引表达式均为"员工编码"。

(4)为"员工"表和"职称"表之间的关联设置完整性约束,要求:更新规则为"级联",删除规则为"限制",插入规则为"忽略"。

二、简单应用题

(1)建立一个名称为 my 的菜单,菜单中有 2 个菜单项"文件"和"返回"。"文件"菜单项下还有 1 个子菜单,包括

"打开"和"新建"两个菜单项。在"返回"菜单项下创建一个命令,负责返回系统菜单,其他菜单项不做要求。

(2)根据数据库 stu 中的表"宿舍情况"和"学生信息"建立一个查询,该查询包含学生信息表中的字段"学号"和"姓名"及宿舍情况表中的字段"宿舍"和"电话"。要求按"学号"升序排序,并将查询保存为"myq"。

三、综合应用题

对考生文件夹中的"工资管理"数据库完成如下综合应用。设计一个文件名和表单名均为 myf 的表单。表单的标题为"工资发放额统计"。表单中有 1 个组合框、2 个文本框和 1 个命令按钮"关闭"。

运行表单时,组合框中有"部门信息"表中的"部门号"可供选择,选择某个"部门号"以后,第 1 个文本框显示出该部门的"名称",第 2 个文本框显示应该发给该部门的"工资总额"。

单击"关闭"按钮,关闭表单。

第33套　上机考试试题

一、基本操作题

(1)建立项目文件,名称为 myp。

(2)将数据库"学生"添加到新建立的项目中。

(3)建立自由表 myt(不要求输入数据),表结构如下。

　　考号　　　字符型(7)

　　姓名　　　字符型(8)

　　成绩　　　整型

(4)修改表单 my,将其标题改为"信息查询"。

二、简单应用题

在考生文件夹下完成如下简单操作。

(1)创建一个名称为 sview 的视图,该视图的 SELECT 语句用于查询 salarydb 数据库中 salarys 表(雇员工资表)的部门号、雇员号、姓名、工资、补贴、奖励、失业保险、医疗统筹和实发工资等信息。其中,实发工资由工资、补贴和奖励 3 项相加,然后再减去失业保险和医疗统筹得到,查询结果按"部门号"降序排序,最后将定义视图的命令代码存放到命令文件 t1.prg 中并执行该程序。

(2)设计一个名称为 form1 的表单,标题为"工资浏览",表单(与 BROWSE 窗口结构相似,表格名称为 grdsalarys)显示 salarydb 数据库中 salarys 表的记录,供用户浏览。在该表单的右下方有一个命令按钮,名称为 Command1,标题为"退出浏览",当单击该按钮时退出表单。表单运行结果如图 2.6 所示。

图 2.6

三、综合应用题

设计名称为 mysupply 的表单（表单的控件名和文件名均为 mysupply）。表单的标题为"零件供应情况"。表单中有 1 个表格控件和 2 个命令按钮"查询"（名称为 Command1）和"退出"（名称为 Command2）。

运行表单时，单击"查询"命令按钮后，表格控件（名称为 grid1）中显示了工程号"J4"所使用的零件的零件名、颜色和重量。

单击"退出"按钮，关闭表单。

第34套　上机考试试题

一、基本操作题

在考生文件夹下完成下列基本操作。
（1）新建一个名称为"供应"的项目文件。
（2）将数据库"供应零件"加入到新建的"供应"项目中。
（3）通过"零件号"字段为"零件"表和"供应"表建立永久性联系（"零件"是父表，"供应"是子表）。
（4）为"供应"表的数量字段设置有效性规则：数量必须大于 0 并且小于 9999；发生错误时的提示信息为"数量超范围"。

注意：公式必须为"数量 >0. and. 数量 <9999"。

二、简单应用题

（1）在"员工信息管理"数据库中建立视图 myview，显示字段包括"职工编号"，"姓名"与"职称编号"和"职称名称"等字段内容对应职称为"副教授"的记录。
（2）建立表单 myfm，标题为"视图查看"。在表单上显示上题中建立的视图 myview 的内容。表单上有一个标题为"关闭"的命令按钮，单击该按钮，退出表单。

三、综合应用题

"学籍管理"数据库中有"学生信息"、"课程信息"和"选课信息"3 个表，建立一个名称为 myv 的视图，该视图包含"学号"、"姓名"、"课程名称"和"成绩"4 个字段。要求先按"学号"升序排序，再按"课程名称"升序排序。

建立一个名称为 myf 的表单，表单标题为"学籍查询"，表单中含有一个表格控件，该控件的数据源是前面建立的视图 myv。在表格控件下面添加一个命令按钮，该命令按钮的标题为"关闭"，要求单击按钮时弹出一个对话框询问"是否退出？"，运行时如果选择"是"则关闭表单，否则不关闭。

第35套　上机考试试题

一、基本操作题

（1）将数据库"成绩"添加到项目 my 中。
（2）永久删除数据库中的表"选修"。
（3）将数据库中"积分"表变为自由表。
（4）为"学生"表建立主索引，索引名和索引表达式均为"学号"。

二、简单应用题

（1）建立一个名称为 my 的菜单，菜单中有 2 个菜单项"日期"和"退出"。"日期"下还有一个子菜单，子菜单中包括"月份"和"年份"2 个菜单项。选择"退出"命令返回到系统菜单。
（2）在"学生管理"数据库中有"学生信息"表和"宿舍信息"表。用 SQL 语句完成查询，查询结果为学生姓名及所住的宿舍电话号码，将结果存放于表 my 中。

三、综合应用题

在考生文件夹中有"销售管理"数据库，其中包括"定货信息"表和"货物信息"表。货物表中的"单价"与"数量"之积应等于定货表中的"总金额"。

现在有部分"定货信息"表记录的"总金额"字段值不正确，请编写程序挑出这些记录，并将这些记录存放到一个名称为"修正"的表中（与定货表结构相同），根据货物表的"单价"和"数量"字段修改"修正"表的"总金额"字段。

注意：一个修正记录可能对应几条定货记录。

编写的程序最后保存为"myp. prg 文件"。

第36套　上机考试试题

一、基本操作题

（1）将自由表 rate_exchange 和 currency_sl 添加到 rate 数据库中。
（2）为表 rate_exchange 建立一个主索引，为表 currency_sl 建立一个普通索引（升序），两个索引的索引名和索引表达式均为"外币代码"。
（3）为表 currency_sl 设定有效性规则："持有数量 <> 0"，发生错误时的提示信息为"持有数量不能为 0"，默认值为"100"。
（4）打开表单文件 test_form，该表单的界面如图 2.7 所示，请修改"登录"命令按钮的有关属性，使其在运行时可用。

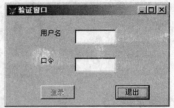

图 2.7

二、简单应用题

（1）编写程序"汇率情况. prg"，完成下列操作：根据"外汇汇率"表中的数据产生 rate 表中的数据。要求将所有"外汇汇率"表中的数据插入 rate 表中并且顺序不变，由于"外汇汇率"中的"币种 1"和"币种 2"存放的是"外币名称"，而 rate 表中的"币种1代码"和"币种2代码"应该存放"外币代码"，所以插入时要做相应的改动，"外币名称"与"外币代码"的对应关系存储在"外汇代码"表中。

注意：程序必须执行一次，以保证 rate 表中有正确的结果。

(2)使用查询设计器建立一个查询文件 qx. qpr。查询外汇帐户中"日元"和"欧元"的金额。查询结果包括了"外币名称"、"钞汇标志"、"金额",结果按"外币名称"升序排序,在"外币名称"相同的情况下按"金额"降序排序,并将查询结果存储于表"wb. dbf"中。

三、综合应用题

"成绩管理"数据库中有 3 个数据库表"学生信息"、"成绩信息"和"课程信息"。建立文件名称为 my,标题为"成绩查询"的表单,表单包含 3 个命令按钮,标题分别为"查询最高分"、"查询最低分"和"关闭"。

单击"查询最高分"按钮时,调用 SQL 语句查询出每门课的最高分,查询结果中包含"姓名","课程名"和"最高分" 3 个字段并在表格中显示。

单击"查询最低分"按钮时,调用 SQL 语句查询出每门课的最低分,查询结果中包含"姓名","课程名"和"最低分" 3 个字段并在表格中显示。

单击"关闭"按钮时关闭表单。

第37套　上机考试试题

一、基本操作题

(1)建立项目文件 myp。
(2)在项目中建立数据库 myd。
(3)把考生文件夹中的表单 my 的"关闭"按钮标题修改为"查看"。
(4)将 my 表单添加到项目中。

二、简单应用题

(1)建立视图 shitu,并将定义视图的代码放到 my. txt 中。具体要求是:视图中的数据取自数据库"送货管理"中的"送货"表。按"总金额"排序(降序)。其中"总金额 = 价格 ×数量"。

(2)使用一对多报表向导建立报表。要求:父表为"产品信息",子表为"外型信息"。从父表中选择所有字段,从子表中选择所有字段。两个表通过"产品编号"建立联系,按"产品编号"升序排序。报表样式选择"随意式",方向为"纵向"。报表标题为"送货浏览"。生成的报表文件名称为 myr。

三、综合应用题

设计一个文件名和表单名均为 form_item 的表单,所有控件的属性必须在表单设计器的属性窗口中设置。表单的标题设为"使用零件情况统计"。表单中有 1 个组合框(Combo1)、1 个文本框(Text1)和 2 个命令按钮"统计"(Command1)和"退出"(Command2)。

运行表单时,组合框中有 3 个条目"s1"、"s2"、"s3"(只有 3 个,不能输入新的,RowSourceType 的属性为"数组",Style 的属性为"下拉列表框")可供选择,单击"统计"命令按钮以后,文本框显示该项目所用零件的金额(某种零件的金

额 = 单价×数量)。

单击"退出"按钮,关闭表单。

第38套　上机考试试题

一、基本操作题

对考生文件夹中的"学生"表使用 SQL 语句完成下列 4 个要求,并将 SQL 语句保存在"my. txt"文件中。

(1)用 SELECT 语句查询所有住在 3 楼学生的全部信息。

(2)用 INSERT 语句为"学生"表插入一条记录(138,刘云,男,23,5)。

(3)用 DELETE 语句将"学生"表中学号为"200"的学生记录删除。

(4)用 UPDATE 语句将所有人的年龄增加一岁。

二、简单应用题

在考生文件夹下实现如下简单应用。

(1)用 SQL 语句完成下列操作:列出"林诗因"持有的所有外币名称(取自 rate_exchange 表)和持有数量(取自 currency_sl 表),并将检索结果按持有数量升序排序存放于表 rate_temp 中,同时将所使用的 SQL 语句存放于新建的文本文件 rate. txt 中。

(2)使用一对多报表向导建立报表。要求:父表为 rate_exchange,子表为 currency_sl,从父表中选择字段"外币名称";从子表中选择全部字段;2 个表通过"外币代码"建立联系;按"外币代码"降序排序;报表样式为"经营式",方向为"横向",报表标题为"外币持有情况";生成的报表文件名称为"currency_report"。

三、综合应用题

仓库管理数据库中有 3 个数据库表"订购单"、"职工"和"供应商"。设计一个表单 myf,表单的标题为"仓库管理"。表单左侧有标题为"请输入订购单号"标签,用于输入订购单号的文本框,以及"查询"和"关闭"2 个命令按钮和 1 个表格控件。

表单运行时,用户在文本框内输入"订购单号"(如 OR73),单击"查询"按钮,查询出对应订购单的"供应商名"、"职工号"、"仓库号"和"订购日期"。表单的表格控件用于显示查询结果。单击"关闭"按钮,关闭表单。

第39套　上机考试试题

一、基本操作题

(1)为数据库 mydb 中的表"积分"增加字段"地址",类型和宽度为"字符型(50)"。

(2)为表"积分"的字段"积分"设置完整性约束,要求积分值大于 400(含 400),否则弹出提示信息"输入的积分值太少"。

(3)设置"积分"表的"地址"字段的默认值为"北京市中关村"。

(4)为表"积分"插入一条记录(张良,1800,服装公司,

北京市中关村),并用 SELECT 语句查询表积分中的"积分"在"1500 以上(含 1500)"的记录,将 SQL 语句存入"my. txt"文件中。

二、简单应用题

(1)在考生文件夹中有一个 student 学生表,表结构如下:

学生(学号 C(3),姓名 C(9),年龄 N(3),性别 C(3),院系号 C(3)),现在要对 STUDENT 表进行修改,指定"学号"为主索引,索引名和索引表达式均为"学号";指定"系号"为"普通索引",索引名和索引表达式均为"系号";年龄字段的有效性规则在 15 ~ 30 之间(含 15 和 30),默认值为 18。

(2)列出 Custerner1 数据表中客户名称为"飞腾贸易公司"的订购单明细记录,将结果先按"订单编号"升序排列,"订单编号"相同时,再按"价格"降序排列,并将结果存储到 res 表中(表结构与 order_detail 表结构相同)。

三、综合应用题

建立满足如下要求的应用并运行,所有控件的属性必须在表单设计器的属性窗口中设置。

建立一个表单 myform(文件名和表单名均为 myform),其中包含 2 个表格控件,第 1 个表格控件名称为 grid1,用于显示表 customer 中的记录;第 2 个表格控件名称 grid2,用于显示与表 customer 中当前记录对应的 order 表中的记录。要求两个表格尺寸相同、水平对齐。

建立 1 个菜单 mymenu,该菜单只有 1 个菜单项"退出",该菜单项对应于一个过程,并且含有 2 条语句,第 1 条语句用于关闭表单 myform,第 2 条语句用于将菜单恢复为默认的系统菜单。

在 myform 的 Load 事件中执行生成的菜单程序"mymenu. mpr"。

第 40 套 上机考试试题

一、基本操作题

(1)建立项目 my。

(2)将数据库"客商"添加到项目中。

(3)将数据库"客商"中的数据库表"价格"从数据库中移出(注意:不是删除)。

(4)将考生文件夹中的表单 my 的背景色改为蓝色。

二、简单应用题

(1)创建一个名称为 myview 的视图,该视图的 SELECT 语句用于查询 salary 数据库中 gz 表(雇员工资表)的"部门编号"、"雇员编号"、"姓名"、"工资"、"补贴"、"奖励"、"失业保险"、"医疗统筹"和"实发工资"。其中,"实发工资"由"工资"、"补贴"和"奖励"3 项相加,再减去"失业保险"和"医疗统筹"得出,请按"部门号"降序排序,最后将定义视图的命令放到命令文件 gz. prg 中并执行该程序。

(2)设计一个名称为 my1 的表单,表单标题为"工资浏览",表单中显示 salary 数据库中 gz 表的记录,供用户浏览。在该表单的右下方有一个命令按钮,名称为 Command1,标题

为"关闭",当单击该按钮时退出表单。

三、综合应用题

对考生文件夹中的"学生信息"表,"课程信息"表和"选课信息"表新建一个表单 myf。

在表单上有 1 个页框,页框内有 3 个选项卡,标题分别为"学生","课程"和"选课"。表单运行时对应的 3 个页面上分别显示"学生信息"表,"课程信息"表和"选课信息"表。

表单上还有 1 选项按钮组,共有 3 个待选项,标题分别为"学生","课程","选课"。当单击该选项按钮组选择某一选项时,页框将在对应页面上显示对应表,如单击"课程"选项时,页框将在课程页面上显示课程表。表单上有 1 个命令按钮,标题为"关闭",单击此按钮,退出表单。

第 41 套 上机考试试题

一、基本操作题

(1)建立项目文件,名称为 my。

(2)将数据库 nba 添加到新建立的项目中。

(3)修改表单 my,将其中的命令按钮删除。

(4)把表单 my 添加到项目 my 中。

二、简单应用题

(1)使用表单向导制作一个表单,要求选择 sc 表中的全部字段。表单样式为"阴影式",按钮类型为"图片按钮",排序字段选择"学号"(升序),表单标题为"成绩查看",最后将表单保存为 form1。

(2)在考生文件夹下对数据库 rate 中表 hl 的结构做如下修改:指定"外币代码"为主索引,索引名和索引表达式均为"外币代码"。指定"外币名称"为普通索引,索引名和索引表达式均为"外币名称"。

三、综合应用题

(1)根据数据库"学生管理"中的表"宿舍信息"和"学生信息"建立一个名称为 myv 的视图,该视图包含字段"姓名"、"学号"、"系"、"宿舍"和"电话"。要求根据学号排序(升序)。

(2)建立一个表单,文件名称为 myf,在表单上显示前面建立的视图。在表格控件下面添加一个命令按钮,标题为"关闭"。单击该按钮退出表单。

第 42 套 上机考试试题

一、基本操作题

在考生文件夹下完成如下基本操作。

(1)从数据库 stock 中移出表 stock_fk(不是删除)。

(2)将自由表 stock_Name 添加到数据库中。

(3)为表 stock_sl 建立一个主索引,索引名和索引表达式均为"股票代码"。

(4)为 stock_Name 表的股票代码字段设置有效性规则,"规则"是:left(股票代码,1) = "6",发生错误时的提示信息

是:"股票代码的第一位必须是6"。

二、简单应用题

（1）mypro. prg 中的 SQL 语句用于查询"成绩"数据库中选择了课程编号为"C1"的学生的"学号"、"姓名"、"课程编号"和"成绩"，现在该语句中有 3 处错误，分别出现在第1行、第2行和第3行，请改正。要求保持原有语句的结构，不增加或不删除行。

（2）在成绩数据库中统计每门课程考试的平均成绩，并将结果放在表 myt 中。

三、综合应用题

考生文件夹下存在数据库 spxs，其中包含表 dj 和表 xs，这两个表存在一对多的联系。对数据库建立文件名称为 my 的表单。

其中包含两个表格控件。第1个表格控件用于显示表 dj 的记录；第2个表格控件用于显示与表 dj 当前记录对应的 xs 表中的记录。

表单中还包含一个标题为"关闭"的命令按钮，要求单击此按钮后退出表单。

第43套　上机考试试题

一、基本操作题

（1）在数据库 sal 中建立表"部门信息"，表结构如下：

字段名	类型	宽度
部门编号	字符型	6
部门名	字符型	20

随后在表中输入 5 条记录，记录内容如下：

部门编号	部门名
01	销售部
02	采购部
03	项目部
04	制造部
05	人事部

（2）为"部门信息"表创建一个主索引（升序），索引名称为 bumen，索引表达式为"部门编号"。

（3）通过"部门编号"字段建立 sal 表和"部门信息"表间的永久联系。

（4）为以上建立的联系设置参照完整性约束：更新规则为"限制"；删除规则为"级联"；插入规则为"忽略"。

二、简单应用题

在考生文件夹下，打开 Ecommerce 数据库，完成如下简单应用。

（1）使用报表向导建立一个简单报表。要求选择客户表 Customer 中的所有字段；记录不分组；报表样式为"随意式"；列数为"1"，字段布局为"列"，方向为"纵向"；排序字段为"会员号"，升序；报表标题为"客户信息一览表"；报表文件名称为 myreport。

（2）使用命令建立一个名称为 sb_view 的视图，并将定

义视图的命令代码存放到命令文件 pview. prg 中。视图中包括客户的会员号（来自 Customer 表）、姓名（来自 Customer 表）、客户所购买的商品名（来自 Article 表）、单价（来自 OrderItem 表）、数量（来自 OrderItem 表）和金额（OrderItem. 单价×OrderItem. 数量），结果按"会员号"升序排序。

三、综合应用题

在考生文件夹下，打开 ecommerce 数据库，完成如下综合应用（所有控件的属性必须在表单设计器的属性窗口中设置）。

设计一个文件名和表单名均为 myform 的表单，表单标题为"客户基本信息"。要求该表单上有"女客户信息"（Command1）、"客户购买商品情况"（Command2）、"输出客户信息"（Command3）和"退出"（Command4）4 个命令按钮。

各命令按钮功能如下。

① 单击"女客户信息"按钮，使用 SQL 的 SELECT 命令查询客户表 customer 中女客户的全部信息。

② 单击"客户购买商品情况"按钮，使用 SQL 的 SELECT 命令查询简单应用中创建的 sb_view 视图中的全部信息。

③ 单击"输出客户信息"按钮，调用简单应用中设计的报表文件 myreport，在屏幕上预览（PREVIEW）客户信息。

④ 单击"退出"按钮，关闭表单。

第44套　上机考试试题

一、基本操作题

（1）打开"学生管理"数据库，将表 cou 从数据库中移出，并永久删除。

（2）为"成绩"表的"分数"字段定义默认值为 0。

（3）为"成绩"表的"分数"字段定义约束规则：分数 > = 0 and 分数 < = 100，违背规则的提示信息为"考试成绩输入有误"。

（4）为表 stu 添加字段"备注"，字段数据类型为字符型(8)。

二、简单应用题

（1）有数据库"图书借阅信息"，建立视图 shitu，包括"借书证编号"，"借书日期"和"书籍名称"字段。内容是借了图书"数据库原理与应用"的记录。建立表单 biao，在表单上显示视图 shitu 的内容。

（2）使用表单向导制作一个表单，要求选择 borrows 表中的全部字段。表单样式为"阴影式"，按钮类型为"图片按钮"，排序字段选择"姓名"（升序），表单标题为"读者阅读信息"，最后将表单保存为 jieyue。

三、综合应用题

设计名称为 my 的表单。表单标题为"学习情况浏览"。表单中有一个选项组控件（名称为 myop）、两个命令按钮"成绩查询"和"关闭"。其中，选项组控件有 2 个按钮"升序"和"降序"。根据选择的选项组控件，将选修了"数据结构"的学生的"学号"和"成绩"分别存入 new1. dbf 和 new2. dbf 文件中。

第45套 上机考试试题

一、基本操作题

(1)创建一个新的项目 my。

(2)在新建立的项目中创建数据库"学生"。

(3)在"学生"数据库中建立数据表 stu,表结果如下:

　　学号　　　　字符型(7)

　　姓名　　　　字符型(10)

　　住宿日期　　日期型

(4)为新建立的 stu 表创建一个主索引,索引名和索引表达式均为"学号"。

二、简单应用题

(1)考生目录下有表"图书",使用菜单设计器制作一个名称为 mymenu 的菜单,该菜单只有一个"统计"菜单项。"统计"菜单中有 1 个子菜单,包括"按出版单位"、"按作者编号"和"关闭" 3 个菜单项:"按出版单位"菜单项负责按"出版单位"排序查看书籍信息;"按作者编号"菜单项负责按"作者编号"排序查看书的信息。"关闭"菜单项负责返回到系统菜单。

(2)在考生文件夹下有一个数据库"书籍管理",其中有数据表"作者"和"图书"。使用报表向导制作一个名称为 rep 的一对多报表。要求:选择父表中的"作者编号"、"作者姓名"和"所在城市",在子表中选择全部字段。报表样式为"账务式",报表布局,方向为"横向";排序字段为"作者姓名"(升序)。报表标题为"书籍信息"。

三、综合应用题

对考生文件夹下的"供应零件情况"数据库及其中的"零件信息"表和"供应信息"表建立如下表单。

设计名称为 supply 的表单(表单控件名和文件名均为 supply)。表单的标题为"零件供应情况"。表单中有 1 个表格控件和 2 个命令按钮"查询"和"关闭"。运行表单时,单击"查询"命令按钮后,表格控件中显示了工程号"J4"所使用的零件的零件名、颜色和重量。

单击"关闭"按钮,关闭表单。

第46套 上机考试试题

一、基本操作题

(1)在考生文件夹下建立数据库 kehu。

(2)把考生文件夹下的自由表 ke 和 ding 加入到刚建立的数据库中。

(3)为 ke 表建立普通索引,索引名和索引表达式均为"客户号"。

(4)为 ding 表建立候选索引,索引名称为 can,索引表达式为"订单号"。

二、简单应用题

(1)建立视图 my,并将定义视图的代码放到 mycha. txt 中。具体要求是:视图中的数据取自表"宿舍信息"的全部字段和新字段"楼层";按"楼层"排序(升序)。其中"楼层"是"宿舍"字段的第一位代码。

(2)根据表"宿舍信息"和表"学生信息"建立一个查询,该查询包含住在 2 楼的所有学生的全部信息和宿舍信息。要求按学号排序,并将查询保存为 chaxun。

三、综合应用题

设计一个文件名和表单名均为 account 的表单。表单的标题为"外汇持有情况"。

表单中有一个选项按钮组控件(myOption)、一个表格控件(Gridl)及两个命令按钮"查询"(Command1)和"退出"(Command2)。其中,选项按钮组控件有两个按钮"现汇"(Option1)、"现钞"(Option2)。运行表单时,在选项组控件中选择"现钞"或"现汇",单击"查询"命令按钮后,根据选项组控件的选择将"外汇账户"表的"现钞"或"现汇"(根据钞汇标志字段确定)的情况显示在表格控件中。

单击"退出"按钮,关闭并释放表单。

注意:在表单设计器中将表格控件 Grid1 的数据源类型设置为"4 – SQL 说明"。

第47套 上机考试试题

一、基本操作题

(1)新建一个名称为 myproject 的项目文件。

(2)将数据库"供货"加入到新建的 myproject 项目中。

(3)为"shangping"表的数量字段设置有效性规则:数量必须大于 0 并且小于 10000;违反规则的提示信息是"数量在范围之外"。

(4)根据"商品编号"字段为"shangping"表和"leixing"表建立永久联系。

二、简单应用题

(1)在"销售"数据库中,根据"销售"和"商品"表查询每种商品的"商品编号"、"商品名称"、"价格"、"销售数量"和"销售金额"("商品编号"和"商品名称"取自"商品"表,"价格"和"销售数量"取自"销售"表,销售金额 = 价格×销售数量),按"销售金额"降序排序,并将查询结果保存到 xiao 表中。

(2)在考生文件夹下有一个名称为 my 的表单文件,该表单中两个命令按钮的 Click 事件中语句有误。请按如下要求进行修改,修改后保存所做的修改。

① 单击"更新标题"按钮时,把表单的标题改为"商品销售数据输入"。

② 单击"商品销售输入"命令按钮时,调用当前文件夹下的名称,为销售数据输入的表单文件打开数据输入表单。

三、综合应用题

在考生文件夹下,打开学生数据库 sdb,完成如下综合应用。

设计一个表单名称为 sform 的表单,表单文件名称为 play,表单的标题为"学生课程教师基本信息浏览"。表单上有一个包含 3 个选项卡的"页框"(Pageframel)控件和一个

"退出"按钮(Commandl)。其他功能要求如下。

① 为表单建立数据环境,向数据环境依次添加 STUDENT 表、CLASS 表和 TEACHER 表。

② 要求表单的高度为 280,宽度为 450;表单显示时自动在主窗口内居中。

③ 3 个选项卡的标签名称分别为"学生表"(Pagel)、"班级表"(Page2)和"教师表"(Page3),每个选项卡分别以表格形式浏览"学生"表、"班级"表和"教师"表的信息。选项卡距表单的左边距为 18,顶边距为 10,选项卡的高度为 230,宽度为 420。

④ 单击"退出"按钮时关闭表单。

第48套 上机考试试题

一、基本操作题

(1)新建一个名称为"中国外汇"的数据库。

(2)将自由表"汇率"、"账户"、"代码"加入到新建的"中国外汇"数据库中。

(3)用 SQL 语句新建一个表"HL",其中包含 4 个字段"币种 1 代码"C(2)、"币种 2 代码"C(2)、"买入价"N(8,4),"卖出价"N(8,4),请将 SQL 语句存储于 hl. txt 中。

(4)表单文件 test 中有一个名称为 forml 的表单(如图 2.8所示),请将文本框控件 Text1 设置为只读。

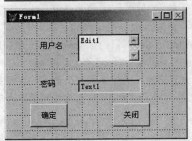

图 2.8

二、简单应用题

(1)在考生文件夹下有一个表"学生"。使用报表向导制作一个名称为"报表 1"的报表。要求:选择"学号"、"姓名"、"学院"和"宿舍"等字段。报表样式为"带区式",报表布局:列数"3",方向为"纵向",排序字段为"学号"(降序),报表标题为"学生浏览"。

(2)请修改并执行名称为 studentForm 的表单,要求如下:为表单建立数据环境,并向其中添加"学生"表;将表单标题改为"学生信息";修改命令按钮的 Click 事件,使用 SQL 语句按"年龄"排序浏览表。

三、综合应用题

在考生文件夹下有表"订货"和"客户"。设计 1 个名称为 mymenu 的菜单,菜单中有两个菜单项"计算"和"退出"。

程序运行时,选择"计算"命令完成下列操作。

① 根据"订货"表中的数据,更新"客户"表中的"总金额"字段的值。即将"订货"表中订单号相同的订货记录的"单价"与"数量"的乘积相加,添入客户表中对应"订单号"的"总金额"字段。

② 选择"退出"命令,程序终止运行。

第49套 上机考试试题

一、基本操作题

(1)对项目 myproj 中的数据库 mydb 下的"员工"表使用表单向导建立一个简单的表单 myform2,要求显示表中的全部字段,样式为"阴影式",按钮类型为"文本按钮",按"工号"升序排序,表单标题为"员工信息浏览"。

(2)修改表单 myform,为其添加 1 个命令按钮,标题为"调用表单"。

(3)编写表单 myform 中"调用"按钮的相关事件,使得单击"调用表单"按钮时调用表单 myform2。表单及调用表单运行结果如图 2.9 所示。

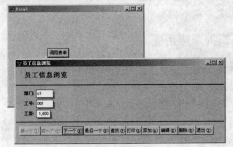

图 2.9

(4)把表单 myform 添加到项目 myproj 中。

二、简单应用题

(1)在考生目录下的数据库"销售"中对其表"业绩",建立视图"视图 1",包括表中的全部字段,按"地区"排序,同一部门内按"销量"排序。

(2)打开 sellform 表单,并按如下要求进行修改(注意要保存所做的修改):表单中有"表格"控件,修改相关属性,使在表格中显示(1)中建立的视图的记录。运行结果如图 2.10 所示。

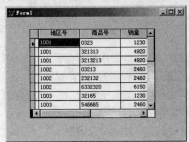

图 2.10

三、综合应用题

在考生文件夹下,对"文具"数据库完成如下综合应用。

① 请编写名称为 change 的命令程序并执行,该程序实现下面的功能:将"商品表"中"商品号"前两位编号为"15"的商品的"单价"改为在"厂价"的基础上提高 15%;使用"单价调整表"对商品表的部分商品出厂单价进行修改。

② 设计一个名称为 form1 的表单,上面有"执行"和"退出"两个命令按钮。单击"执行"命令按钮时,调用 change 命令程序实现"商品单价"调整;单击"退出"命令按钮时,关闭表单。

第50套 上机考试试题

一、基本操作题

(1)建立项目文件,文件名称为 project1。

(2)将数据库"医院管理"添加到项目 project1 中。

(3)在数据库中建立数据库表 table1,表结构为:

医生编码　　字符型(6)
毕业院校　　字符型(30)
最高学历　　字符型(10)

(4)建立简单的菜单 mynenu,要求有两个菜单项:"开始"和"退出"。其中"退出"菜单项负责返回到系统菜单,对"开始"菜单项不做要求。

二、简单应用题

在考生文件夹下完成如下简单应用。

(1)将 order_detail1 表中的全部记录追加到 order_detail 表中,然后用 SQL SELECT 语句完成查询:列出所有订购单的订单号、订购日期、器件号、器件名和总金额(按订单号升序排序,订单号相同再按总金额降序排序),并将结果存储到 results 表中(其中订单号、订购日期、总金额取自 order_list 表,器件号、器件名取自 order_detail 表)。

(2)打开 modi1.prg 命令文件,该命令文件包含3条 SQL 语句,每条 SQL 语句中都有一个错误,请改正(注意:在出现错误的地方直接改正,不可以改变 SQL 语句的结构和 SQL 短语的顺序)。

三、综合应用题

对考生目录下的数据库 school 建立文件名称为 student-form 的表单。表单含有一个表格控件,用于显示用户查询的信息;表单上有 1 个按钮选项组,含有"课程"、"学生"和"综合"3 个选项按钮;表单上有 2 个命令按钮,标题为"浏览"和"退出"。

选择"课程"选项按钮并单击"浏览"按钮时,在表格中显示 course 表的字段"课程号"、"课程名";

选择"学生"选项按钮并单击"浏览"按钮时,表格中显示 student 表的字段"学号"和"姓名";

选择"综合"选项按钮并单击"浏览"按钮时,表格中显示"姓名"、"课程名称"及该生该门课的"成绩"。

单击"关闭"按钮,退出表单。

第51套 上机考试试题

一、基本操作题

在考生文件夹下完成下列基本操作。

(1)用 SQL INSERT 语句插入元组("p7","PN7",1020)到"零件信息"表(注意不要重复执行插入操作)。

(2)用 SQL DELETE 语句从"零件信息"表中删除单价小于 1000 的所有记录。

(3)用 SQL UPDATE 语句将"零件信息"表中零件号为"p4"的零件的单价修改为 1090。

(4)打开菜单文件 mymenu.mnx,然后生成可执行的菜单程序 mymenu.mpr。

二、简单应用题

(1)考生文件夹下有一个名称为 form1 的表单,表单中 2 个命令按钮的 Click 事件下的语句都有错误,其中一个按钮的名称有错误。请按如下要求进行修改,并保存所做的修改。

① 将按钮"察看"改为"查看"。

② 单击"查看"按钮时,使用 select 查询员工表中的所有信息。

③ 单击"退出"按钮,关闭表单。

(2)在考生文件夹下有一个数据库"生产管理",其中有数据库表"职工"。使用报表向导制作一个名称为 report1 的报表。要求:选择表中的全部字段。报表样式为"随意式",报表布局:列数"2",字段布局"行",方向为"横向",排序字段为"工资"(升序)。报表标题为"职工信息浏览"。

三、综合应用题

① 根据数据库公司管理中的"员工"表和"部门"表建立一个名称为 myview 的视图,该视图包含字段"部门号"、"部门名称"、"工号"、"姓名"和"实发工资"。其中"实发工资"="月薪+津贴+奖金-医疗保险-养老保险"。要求根据部门号升序排序,同一部门内根据"工号"升序排序。

② 建立一个表单,文件名称为 myform,表单中包含一个表格控件,该表格控件的数据源是前面建立的视图。在表格控件下面添加一个命令按钮,单击该按钮退出表单。

第52套 上机考试试题

一、基本操作题

在考生文件夹下完成下列基本操作。

(1)新建一个名称为"学生管理"的项目文件。

(2)将"学生"数据库加入到新建的项目文件中。

(3)将"教师"表从"学生"数据库中移出,使其成为自由表。

(4)通过"学号"字段为"学生"表和"选课"表建立永久联系(如果有必要请先建立相关索引)。

二、简单应用题

(1)在数据库"商品数据"中建立视图"view1",包括"编码"、"名称"、"供应商名"和"单价"字段,查询条件是"单价

> =100"。

(2)建立表单 myform,在表单上显示第 1 题建立的视图 viewl 中的内容。

三、综合应用题

在考生文件夹下有股票数据库,数据库中有"个人"表和"股票信息"表。设计一个名称为 mymenu 的菜单,菜单中有 2 个菜单项"统计"和"退出"。

程序运行时,选择"统计"命令应完成下列操作:查询出"个人"表中每个人拥有股票的"代码"、"名称"、"数量"、"现价"、"买入价"、"基准价"、"净赚"(净赚等于现价减去买入价再乘以数量)和"现值"(现值等于基准价乘以数量),查询结果按"姓名"升序排列,将查询结果存入表 mytable 中。

选择"退出"命令,程序终止运行,退出菜单。

第 53 套 上机考试试题

一、基本操作题

(1)用 SELECT 语句查询表"销售记录"中"会员号"为"m1"的记录。

(2)用 INSERT 语句为表"销售记录"插入一条记录("m3","201","2","3600","03/30/05")。

(3)用 DELETE 语句将表"销售记录"中单价在 3000(含)以下的记录删除。

(4)用 UPDATE 语句将"销售记录"表的字段"购买时间"加上 7 天。

将以上操作使用的 SQL 语句保存到 mysgl. txt 文件中。

二、简单应用题

(1)在数据库"文具"中建立视图 viewl,并将定义视图的代码放到 stationery. txt 中。具体要求是:视图中的数据取自数据库产品中的"价格"表,按"利润"排序(升序),"利润"相同时按"商品号"升序排序。其中"利润"字段为单价与厂价的差值。

(2)在考生文件夹下设计一个表单 myform,该表单为"价格"表的窗口输入界面,表单上还有 1 个按钮,标题为"退出",单击该按钮,则关闭表单。

三、综合应用题

考生文件夹下存在数据库"学校",其中包含"班级"表和"学生"表,这两个表存在一对多的联系。对数据库建立文件名称为 myform1 的表单,其中包含两个表格控件。

第一个表格控件用于显示表班级的记录,第二个表格控件用于显示与"班级"表当前记录对应的"学生"表中的记录。

表单中还包含一个标题为"退出"的命令按钮,要求单击此按钮时,退出表单。

第 54 套 上机考试试题

一、基本操作题

(1)将考生文件夹下的自由表"职工"添加到数据库"养殖场管理"中。

(2)对数据库下的表"养殖信息",使用视图向导建立视图 view1,要求显示出表中全部记录的所有字段,并按"单位利润"排序(降序)。

(3)在"职工"表中插入一条记录("006","李源",1680)。

(4)修改表单 myform,将其背景色改为"蓝色"。

二、简单应用题

(1)建立一个名称为菜单 1 的菜单,菜单中有 2 个菜单项"操作"和"返回"。"操作"菜单项下还有 2 个子菜单项"操作 1"和"操作 2"。"操作 l"菜单项负责查询获奖情况表中奖学金为"一等"的学生的信息;"操作 2"菜单项负责查询学生表中来自英国的学生的信息。在"返回"菜单项下创建一个命令,负责返回系统菜单。

(2)考生文件夹下有一个文件名称为"表单 1"的表单文件,其中有 2 个命令按钮"统计"和"关闭"。它们的 Click 事件下的语句是错误的。请按要求进行修改(要求保存所做的修改):单击"统计"按钮,查询"学生"表中"美国"国籍的学生数,统计结果中含"国家"和"数量"2 个字段。"关闭"按钮负责退出表单。

三、综合应用题

考生文件夹下存在数据库"人事管理",其中包含表"员工"和"部门信息",这 2 个表存在一对多的联系。建立文件名称为 myform1 的表单,其中包含 2 个表格控件。

第 1 个表格控件用于显示表"部门信息"的记录;第 2 个表格控件用于显示与"部门信息"表当前记录对应的"员工"表中的记录。

表单中还包含一个标题为"退出"的命令按钮,要求单击此按钮时,退出表单。

第 55 套 上机考试试题

一、基本操作题

(1)建立项目文件,文件名称为"我的项目"。

(2)在项目"我的项目"中建立数据库,文件名称为"数据库 1"。

(3)建立自由表"成绩表"(不要求输入数据),表结构为:

学号	字符型(5)
课程号	字符型(5)
成绩	数值型(5,2)
任课教师	字符型(10)

(4)将考生文件夹下的"成绩表"添加到"数据库 1"中。

二、简单应用题

(1)在考生文件夹下,有一个数据库 school,其中有数据库表 student、score 和 course。在表单向导中选择"一对多表单向导"创建一个表单。要求:从父表 student 中选择字段"学号"和"姓名",从子表 score 中选择字段"课程号"和"成绩"，表单样式选"浮雕式"，按钮类型使用"图片按钮"，按"学号"升序排序，表单标题为"学生成绩浏览"，最后将表单存放在考生文件夹中，表单文件名称为 scoreform。

（2）在考生文件夹中有 1 个数据库 school，其中有数据库表 student，score 和 course。建立"成绩大于等于 75 分"并按"学号"升序排序的本地视图 myview，该视图按顺序包含字段"学号"、"姓名"、"成绩"和"课程名"。

三、综合应用题

设计文件名称为 form1 的表单。表单的标题为"平均成绩排序"。表单中有一个选项组控件和两个命令按钮"排序"和"退出"。其中，选项组控件有两个按钮"升序"和"降序"。

运行表单时，在选项组控件中选择"升序"或"降序"选择并单击"排序"命令按钮后，对考生文件夹下的数据库"成绩管理"中的"分数"表统计每个学生的平均成绩，统计结果中包括"学号"、"姓名"和"平均"成绩，并对"平均成绩"按照升序或降序（根据所选的选项组控件）排序，并将查询结果分别存入表 table1 或表 table2 中。

单击"退出"按钮，关闭表单。

第 56 套　上机考试试题

一、基本操作题

（1）将考生文件夹下的自由表"员工"添加到数据库"公司管理"中。

（2）将数据库"公司管理"中的表"供应商"移出，使之变为自由表。

（3）为数据库中的表"订货清单"建立主索引，索引名称为"order"，索引表达式为"订单号"。

（4）修改表单"form"，使表单运行时自动位于屏幕中央。

二、简单应用题

（1）在 team 数据库中统计"山东"省的"球队名称"、"拼音缩写"、"胜"和"积分"。并将结果放在 teamsql. txt 中，将所使用到的 SQL 语句保存到 mysql 中。

（2）在考生文件夹下有一个数据库 team，其中有数据库表 score。使用报表向导制作一个名称为 myreport 的报表。要求选择表中的全部字段。报表样式为"随意式"，报表布局：列数"1"，方向为"横向"，排序字段为"积分"（降序），积分相同时按胜次场次排序（降序），报表标题设置为"积分榜"。

三、综合应用题

对考生文件夹下的数据库"图书馆管理"中的表完成如下操作：

为表"借阅清单"增加一个字段"姓名"，字段类型为"字符"，宽度为 8。

编写程序 myprog 完成以下 2 小题。

① 表"借阅清单"的新字段值。

② 查询表"借阅清单"中"05 年 5 月 05 日"的借书记录，并将查询结果存入表 newtable 中。

运行该程序。

第 57 套　上机考试试题

一、基本操作题

在考生文件夹下的"雇员管理"数据库中完成下列基本操作。

（1）为"雇员"表增加一个字段，字段名称为 Email，类型为字符型，宽度为 20。

（2）设置"雇员"表中"性别"字段的有效性规则，性别取"男"或"女"，默认值为"女"。

（3）在"雇员"表中，将所有记录的 Email 字段值用"部门号"的字段值加上"雇员号"的字段值再加上"@ xxxx. com. cn"进行替换。

（4）通过"部门号"字段建立"雇员"表和"部门"表间的永久联系。

二、简单应用题

（1）在考生文件夹下有表"成绩"。用 SQL 语句统计每个考生的平均成绩，统计结果包括"学号"和"平均成绩"两个字段，并将结果存放于表"mytable"中。将使用到的 SQL 语句保存到 avgscore. txt 中。

（2）在学生管理数据库下建立视图"view1"，包括"成绩"表中的全部字段和每门课的"课程名"。

三、综合应用题

score_manager 数据库中有 3 个数据库表 student、score1 和 course。为了对 score_manager 数据库中的数据进行查询，设计一个如图 2.11 所示的表单 myform1（控件名称为 form1，表单文件名 myform1. scx）。表单的标题为"成绩查询"。表单上部有文本"输入学号（名称为 Label1 的标签）"、用于输入学号的文本框（名称为 Text1）、"查询"（名称为 Command1）和"退出"（名称为 Command2）两个命令按钮及一个表格控件。

图 2.11

表单运行时，用户首先在文本框中输入学号，然后单击"查询"按钮，如果输入学号正确，在表单右侧以表格（名称为 Grid1）形式显示该生所选课程名和成绩，否则提示"学号不存在，请重新输入学号"。

单击"退出"按钮，关闭表单。

第 58 套　上机考试试题

一、基本操作题

（1）将考生文件夹下的自由表"实习地"添加到数据库

"学生管理"中。

(2)将数据库"学生管理"中的"学生"表移出,使之变为自由表。

(3)从数据库"学生管理"中永久性地删除数据库表"奖学金",并将其从磁盘上删除。

(4)为数据库"学生管理"中的表"实习地"建立普通索引,索引名称为sx,索引表达式为"编号"。

二、简单应用题

(1)请修改并执行名称为form1的表单,要求如下。

① 为表单建立数据环境,并将"雇员"表添加到数据环境中。

② 将表单标题修改为"XXX公司雇员信息维护"。

③ 修改命令按钮"刷新日期"的Click事件下的语句,使用SQL的更新命令,将"雇员"表中"日期"字段值更换成当前计算机的日期值。

注意:只能在原语句上进行修改,不可以增加语句行。

(2)建立一个名称为menu1的菜单,该菜单有"文件"和"编辑浏览"2个菜单项。"文件"菜单下有一个子菜单,包括"打开"、"关闭退出"两个菜单项;

"编辑浏览"菜单下有一个子菜单,包括"雇员编辑"、"部门编辑"和"雇员浏览"3菜单项。

三、综合应用题

设计文件名称为"表单1"的表单。表单的标题为"平均成绩查询"。表单中有1个组合框、1文本合框和2个命令钮,命令按钮的标题分别为"查询"和"退出"。

运行表单时,组合框中有"学号"可供选择,在组合框中选择"学号"后,如果单击"查询"命令按钮,则文本框显示出该生的平均考试成绩。

单击"退出"按钮,关闭表单。

第59套 上机考试试题

一、基本操作题

(1)将考生文件夹下的自由表"产品"添加到数据库"数据库1"中。

(2)为表"产品"插入一条记录("008","学生用品")。

(3)删除表"产品"中编码为"003"的记录。

(4)修改表"产品"的字段,在字段值后加上一个"类"字。

将(2)(3)(4)所用到的SQL语句保存到mysql.txt中。

二、简单应用题

(1)根据考生目录下的数据库"学生管理",建立视图"视图1",它包括"学生"表中的字段"学号"、"姓名"和"成绩"表中的"成绩"字段、"课程号"字段,并按"学号"升序排序。

(2)建立表单"score",在表单上显示第1题中建立的视图"视图1"的内容。表单上还包含1个命令按钮,标题为"退出"。单击此按钮,关闭表单。

三、综合应用题

设计文件名称为myform的表单。表单的标题为"车次排序"。表单中有1个选项组控件和2个命令按钮:"排序"和"退出"。其中,选项组控件有2个按钮,标题为:"升序"和"降序"。

表单运行时,在选项组控件中选择"升序"或"降序"选项,单击"排序"命令按钮后,按照"升序"或"降序"(根据选择的选项组控件)将"bus"表按"车次"升序或降序排序,并将结果存入表table1或表table2中,单击"退出"按钮关闭表单。

第60套 上机考试试题

一、基本操作题

(1)建立项目文件,文件名称为"项目1"。

(2)在"项目1"中建立数据库,文件名称为"数据库1"。

(3)在数据库"数据库1"中建立数据库表"上班时间表",不要求输入数据。表结构如下:

部门号	字符型(8)
员工	字符型(8)
上班时间	日期时间型
下班时间	日期时间型

(4)建立简单的菜单1,要求包括2个菜单项:"开始"和"结束"。其中"开始"菜单项有子菜单,包括2个菜单项"统计"和"查询"。"结束"菜单项负责返回到系统菜单。

二、简单应用题

(1)在"学生管理"数据库中有"学生"表、"课程"表和"成绩"表。用SQL语句查询"成绩"表中每个学生"学号"、"姓名"、"课程号"、"课程名"、"成绩"和"开课院系",并将结果存放于表stu中,查询结果按"学号"升序排序。将使用到的SQL语句保存到student.txt中。

(2)考生文件夹下有一个名称为"表单1"的表单文件,其中有两个命令按钮的Click事件下的语句是错误的,请按要求进行修改(要求保存所做的修改):使"平均成绩"命令按钮的Click事件实现对"学生管理"数据库下的"成绩"表中各课程的平均考试成绩进行统计的功能;"退出"命令按钮的Click事件负责关闭表单。

三、综合应用题

对school数据库中的表course、student和score,建立文件名称为form1的表单,标题为"成绩浏览",表单上有3个命令按钮"学院成绩"、"个人成绩"和"退出"。

单击"学院成绩"按钮,查询"计科院"所有学生的"考试成绩",结果中包括"学号"、"课程编号"和"成绩"等字段,将查询结果保存在表table1中。

单击"个人成绩"按钮,查询"成绩"表中每个人的"平均成绩",结果中包括字段"姓名"、"课程名称"和"成绩",将查询结果保存在表table2中。

第61套 上机考试试题

一、基本操作题

(1)建立项目文件,文件名称为"项目1"。

(2)将数据库"医院管理"添加到项目中。

(3)建立自由表newtable(不要求输入数据),表结构为:

姓名	字符型(8)
电话	字符型(15)
性别	逻辑型
住址	字符型(30)

(4)将考生文件夹下的自由表 newtable 添加到数据库"医院管理"中。

二、简单应用题

(1)在"学生管理"数据库中查询选修了"线性代数"课的学生的所有信息,并将查询结果保存在一个名称为"线性代数"的表中。

(2)在考生文件夹下对数据库中"课程"表的结构做如下修改:指定"课程号"为主索引,索引名和索引表达式均为"课程号"。指定"课程名"为普通索引,索引名和索引表达式均为"课程名"。设置字段"课程号"的有效性为开头字符必须为"c"。

三、综合应用题

医院管理数据库中有3个数据库表"商品"、"采购详单"和"员工"。对数据库数据设计一个表单 myform,表单的标题为"采购查询"。表单左侧有标签"请选择编号"和用于选择"编号"的组合框及"查询"和"退出"两个命令按钮,表单中还有1个表格控件。

表单运行时,用户在组合框中选择编号,单击"查询"按钮,查询所选择的"编号"对应采购的"编号"、采购员"姓名"、所采购商品的"名称"和"数量"。在表单右侧的表格控件中显示查询结果。

单击"退出"按钮,关闭表单。

第62套 上机考试试题

一、基本操作题

(1)将数据库"养殖场管理"中的表"职工"移出,使其成为自由表。

(2)为表"养殖信息"增加字段"产地",类型和宽度为字符型(10)。

(3)设置表"养殖信息"的字段"产地"的默认值为"北京"。

(4)为表"养殖信息"插入一条记录("C008","波尔山羊",200,600,360,1200,400,"欧洲")。

二、简单应用题

(1)在"订购"数据库中查询客户"10001"的订购信息,查询结果中包括"定货"表的全部字段和"总金额"字段。其中"总金额"字段为定货"单价"与"数量"的乘积。将查询结果保存在一个新表newtable中。

(2)建立视图view1,并将定义视图的代码放到myview中。具体要求是:视图中的数据取自"订货"表的全部字段和"客户"表中的"订购日期"字段。按"订购日期"排序,对于订购日期相同的记录,按订单号排序(升序)。

三、综合应用题

设计文件名称为 myform 的表单。表单的标题为"地区销售情况"。表单中有一个选项组控件和两个命令按钮"统计"和"退出"。其中,选项组控件有两个按钮"升序"和"降序"。

运行表单时,在选项组控件中选择"升序"或"降序",单击"统计"命令按钮后,对"业绩"表中的销售数据按"地区"分组汇总,汇总对象为每条销售记录的"销量"乘以"单价",汇总结果中包括"地区号"、"地区名"和"汇总"3个字段,并按"汇总结果"升序或降序(根据所选择的选项组控件)排序,将统计结果分别存入表 mytable1 或表 mytable2 中。

单击"退出"按钮,关闭表单。

第63套 上机考试试题

一、基本操作题

(1)建立数据库 bookauth. dbc,把表 books. dbf 和 authors. dbf 添加到该数据库。

(2)为 authors 表建立主索引,索引名"PK",索引表达式"作者编号"。

(3)为 books 表分别建立2个普通索引,第1个索引的索引名称为 rk,索引表达式为"图书编号";第2个索引名和索引表达式均为"作者编号"。

(4)建立 authors 表和 books 表之间的联系。

二、简单应用题

(1)在考生文件夹下有1个数据库"供应信息",其中有数据库表"产品"。使用报表向导制作1个名称为 report 的报表。要求:选择显示表中的所有字段。报表样式为"帐务式",报表布局:列数"2",方向为"横向",排序字段为"产品编号",标题"产品浏览"。

(2)请修改并执行名称为 myform 的表单,要求如下:为表单建立数据环境,并向其中添加表"产品"和"外观"。将表单标题改为"产品使用";修改命令按钮下的 Click 事件的语句,使得单击该按钮时使用 SQL 语句查询出"1002"号供应商供应产品的"编号"、"名称"和"重量"。

三、综合应用题

设计文件名称为 myform1 的表单。表单的标题设为"公司订货统计"。表单中有一个组合框、一个文本框和两个命令按钮。

运行表单时,组合框中有"公司编号"(组合框中的公司编号不重复)可供选择,在组合框中选择"公司编号"后,如果单击"查询"命令按钮,则文本框显示出该公司的订货记录数。

单击"退出"按钮,关闭表单。

第64套 上机考试试题

一、基本操作题

(1)从数据库 team 中移去表 score((不是删除)。

(2)将自由表 team 添加到数据库中。

(3)为表 team 建立一个主索引,索引名和索引表达式均为"拼音缩写"。

(4)为 team 表的股票代码字段设置有效性规则,规则为:球队名称! ＝""，违背规则的提示信息为"球队名称不能为空"。

二、简单应用题

(1)建立一个名称为 Menul 的菜单,菜单中有 2 个子菜单"信息"和"退出"。"信息"下还有子菜单"统计"。在"统计"菜单项下创建一个过程,用于统计各个城市分厂的人数总和,查询结果中包括"城市"和"人数总和"2 个字段。"退出"菜单项负责返回系统菜单。

(2)打开 worker 表单,表单的数据环境中已经添加了表"职工"。按如下要求进行修改(注意要保存所做的修改):表单中有一个命令按钮控件,编写其 Click 事件,使得单击它的时候退出表单;还有一个"表格"控件,修改其相关属性,使在表格中显示"职工"表的记录。

三、综合应用题

考生文件夹下存在数据库 school,其中包含表 course 和表 score,这两个表存在一对多的联系。

对"学籍"数据库建立文件名称为表单 1 的表单,表单标题为"课程成绩查看",其中包含两个表格控件。第一个表格控件用于显示表 course 的记录,第二个表格控件用于显示与 course 表当前记录对应的 score 表中的记录。

表单中还包含一个标题为"退出"的命令按钮,要求单击此按钮时退出表单。

第65套 上机考试试题

一、基本操作题

在考生文件夹下完成如下基本操作。

(1)新建一个名称为"学生"的数据库。

(2)将"学生"、"选课"、"课程"3 个自由表添加到数据库"学生"中。

(3)通过"学号"字段为"学生"表和"选课"表建立永久联系。

(4)为上面建立的联系设置参照完整性约束:更新和删除规则为"级联",插入规则为"限制"。

二、简单应用题

(1)在"公司管理"数据库中统计"部门"表中每个部门的人数,统计结果中包含字段"部门号"、"部门名称"和"人数",按"部门号"排序。并将结果放在表"部门人数"中。

(2)打开 myform 表单,并按如下要求进行修改(注意要保存所做的修改):在表单的数据环境中添加"员工"表。表单中有"表格"控件,修改其相关属性,使表格中显示"员工"表的记录。

三、综合应用题

在考生文件夹下,对 school 数据库完成如下综合应用。

建立一个名称为"视图 1"的视图,查询数据库中每个人的"姓名"、"学号"、"课程号"和"成绩",并按"学号"升序排序。

设计一个名称为"表单 1"的表单,在表单上设计 1 个页框,页框中包括"视图"和"表"两个选项卡,在表单的右下角有 1 个"退出"命令按钮。要求如下:

① 表单的标题名称为"学生成绩"。

② 选择"视图"选项卡时,在选项卡中显示视图 1 中的记录。

③ 选择"表"选项卡时,在选项卡使用表格方式显示"score"表中的记录。

④ 单击"退出"命令按钮时,关闭表单。

第66套 上机考试试题

一、基本操作题

(1)建立项目文件,文件名称为"项目 1"。

(2)在项目中建立数据库,文件名称为"数据库 1"。

(3)修改表单 form1,将其标题改为"表单"。

(4)把表单 form1 添加到项目"项目 1"中。

二、简单应用题

在考生文件夹下完成如下操作:

(1)新建程序文件 query1,用 SQL 语句完成下列操作:将选课在 3 门课程以上(包括 3 门)的学生的学号、姓名、平均分和选课门数按"平均分"降序排序,并将结果存放于数据库表 stu_temp(字段名称为学号、姓名、平均分和选课门数)中。

(2)建立一个名称为 menu_lin 的下拉式菜单,菜单中有两个菜单项"查询"和"退出"。"查询"子菜单下还有 1 个子菜单,该子菜单有"按姓名"和"按学号"两个菜单项。在"退出"菜单项下创建过程,该过程负责使程序返回系统菜单。

三、综合应用题

在考生文件夹下完成如下综合应用。

新建一个名称为 junjia 的程序,完成以下功能。

① 首先将 BOOKS.DBF 中所有书名中含有"计算机"的图书复制到表 BOOKSBAK 中,以下操作均在 BOOKSBAK 表中完成。

② 复制后的图书价格在原价格基础上降价 5%。

③ 从图书均价高于 25 元(含 25)的出版社中,查询并显示图书均价最低的出版社名称及均价,把查询结果保存在表 newtable 中(字段名称为出版单位和均价)。

第67套 上机考试试题

一、基本操作题

(1)建立项目文件,文件名称为 myproj1。

(2)在项目"项目1"中建立数据库,文件名称为database1。

(3)将考生文件夹下的自由表"销售记录"添加到数据库 database1 中。

(4)为(3)中的表建立候选索引,索引名称和索引表达式均为"商品号"。

二、简单应用题

(1)在数据库"生产管理"中建立视图"视图1",包括员工的"工号"、"姓名"、"性别"和"月份"、"次品数量"及"合格品数量",其中"合格品数量"等于"产品数量"减去"次品数量",并按"工号"升序排序。

(2)建立表单 myform,在表单上添加"表格"控件,并通过"表格"控件显示表"产品情况"的内容(要求表格的 RecordSourceType 属性必须为0)。

三、综合应用题

设计名称为 mystu 的表单(控件名称为 form1,文件名称为 mystu)。表单的标题为"学生学习情况统计"。表单中有一个选项组控件(名称为 myOption)和两个命令按钮"计算"(名称为 Command1)和"退出"(名称为 Command2)。其中,选项组控件有两个按钮"升序"(名称为 Option1)和"降序"(名称为 Option2)。

运行表单时,首先在选项组控件中选择"升序"或"降序",单击"计算"命令按钮后,按照成绩"升序"或"降序"(根据选项组控件)将选修了"C 语言"的"学生学号"和"成绩"分别存入 stu_sort1. dbf 和 stu_sort2. dbf 文件中。

单击"退出"按钮,关闭表单。

第68套 上机考试试题

一、基本操作题

(1)将考生文件夹下的自由表"课程"添加到数据库"学生管理"中。

(2)设置表"课程"的字段学分的默认值为"3.5"。

(3)更新表"成绩"的记录,为每个人的成绩加上10分,将使用的 SQL 语句保存到 mysql. txt 中。

(4)修改表单"表单1",将其 Caption 属性修改为"我的表单"。

二、简单应用题

(1)建立一个名称为 myMenu 的菜单,菜单中有2个菜单项"信息"和"退出"。"信息"子菜单下还有"排序结果"、"分组结果"个菜单项。单击"退出"按钮,返回到系统菜单。

(2)在数据库 mydb 中建立视图"视图1",并将定义视图的代码放到"myview. txt"中。具体要求是:视图中的数据取自表"养殖信息"的全部字段和新字段"收入",并按"收入"排序(升序)。其中,"收入"="(市场价 - 养殖成本)×数量"。

三、综合应用题

对公司管理数据库中的表"员工"和"部门",建立文件

名称为"表单"的表单,标题为"公司管理",表单上有1个表格控件和3个命令按钮,标题分别为"按部门查看"、"人数统计"和"退出"。

当表单运行时:

① 单击"按部门查看"按钮,以"部门号"排序查询员工表中的记录,结果在表格控件中显示。

② 单击"人数统计"按钮,查询职工表中今年各部门的人数,结果中含"部门号码"和"今年人数"等字段,结果在表格控件中显示。

③ 单击"退出"按钮,关闭表单。

第69套 上机考试试题

一、基本操作题

(1)将考生文件夹下的自由表"friend"添加到数据库"数据库1"中。

(2)为表 friend 增加字段"年龄",类型和宽度为数值型(3)。

(3)设置字段"年龄"的默认值为"25"。

(4)为表 friend 的字段"年龄"设置完整性约束,要求年龄大于0,否则提示信息"请输入年龄"。

二、简单应用题

(1)对数据库"订购管理"使用一对多报表向导建立报表 report1。要求:父表为"供应商",子表为"订单",从父表中选择字段"供应商号"和"供应商名",从子表中选择字段"订购单号"和"订购日期",2个表通过"供应商号"建立联系,按"供应商号"升序排序,报表样式选择"简报式",方向为"横向",报表标题设置为"订购信息"。

(2)请修改并执行名称为"表单1"的表单,要求如下:为表单建立数据环境,并向其中添加表"订单";将表单标题改为"供应商";修改命令按钮下的 Click 事件,使用 SQL 语句查询出表中每个供应商定货的总金额,查询结果中包含"供应商号"和"总金额"2个字段(提示:使用 group by 供应商号)。

三、综合应用题

设计一个文件名和表单名均为 myform 的表单。表单的标题设为"原材料使用情况统计"。表单中有1个组合框、1个文本框和2个命令按钮:"统计"和"退出"。

运行表单时,组合框中有4个条目"1001"、"1002"、"1003"、"1004"可供选择,单击"统计"命令按钮以后,文本框显示出该项目所用原材料的金额(某种材料的金额 = 单价×数量)。

单击"退出"按钮,关闭表单。

第70套 上机考试试题

一、基本操作题

(1)建立项目文件,文件名称为"项目1"。

(2)将数据库"公司管理"添加到项目中。

(3)建立自由表"商品"(不要求输入数据),表结构

如下。

　　商品名　　字符型(30)
　　产地　　　字符型(30)
　　库存量　　整型
　　价格　　　货币型

　　(4)建立简单的菜单"菜单1",要求包括2个菜单项:"统计"和"退出"。其中"统计"菜单项包括子菜单,其菜单项为"总利润"和"平均利润"。选择"退出"命令,返回到系统菜单。

二、简单应用题

　　(1)在"学生管理"数据库中使用 SQL 语句查询学生的"姓名"和"年龄"(计算年龄的公式为:2009 - Year(出生年份),"年龄"作为字段名),结果保存在一个新表 agetable 中,将使用的 SQL 语句保存在 agesql.txt 中。

　　(2)使用报表向导建立报表 agereport,用报表显示 agetable 表的内容。报表分组记录选择"无",样式为"带区式",列数为2,字段布局为"行",方向为"纵向",报表中数据按"年龄"升序排列,年龄相同时按"姓名"升序排序。报表标题是"学生年龄"。

三、综合应用题

　　考生文件夹下有数据库公司管理,数据库中有"员工"表和"部门"表,请编写并运行符合下列要求的程序:设计一个文件名称为 myform 的表单,表单中有2个命令按钮,按钮的标题分别为"计算"和"退出"。

　　程序运行时,单击"计算"按钮应完成下列操作。

　　① 计算"员工"表中每个人的实得工资,其中"实得工资" = "月薪 + 津贴 + 奖金 - 医疗保险 - 养老保险",计算结果包含"工资"表的所有字段和"实得工资"字段。

　　② 计算每个部门的应发工资总额,结果包括"部门号","部门名"和"实发工资总额"。

　　③ 将以上2个计算结果分别存入表 table1 和 table2 中。单击"退出"按钮,程序终止运行。

第71套　上机考试试题

一、基本操作题

　　(1)将考生文件夹下的自由表"书籍"添加到数据库"图书馆管理"中。

　　(2)为数据库"图书馆管理"中的表"借书证"建立主索引,索引名称为 jshzh,索引表达式为"借书证号"。

　　(3)为数据库中的表"书籍"建立普通索引,索引名称为"编号",索引表达式为"图书编号"。

　　(4)设置表"书籍"的字段"作者",可以为空值。

二、简单应用题

　　(1)使用"Modify Command"命令建立程序"程序1",查询数据库"学生管理"中选修了2门以上课程的学生的全部信息,并按"学号"升序排序,将结果存放于表 mytable 中。

　　(2)使用"一对多报表向导"建立报表"学生成绩"。要

求:父表为"学生",子表为"成绩"。从父表中选择字段"学号"和"姓名"。从子表中选择字段"课程号"和"成绩",两个表通过"学号"建立联系,报表样式选择"帐务式",方向为"横向",按"学号"升序排序。报表标题为"学生成绩浏览"。

三、综合应用题

　　在考生文件夹下,对"采购管理"数据库完成如下综合应用:设计一个名称为 myform 的表单,表单上设计1个页框和1个选项按钮组。页框有"商品"、"员工"和"采购详单"3个选项卡,选项按钮组内有3个按钮,标题分别为"商品"、"员工"和"采购详单",分别放置数据库中对应的表。在表单的右下角有1个"退出"命令按钮,要求如下。

　　① 表单的标题名称为"采购信息浏览"。

　　② 单击选项按钮组的某个按钮时,页框当前页为含有对应表的那一页。如单击"商品"按钮时,页框当前页为"商品"选项卡。

　　③ 单击"退出"命令按钮时,关闭表单。

第72套　上机考试试题

一、基本操作题

　　(1)打开数据库 prod_m 及数据库设计器,其中2个表的必要索引已经建立,为这2个表建立永久性联系。

　　(2)设置 category 表中"种类名称"字段的默认值为"食品"。

　　(3)为 products 表增加字段:优惠价格 N(9,2)。

　　(4)如果所有商品的优惠价格是在进货价格基础上减少10%,计算所有商品的优惠价格。

二、简单应用题

　　(1)Progl.prg 中有3行语句,分别用于:

　　① 查询出表"书籍"的书名和作者字段。

　　② 将价格字段的值加2。

　　③ 统计"人民"出版社出的"书籍"的平均价格。

　　每一行中均有一处错误,请改正。

　　(2)在考生文件夹下有表书籍,在考生文件夹下设计一个表单,标题为"书籍信息输入"。该表单为"书籍"表的窗口输入界面,表单上还有1个标题为"退出"的按钮,单击该按钮时退出表单。

三、综合应用题

　　对考生目录下的数据库"school"建立文件名称为 myform 的表单,表单标题为"学校查看"。表单包括1个表格控件,用于显示用户查询的信息;1个按钮选项组,包括 course,student 和 score 3个选项按钮及2个命令按钮,标题分别为"浏览"和"退出"。

　　在表单运行时:

　　① 选择 coure 选项按钮并单击"浏览"按钮时,在表格中显示 course 表的记录。

　　② 选择 student 选项按钮并单击"浏览"按钮时,表格中

显示 student 表的记录。

③ 选择 score 选项按钮并单击"浏览"按钮时,表格中显示 score 表的记录。

④ 单击"退出"按钮,退出表单。

要求"浏览"按钮的事件使用 SQL 语句编写。

第73套　上机考试试题

一、基本操作题

在考生文件夹下,打开 Ecommerce 数据库,完成下列基本操作。

(1)打开 Ecommerce 数据库,并将考生文件夹下的自由表 OrderItem 添加到该数据库。

(2)为 OrderItem 表创建一个主索引,索引名称为 PK,索引表达式为"会员号 + 商品号"。再为 OrderItem 表创建 2 个普通索引(升序),其中 1 个索引的索引名和索引表达式均为"会员号";另 1 个索引的索引名和索引表达式均为"商品号"。

(3)通过"会员号"字段建立客户表 Customer 和订单表 OrderItem 之间的永久联系(注意不要建立多余的联系)。

(4)为以上建立的联系设置参照完整性约束:更新规则为"级联";删除规则为"限制";插入规则为"限制"。

二、简单应用题

(1)在考生文件夹下,有一个数据库 cadb,其中有数据库表 zxkc 和 zx。

表结构如下:

zxkc(产品编号,品名,需求量,进货日期)

zx(品名,规格,单价,数量)

在表单向导中选择一对多表单向导创建一个表单。要求:从父表 zxkc 中选择字段产品编号和品名,从子表 zx 中选择字段规格和单价,表单样式选择"阴影式",按钮类型使用"文本按钮",按"产品编号"升序排序,表单标题为"照相机",最后将表单存放在考生文件夹中,表单文件名是 form2。

(2)在考生文件夹下有数据库 cadb,其中有数据库表 zxkc 和 zx。建立单价大于等于 800,按"规格"升序排序的本地视图 came_list,该视图按顺序包含字段"产品编号"、"品名"、"规格"和"单价",然后使用新建立的视图查询视图中的全部信息,并将结果存入表 camera。

三、综合应用题

在考生文件夹下,对销售数据库完成如下综合应用。

建立一个名称为 myview 的视图,查询"业绩"表中各项的"地区名"、"商品号"、"销量"和"单价"。

设计一个名称为 myform 的表单,表单上设计一个页框,页框有"综合"和"业绩"两个选项卡,在表单的右下角有一个"退出"命令按钮。要求如下:

① 表单的标题为"销售查看"。

② 选择"综合"选项卡时,在选项卡中显示 myview 视图中的记录。

③ 选择"业绩"选项卡时,在选项卡中显示"业绩"表中的记录。

④ 单击"退出"命令按钮时,关闭表单。

第74套　上机考试试题

一、基本操作题

(1)将考生文件夹下的自由表"课程"添加到数据库"学生管理"中。

(2)从数据库"学生管理"中永久性地删除数据库表"学生",并将其从磁盘上删除。

(3)为数据库"学生管理"中的表"课程"建立主索引,索引名称和索引表达式均为"课程号",为数据库中的表"选课"建立普通索引,索引名称为 xc,索引表达式为"课程号"。

(4)建立表"课程"和表"选课"之间的关联。

二、简单应用题

在考生文件夹下完成如下简单应用:

(1)为数据库 score 建立视图 new_view,该视图含有选修了课程但没有参加考试(成绩字段值为 NULL)的学生信息(包括"学号"、"姓名"和"系部"3 个字段)。

(2)建立表单 myform3,在表单上添加表格控件(名称为 grdCourse),并通过该控件显示表 course 的内容(要求 RecordSourceType 属性必须为 0)。

三、综合应用题

设计一个表单名和文件名均为 currency_form 的表单,所有控件的属性必须在表单设计器的属性窗口中设置。表单的标题为"外币市值情况"。表单中有两个文本框(text1 和 text2)和两个命令按钮"查询"(command1)和"退出"(command2)。

运行表单时,在文本框 text1 中输入某人的姓名,然后单击"查询"按钮,则 text2 中会显示出他所持有的全部外币相对于人民币的价值数量。注意:某种外币相对于人民币数量的计算公式:人民币价值数量 = 该种外币的"现钞买入价" × 该种外币的"持有数量"。

单击"退出"按钮时,关闭表单。

第75套　上机考试试题

一、基本操作题

(1)建立项目文件,文件名称为"项目1"。

(2)在项目"项目1"中建立数据库,文件名称为"数据库1"。

(3)建立自由表 mytable(不要求输入数据),表结构为:

教师　　　　字符型(10)

课程号　　　字符型(4)

上课人数　　整型

(4)将数据库"学生管理"中的"学生"表移出,使之变为自由表。

二、简单应用题

（1）考生文件夹下有一个数据库 sdb,其中有数据库表 student、sc 和 course,结构如下：

student(学号,姓名,年龄,性别,院系号)

sc(学号,课程号,成绩,备注)

course(课程号,课程名,选修课程号,学分)

在考生文件夹下有程序文件 dbtest61. prg,该程序的功能是检索同时选修了课程号 c1 和 c2 的学生的学号。请修改程序中的错误,并调试该程序,使之正确运行。考生不得增加或删减程序命令行。

（2）在考生文件夹下有数据库 sdb,其中包括数据库表 student、sc 和 course,表结构同上。

在考生文件夹下设计 1 个表单,该表单为 sdb 库中 student 表的窗口式输入界面,表单上还有 1 个名称为 cmd-close 的按钮,标题名称为"关闭",单击该按钮,使用 Thisform. Release 命令退出表单。最后将表单存放在考生文件夹中,表单文件名是 s_form。

提示:在设计表单时,打开 sdb 数据库,将 student 表拖入到表单中就实现了 student 表的窗口式输入界面,不需要其他设置或修改。

三、综合应用题

利用菜单设计器建立一个菜单 tj_menu3,要求如下：

① 主菜单(条形菜单)的菜单项包括"统计"和"退出"两项。

② "统计"子菜单下只有一个菜单项"平均",该菜单项的功能是统计各门课程的平均成绩,统计结果包含"课程名"和"平均成绩"2 个字段,并将统计结果按课程名升序保存在表 newtable 中。

③ "退出"菜单项的功能是返回系统菜单(SET SYS-MENU TO DEFAULT)。

菜单建立后,运行该菜单。

第76套 上机考试试题

一、基本操作题

（1）建立项目文件,文件名称为 myproj。

（2）将数据库 team 添加到项目中。

（3）对数据库 team 下的表 score,使用查询向导建立查询 myquery,要求查询出 score 表中"积分"在 30 以上的记录。并按"胜"排序(降序)。

（4）用 select 语句查询表股票中的拼音缩写以"Z"开头的记录,将使用的 SQL 语句保存在 mysql. txt 中。

二、简单应用题

（1）在考生文件夹中有"畜禽信息"表和"数量"表。用 SQL 语句查询每种畜禽的"编号"、"名称"、"数量"和"净收入",其中"净收入"等于每种畜禽的"市场价"减去"养殖成本"乘以"数量"。查询结果按"净收入"升序排序,"净收入"相同时按"编号"排序,将结果存放于表"净收入"中,将使用到的 SQL 代码保存到 mytxt. txt 中。

（2）在考生文件夹下有表"数量",在考生文件夹下设计一个表单 myform,表单标题为"畜禽数量"。该表单为"数量"表的窗口输入界面,表单上还有一个标题为"结束"的按钮,单击该按钮,退出表单。

三、综合应用题

在考生文件夹下有股票管理数据库 stock_6,数据库中有 stock_mm 表和 stock_cs 表,表结构如下。

stock_mm 表:股票代码 C(6),买卖标记 L(. T. 表示买进,. F. 表示卖出),买价 N(7,2),本次数量 N(6)。

stock_cs 表:股票代码 C(6),买入次数 N(4),最高价 N(7,2)。

stock_mm 表中一支股票对应多个记录,stock_cs 表中一支股票对应一条记录(stock_cs 表开始时记录个数为 0)。

请编写并运行符合下列要求的程序。

① 设计一个名称为 stock_m 菜单,菜单中有两个菜单项"计算"和"退出"。

程序运行时,选择"计算"命令应完成的操作是计算每支股票的买入次数和(买入时的)最高价,并存入 stock_cs 表中,买卖标记. T. (表示买进)。

注意:stock_cs 表中的记录按股票代码从小到大的物理顺序存放。

② 根据 stock_cs 表计算买入次数最多的股票代码和买入次数,并将结果存储到的 stock_x 表中(与 stock_cs 表对应字段名称和类型一致)。

选择"退出"命令,程序终止运行。

第77套 上机考试试题

一、基本操作题

（1）建立自由表 car(不要求输入数据),表结构如下。

汽车名	字符型(8)
公司	字符型(10)
价格	货币型
产地	字符(10)

（2）用 INSERT 语句为表 car 插入一条记录("桑塔纳","大众",100000,"上海"),将使用的 SQL 语句保存到 mysql. txt 中。

（3）对表 car 使用表单向导建立一个简单的表单 my-form,要求表单样式为"边框式",按钮类型为"文本按钮",设置表单标题为"汽车信息"。表单运行结果如图 2.12 所示。

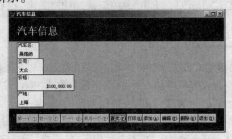

图 2.12

（4）把表单 myform 添加到项目 myproj 中。

二、简单应用题

（1）在考生文件夹下的数据库"成绩管理"中建立视图 myview，并将定义视图的代码放到 score.txt 中。具体要求是：视图中的数据取自"学生"表，按"出生年份"排序（降序），"年份"相同时按"学号"排序（升序）。其中字段"年份"等于系统的当前时间中的年份减去学生的年龄。

（2）使用表单向导制作一个表单，要求选择"成绩"表中的所有字段。表单样式为"彩色式"，按钮类型为"图片按钮"，表单标题为"成绩浏览"，最后将表单保存为 myform1。

三、综合应用题

首先将 order_detail 表全部内容复制到 od_bak 表，然后对 od_bak 表编写完成如下功能的程序。

① 把"订单号"尾部字母相同并且订货相同（"器件号"相同）的订单合并为一张订单，新的"订单号"就取原来的尾部字母，"单价"取最低价，"数量"取合计。

② 结果先按新的"订单号"升序排序，再按"器件号"升序排序。

③ 最终记录的处理结果保存在 od_new 表中。

④ 最后将程序保存为 prog1.prg，并执行该程序。

第78套 上机考试试题

一、基本操作题

（1）建立项目文件，文件名称为 my。
（2）将数据库"学生管理"添加到的项目中。
（3）将考生文件夹下的自由表 bit 添加到数据库中。
（4）建立表 bit 和表 bei 之间的关联。

二、简单应用题

（1）建立视图 view55，并将定义视图的代码放到 view.txt 中。具体要求是：视图中的数据取自数据库"个人支出"下的"个人日常支出"表中"姓名"、"电话"、"水电费"和"煤气费"字段，以及"个人基本情况"表中的"编码"和"工资"字段。两表以"编码"联接。按"金额剩余"排序（升序），其中"剩余金额"等于工资减去电话、水电费和煤气费。

（2）考生文件夹下有一个"Form55"表单文件，其中有 2 个命令按钮"查看"和"关闭"。表单上还有一个表格控件。表单的数据环境里已经添加了"个人日常支出"表中，要求编写两个命令按钮的 Click 事件，使得单击"查看"按钮时，在表格中显示"个人日常支出"表的记录，单击"关闭"按钮，退出表单。

三、综合应用题

对考生文件夹下"客户"和"定货"表完成如下操作。
① 为表客户增加一个字段，字段名称为"应付款"，字段类型为数值型，宽度为10，小数位数为2。
② 编写程序 myp 统计"定货"表中每个客户的费用总和，并将该值写入"客户"表中对应客户的"应付款"字段。
③ 运行该程序。

第79套 上机考试试题

一、基本操作题

（1）将数据库"职工管理"添加到项目 my 中。
（2）对数据库"职工管理"下的表"职称"，使用视图向导建立视图 shitu，要求显示出表中的全部字段，并按"职称代码"排序（升序）。
（3）设置"职工"表的"职称代码"字段的默认值为"1"。
（4）为"职工"表的"工资"字段设置完整性约束，要求工资至少在 1000 元（含）以上，否则弹出提示信息为："工资太少了"。

二、简单应用题

（1）在考生文件夹中有 1 个学生数据库 stu，其中有数据库表 student 存放学生信息，使用菜单设计器制作 1 个名称为 stmenu 的菜单，该菜单包括"资料操作"和"文件" 2 个菜单项。每个菜单栏都包括一个子菜单。菜单结构如下：

资料操作
　　资料输出
文件
　　保存
　　退出

其中，资料输出子菜单对应的过程完成下列操作：打开数据库 stu，使用 SQL 的 SELECT 语句查询数据库表 student 中的所有信息，然后关闭数据库。

退出菜单项对应的命令为 SET SYSMENU TO DE-FAULT，使之可以返回系统菜单。保存菜单项不做要求。

（2）在考生文件夹中有一个数据库 sdb，其中包括数据库表 student2、sc 和 course2。3 个表结构如下。

　　student2（学号，姓名，年龄，性别，院系编号）
　　sc（学号，课程号，成绩，备注）
　　course2（课程号，课程名，选修课号，学分）

用 SQL 语句查询"计算机软件基础"课程的考试成绩在 85 分以下（含 85 分）的学生的全部信息并将结果按学号升序存入 noex.dbf 文件中（表的结构同 student2，并在其后加入成绩字段），将 SQL 语句保存在 query1.prg 文件中。

三、综合应用题

在考生文件夹下，对"个人支出"数据库完成如下综合应用。

建立一个名称为 view2 的视图，查询结果中包括"工资"字段和"个人日常支出"表中的全部字段。

设计一个名称为 form2 的表单，表单上设计一个页框，页框有"视图"和"表"两个选项卡，在表单的右下角有一个"关闭"命令按钮，要求如下。
① 表单的标题为"个人支出浏览"。
② 选择"视图"选项卡时，在选项卡中使用表方式显示 view2 视图中的记录。
③ 选择"表"选项卡时，在选项卡中使用"表格"方式显示表"个人日常支出"的记录。
④ 单击"退出"命令按钮时，关闭表单。

第80套 上机考试试题

一、基本操作题

(1)建立项目文件,文件名称为 my。

(2)将数据库"职工管理"添加到项目 my 中。

(3)将考生文件夹下的自由表"职工"添加到数据库"职工管理"中。

(4)将"职工"表的"住址"字段从表中删除。

二、简单应用题

在考生文件夹下完成如下简单应用:

(1)用 SQL 语句完成下列操作:检索"田亮"所借图书的书名、作者和价格,结果按价格降序存入 booktemp 表中。

(2)在考生文件夹下有一个名称为 menu_lin 的下拉式菜单,请设计顶层表单 frmmenu,将菜单 menu_lin 加入到该表单中,使得运行表单时菜单显示在本表单中,并在表单退出时释放菜单。

三、综合应用题

在考生文件夹下,对数据库 salarydb 完成如下综合应用。

设计一个名称为 form2 的表单,在表单上设计一个"选项组"(名称为 Optiongroup1)及2个命令按钮"生成"(名称为 Command1)和"退出"(名称为 Command2);其中选项按钮组有"雇员工资表"(名称为 Option1)、"部门表"(名称为 Option2)和"部门工资汇总表"(名称为 Option3)3个选项按钮。然后为表单建立数据环境,并向数据环境中添加 dept 表(名称为 Cursor1)和 salarys 表(名称为 Cursor2)。

各选项按钮功能如下。

① 当用户选择"雇员工资表"选项按钮后,再单击"生成"命令按钮,查询显示 sview 视图中的所有信息,并把结果存入表 gz1.dbf 中。

② 当用户选择"部门表"选项按钮后,再单击"生成"命令按钮,查询显示 dept 表中每个部门的部门号和部门名称并把结果存入表 bm1.dbf 中。

③ 当用户选择"部门工资汇总表"选项按钮后,再单击"生成"命令按钮,则按部门汇总,将该公司的部门号、部门名、工资、补贴、奖励、失业保险和医疗统筹的支出汇总合计结果存入表 hz1.dbf 中,并按部门号的升序排序。

注意:字段名必须与原字段名一致。

④ 单击"退出"按钮,退出表单。

注意:以上各项功能必须调试,并运行通过。

2.3 优 秀 篇

第81套 上机考试试题

一、基本操作题

注意:基本操作题为4道 SQL 应用题,请将每道题的 SQL 命令粘贴到 sql_a1.txt 文件,每条命令占一行,第1道题的命令是第1行,第2道题的命令是第2行,依此类推。如果某道题没有做,相应行为空。

在考生文件夹下完成下列操作。

(1)利用 SQL SELECT 命令将表 stock_sl.dbf 复制到 stock_bk.dbf。

(2)利用 SQL INSERT 命令插入记录("600028","4.36","4.60","5500")到 stock_bk.dbf 表。

(3)利用 SQL UPDATE 命令将 stock_bk.dbf 表中"股票代码"为"600007"的股票"现价"改为"8.88"。

(4)利用 SQL DELETE 命令删除 stock_bk.dbf 表中"股票代码"为"600000"的股票。

二、简单应用题

(1)在数据库 school 中使用一对多表单向导生成一个名称为 my 的表单。要求从父表"宿舍"中选择所有字段,从子表"学生"表中选择所有字段,使用"宿舍"字段建立2表之间的关系,样式为"边框式";按钮类型为"图片按钮";排序字段为"宿舍"(升序);表单标题为"住宿信息浏览"。

(2)编写 jiecheng 程序,要求实现用户可任意输入一个大于0的整数,程序输出该整数的阶乘的功能。如用户输入的是5,则程序输出为"5的阶乘为:120"。

三、综合应用题

设计一个文件名和表单名均为 myrate 的表单,所有控件的属性必须在表单设计器的属性窗口中设置。表单的标题为"外汇持有情况"。表单中有一个选项组控件(命名称为 myOption)和两个命令按钮"统计"(command1)和"退出"(command2)。其中,选项组控件有3个按钮"日元"、"美元"和"欧元"。

运行表单时首先在选项组控件中选择"日元"、"美元"或"欧元",单击"统计"命令按钮后,根据选项组控件的选择将持有相应外币的人的姓名和持有数量分别存入 rate_ry.dbf(日元)、rate_my.dbf(美元)和 rate_oy(欧元)中。

单击"退出"按钮时,关闭表单。

表单建成后,要求运行表单,并分别统计"日元"、"美元"和"欧元"的持有数量。

第82套 上机考试试题

一、基本操作题

(1)为各部门分年度季度销售金额和利润表 XL 创建一个主索引和普通索引(升序),主索引的索引名称为 no,索引表达式为"部门编号 + 年份";普通索引的索引名和索引表达式均为"部门编号"(在"销售"数据库中完成)。

(2)在 xl 表中增加一个名称为"备注"的字段,字段数据类型为"字符",宽度为 50。

(3)使用 SQL 的 ALTER TABLE 语句将 xl 表的"年份"字段的默认值修改为"2003",并将该 SQL 语句存储到命令文件 bbs. prg 中。

(4)通过"部门编号"字段建立 xl 表和 ma 表间的永久联系,并为该联系设置参照完整性约束:更新规则为"级联";删除规则为"限制";插入规则为"忽略"。

二、简单应用题

(1)在考生文件夹下建立数据库 sc2,将考生文件夹下的自由表 score2 添加进 sc2 中。根据 score2 表建立一个视图 score_view,视图中包含的字段与 score2 表相同,但视图中只能查询到积分小于 1500 的信息。然后利用新建立的视图查询视图中的全部信息,并将结果按"积分"升序存入表 v2。

(2)建立一个菜单 filemenu,包括两个菜单项"文件"和"帮助","文件"菜单项包括菜单项"打开"、"存为"和"关闭";"关闭"使用 SET SYSMENU TO DEFAULT 命令返回到系统菜单,其他菜单项的功能不做要求。

三、综合应用题

现有医院数据库 doct3,包括 3 个表文件:yisheng. dbf(医生)、yao. dbf(药品)、chufang. dbf(处方)。设计一个名称为 chufang3 的菜单,菜单中有两个菜单项"查询"和"退出"。

程序运行时,选择"查询"命令应完成下列操作:查询同一处方中,包含"感冒"两个字的药品的处方号、药名和生产厂,以及医生的姓名和年龄,把查询结果按处方号升序排序存入 jg9 资料表中。jg9 的结构为(姓名,年龄,处方号,药名,生产厂)。最后统计这些医生的人数(注意不是人次数),并在 jg9 中追加一条记录,将人数填入该记录的处方号字段中。

选择"退出"命令,程序终止运行。(注:相关资料表文件存在于考生文件夹下)

第83套　上机考试试题

一、基本操作题

(1)将数据库 stu 添加到项目 my 中。

(2)修改表单 for,将其中标签的字体大小修改为 20。

(3)把表单 for 添加到项目 my 中。

(4)为数据库 stu 中的表"学生"建立唯一索引,索引名称为 tel,索引表达式为"电话"。

二、简单应用题

(1)在考生文件夹下有一个数据库 gcs,其中 gongch 表结构如下:

gongch(编号 C(4),姓名 C(10),性别 C(2),工资 N(7,2),年龄 N(2),职称 C(10))

现在要对 gongch 表进行修改,指定"编号"为主索引,索引名和索引表达式均为"编号";指定"职称"为普通索引,索引名和索引表达式均为"职称";"年龄"字段的有效性规则在 25～65 之间(含 25 和 65),默认值为 45。

(2)在考生文件夹中有数据库 gcs,其中有数据库表 gongch。在考生文件夹下设计一个表单,该表单为 gcs 库中 gongch 表窗口式输入界面,表单上还有一个名称为 cmdclose 的按钮,标题名称为"关闭",单击该按钮,使用 ThisForm. Release 命令退出表单。最后将表单存放在考生文件夹中,表单文件名称为 form_window。

提示:在设计表单时,打开 gcs 数据库设计器,将 gongch 表拖入到表单中就实现了 gongch 表的窗口式输入界面,不需要其他设置或修改。

三、综合应用题

在考生文件夹下有学生管理数据库 books,数据库中有 score 表(学号、物理、高数、英语和学分查询表结构),其中前 4 项已有数据。

请编写符合下列要求的程序并运行程序:

设计一个名称为 myform 的表单,表单中有两个命令按钮,按钮的名称分别为 cmdyes 和 cmdno,标题分别为"计算"和"关闭"。程序运行时,单击"计算"按钮应完成下列操作。

① 计算每一个学生的总学分并存入对应的学分字段。学分的计算方法是:物理 60 分以上(包括 60 分)2 学分,否则 0 分;高数 60 分以上(包括 60 分)3 学分,否则 0 分;英语 60 分以上(包括 60 分)4 学分,否则 0 分。

② 根据上面的计算结果,生成一个新的表 xf(要求表结构的字段类型与 score 表对应字段的类型一致),并且按"学分"升序排序,如果"学分"相等,则按"学号"降序排序。单击"退出"按钮,程序终止运行。

第84套　上机考试试题

一、基本操作题

在考生文件夹下完成下列基本操作。

(1)新建一个名称为"图书管理"的项目。

(2)在项目中建立一个名称为"图书"的数据库。

(3)将考生文件夹下的所有自由表添加到"图书"数据库中。

(4)在项目中建立查询 book_qu,查询价格大于等于 10 的图书(book 表)的所有信息,查询结果按"价格"降序排序。

二、简单应用题

(1)根据 order1 表和 cust 表建立一个查询 query1,查询出公司所在地是"北京"的所有公司的名称、订单日期、送货方式,要求查询去向是表,表名是 query1. dbf,并执行该查询。

(2)建立表单 my_form,表单中有两个命令按钮,按钮的名称分别为 cmdyes 和 cmdno,标题分别为"登录"和"退出"。

三、综合应用题

在考生文件夹下,打开"学生管理"数据库,完成如下综合应用(所有控件的属性必须在表单设计器的属性窗口中设置):

设计一个名称为 myf 的表单,表单的标题为"学生住宿信息"。表单上设计 1 个包含 3 个选项卡的"页框"和 1 个"关闭"命令按钮。

要求如下。

① 为表单建立数据环境,按顺序向数据环境添加"宿舍"表和"学生"表。

② 按从左到右的顺序修改 3 个选项卡的标签(标题)名称为"宿舍"、"学生"和"住宿信息",每个选项卡上均有一个表格控件,分别显示对应表的内容,其中住宿信息选项卡显示如下信息:学生表里所有学生的信息,加上所住宿舍的电话(不包括年龄信息)。

③ 单击"关闭"按钮,关闭表单。

第85套 上机考试试题

一、基本操作题

(1)在考生文件夹下建立数据库"学生"。

(2)把自由表 stu、chenji 加入到"学生"数据库中。

(3)在"学生"数据库中建立视图 my,要求显示表 chenji 中的全部字段(按表 chenji 中的顺序)和所有记录。

(4)为 stu 表建立主索引,索引名和索引表达式均为"学号"。

二、简单应用题

(1)设计表单 my,其中有 3 个按钮,标题分别为"汇报"、"查看"和"关闭"。单击"汇报"按钮,弹出对话框"您单击的是汇报按钮!"。单击"查看"按钮,弹出对话框"您单击的是查看按钮!"。单击"关闭"按钮则退出表单。

(2)根据"定货"表和"客户"表建立一个查询 cha,查询出所有所在地是"上海"的公司的"公司名称"、"订单日期"、"送货方式",要求查询去向是表,表名是 que.dbf,并执行该查询。

三、综合应用题

① 请编写名称为 change_c 的命令程序并执行,该程序实现下面的功能:将"商品表"进行备份,备份文件名称为 spbak.dbf;将"商品表"中"商品号"前两位编号为"10"的商品的"单价"修改为在出厂单价的基础上提高 10%;使用"单价调整表"对商品表的部分商品出厂单价进行修改(以"商品号"相同为条件)。

② 设计一个名称为 form2 的表单,上面有"调整"(名称 Command1)和"退出"(名称 Command2)两个命令按钮。单击"调整"命令按钮时,调用 change_c 命令程序实现商品单价调整;单击"退出"命令按钮时,关闭表单。

注意:以上两个命令按钮均只含一条语句,不可以有多余的语句。

第86套 上机考试试题

一、基本操作题

(1)建立项目"城乡超市";并把"货物管理"数据库加入到该项目中。

(2)为"货物表"增加字段:价格 N(6,2),该字段允许出现"空"值,默认值为. NULL. 。

(3)为"价格"字段设置有效性规则:"价格 >0";违反规则时的提示信息是:"价格必须大于0"。

(4)使用报表向导为货物表创建报表:报表中包括"货物表"中全部字段,报表样式的"经营式",报表中数据按"货物编号"升序排列,报表文件名为 rep. frx。其余按缺省设置。

二、简单应用题

(1)编写程序 he. prg,计算 s = l + 2 + ⋯ + 50。要求使用 DO WHILE 循环结构。

(2)my. prg 中的 SQL 语句用于查询出位于"北京"的仓库的"城市"字段,以及管理这些仓库的职工的所有信息,现在该语句中有 3 处错误,分别出现在第 1 行、第 2 行和第 3 行,请改正。

三、综合应用题

设计名称为 formbook 的表单(控件名称为 form1,文件名称为 formbook)。表单的标题设为"图书情况统计"。表单中有一个组合框(名称为 Combo1)、一个文本框(名称为 Text1)和两个命令按钮"统计"(名称为 Command1)和"退出"(名称为 Command2)。

运行表单时,组合框中有 3 个条目"清华"、"北航"、"科学"(只有 3 个出版社名称,不能输入新的)可供选择,在组合框中选择出版社名称后,如果单击"统计"命令按钮,则文本框显示出"图书"表中该出版社图书的总数。

单击"退出"按钮,关闭表单。

第87套 上机考试试题

一、基本操作题

(1)将数据库"学校管理"中的表"课程"的结构复制到新表 mytable 中。

(2)将表"课程"中的记录复制到表 mytable 中。

(3)对数据库"学校管理"中的"教师"表使用表单向导建立一个简单的表单,文件名称为"教师",要求显示表中的字段"职工号"、"姓名"和"职称",表单样式为"凹陷式",按钮类型为"文本按钮",按"职工号"升序排序,表单标题为"教师浏览"。表单运行结果如图 2.13 所示。

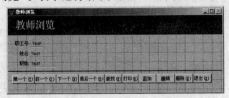

图 2.13

(4)把表单"教师"添加到项目"myproj"中。

二、简单应用题

在考生文件夹下完成如下简单应用。

(1)用 SQL 语句完成下列操作:列出所有赢利(现价大于买入价)的"股票简称"、"现价"、"买入价"和"持有数量",并将检索结果按持有数量降序排序存放于表 stock_temp 中,将 SQL 语句保存在 query1.prg 文件中。

(2)使用一对多报表向导建立报表。要求:父表为 stock _Name,子表为 stock_sl,从父表中选择字段"股票简称",从子表中选择全部字段,两个表通过"股票代码"建立联系;按股票代码升序排序;报表标题为"股票持有情况";生成的报表文件名称为 stock_report。

三、综合应用题

对考生文件夹下的"书籍"表新建一个表单,完成以下功能:表单标题为"图书信息浏览",文件名保存为 myf,name 属性为 form1。表单内有 1 个组合框,1 个命令按钮和标签与文本框的组合。表单运行时组合框内是"书籍"表中所有书名(表内书名不重复)供选择。当选择书名后,标签和文本框将分别显示表中除"书名"字段外的其他 4 个字段的字段名和字段值。

单击"关闭"按钮,退出表单。

第88套　上机考试试题

一、基本操作题

(1)建立项目文件,文件名称为"项目1"。

(2)将数据库"公司管理"添加到项目中。

(3)对数据库下的表"部门",使用视图向导建立视图"视图1",要求显示出表中部门号为"1"的记录中的所有字段。

(4)建立简单的菜单1,要求有两个菜单项:"开始"和"结束"。选择"结束"命令后,将使用 SET SYSMENU TO DE-FALUT 返回系统菜单。

二、简单应用题

(1)建立表单 my,表单上有 3 个标签,当单击任何一个标签时,都使其他 2 个标签的标题互换。

(2)根据表"作者"和"图书"建立一个查询,该查询包含的字段有"作者姓名"、"书名"、"价格"和"出版单位"。要求按"价格"排序(升序),并将查询保存为 chaxun。

三、综合应用题

对考生文件夹下的数据库"员工管理"中的"员工信息"表和"职称信息"表完成如下操作。

① 为表"职称信息"增加两个字段"人数"和"明年人数",字段类型均为整型。

② 编写程序 myp,查询职工中拥有每种职称的人数,并将其填入表"职称"的"人数"字段中,根据职称表中的"人数"和"增加百分比",计算"明年人数"的值,如果增加的人数不足一个,则不增加。

③ 运行该程序。

第89套　上机考试试题

一、基本操作题

(1)将考生文件夹下的自由表"选课"添加到数据库"学

生管理"中。

(2)建立表"宿舍"和表"学生"之间的关联(两表的索引已经建立)。

(3)为(2)中建立的关联设置完整性约束,要求:更新规则为"级联",删除规则为"忽略",插入规则为"限制"。

(4)修改表单"表单1",为其添加一个按扭控件,并修改按钮的标题为"确定"。

二、简单应用题

(1)在"值班信息"数据库中统计"员工信息"表中的"加班费",并将结果写入"员工信息"表中的"加班费"字段。

(2)建立视图 shitu,包括"职工编码"、"姓名"和"夜值班天数"等字段,内容是夜值班天数在 3 天以上的员工。建立表单 biao,在表单上显示视图 shitu 的内容。

三、综合应用题

建立表单,表单文件名和表单名均为 myform_a,表单标题为"商品浏览"。

其他功能要求如下。

① 用选项按钮组(OptionGroup1)控件选择商品分类(饮料(Option1)、调味品(Option2)、酒类(Option3)、小家电(Option4))。

② 单击"确定"(Command2)命令按钮,显示选中分类的商品,要求使用 DO CASE 语句判断选择的商品分类,按【Esc】键返回表单界面。

③ 单击"退出"(Command1)命令按钮,关闭并释放表单。

注意:选项按钮组控件的 value 属性必须为数值型。

第90套　上机考试试题

一、基本操作题

(1)将数据库"图书馆管理"添加到项目"项目1"中。

(2)为数据库"图书馆管理"中的表"书籍"建立主索引,索引名称和索引表达式均为"图书编号";为表"借阅清单"建立普通索引,索引名称为 jy,索引表达式为"借书证号"。

(3)建立表"书籍"和表"借阅清单"之间的关联。

(4)对数据库下的表"借阅清单",使用视图向导建立视图 myview,要求显示出表中的全部记录,并按"借书证号"升序排序。

二、简单应用题

(1)打开表单"表单1",并按如下要求进行修改(注意要保存所做的修改):表单中有一个"表格"控件,修改其相关属性,使得在表格中显示数据库"学生管理"中"详细信息"表的记录。表单上还有一个标题为"关闭"的按钮,为按钮编写事件,使单击此按钮时退出表单。

(2)在考生文件夹下对数据库"学生管理"中"宿舍"表的结构做如下修改:指定"宿舍"为主索引,索引名称为"om",索引表达式为"宿舍"。指定"电话"为普通索引,索引名称为 tel,索引表达式为"电话"。设置"电话"字段的有效性规则为:电话必须以"88"开头。

三、综合应用题

在考生文件夹下,打开"销售"数据库,完成如下综合应用。

设计一个名称为 myform 的表单(文件名和表单名均为 myform),表单的标题为"销售信息浏览"。在表单上设计一个包含 3 个选项卡的"页框"和 1 个"退出"命令按钮,要求如下。

① 为表单建立数据环境,按顺序向数据环境添加"地区表"、"业绩表"和"商品表"。

② 按从左至右的顺序设置 3 个选项卡的标题的"地区表"、"业绩表"和"商品表",每个选项卡上均有一个表格控件,分别显示对应表的内容。

③ 单击"退出"按钮,关闭表单。

第91套 上机考试试题

一、基本操作题

在考生文件夹下完成下列基本操作。

(1)打开"订货管理"数据库,并将表 order_list 添加到该数据库中。

(2)在"订货管理"数据库中建立表 order_detail,表结构描述如下:

订单号   字符型(6)
器件号   字符型(6)
器件名   字符型(16)
单价   浮动型(10,2)
数量   整型

(3)为新建立的 order_detail 表建立一个普通索引,索引名和索引表达式均是"订单号"。

(4)建立表 order_list 和表 order_detail 间的永久联系(通过"订单号"字段)。

二、简单应用题

(1)根据考生文件夹下的"学生信息"表和"分数"表建立一个查询,该查询包含的字段有"学号"、"姓名"、"住址"和"分数"。要求按"学号"排序(升序),并将查询保存为"查询1"。

(2)使用表单向导制作一个表单,要求选择"医生"表中的所有字段。表单样式为"边框式",按钮类型为"图片按钮",排序字段选择"医生编码"(升序),表单标题为"医生信息",最后将表单保存为 myForm。

三、综合应用题

设计名称为 mystu 的表单(文件名称为 mystu,表单名称为 form1),所有控件的属性必须在表单设计器的属性窗口中设置。表单的标题为"计算机系学生选课情况"。表单中有 1 个表格控件(Grid1),该控件的 RecordSourceType 属性设置为"4SQL 说明",还包括命令按钮"查询"(command1)和"退出"(command2)。

运行表单时,单击"查询"命令按钮后,表格控件中显示

4系(系字段值等于字符4)的所有学生的姓名、选修的课程名和成绩。

单击"退出"按钮,关闭表单。

第92套 上机考试试题

一、基本操作题

(1)对数据库 mydb 下的表"纺织品",使用查询向导建立查询"查询1",要求查询表中的单价在 100(含)元以上的记录。

(2)为表"纺织品"增加字段"利润",类型和宽度为数值型(6,2)。

(3)为表"利润"的字段设置完整性约束,要求利润 > = 0,否则弹出提示信息"这样的输入无利可图"。

(4)设置表"纺织品"的字段"利润"的默认值为"单价 - 进货价格"。

二、简单应用题

在考生文件夹下完成如下简单应用。

(1)用 SQL 语句对自由表"教师"完成下列操作:将职称为"教授"的教师新工资一项设置为原工资的 120% ,其他教师的新工资与原工资相等;插入一条新记录:姓名"林红",职称"讲师",原工资"10000",新工资"10200",同时将 SQL 语句存放于新建的文本文件 teacher. txt 中(两条更新语句,一条插入语句,按顺序每条语句占一行)。

(2)使用查询设计器建立一个查询文件 stud. qpr,查询要求:选修了"英语"并且成绩大于等于 70 的学生姓名和年龄,查询结果按年龄升序存放于 stud_temp. dbf 表中。

三、综合应用题

表"员工"中"加班费"字段的值为空,编写满足如下要求的程序。

根据值班表中的夜和昼的加班费的值和员工表中各人昼夜值班的次数确定员工表的"加班费"字段的值,(注意:在修改操作过程中不要改变员工表记录的顺序)。

最后将程序保存为 myprog. prg,并执行该程序。

第93套 上机考试试题

一、基本操作题

(1)将考生文件夹下的数据库"公司管理"中的表"部门"复制到表"部门2"中(复制表结构和记录)。

(2)将表"部门2"的添加到数据库"公司管理"中。

(3)对数据库"公司管理"下的"部门"表,使用视图向导建立视图 myview,要求显示出表中的所有字段,并按"部门号"排序(降序)。

(4)修改表单 myform,将其中选项按钮组中的两个按钮的标题属性分别设置为"经理"和"员工"。

二、简单应用题

(1)在数据库订货管理中建立视图"视图1",包括表"订货信息"中的所有字段,并按"公司编号"排序,"公司编号"

相同的,按"订单号"排序。

（2）建立表单 myform1,在表单的数据环境里添加刚建立的视图。在表单上添加"表格"控件,设置表格的相关属性,使表格中显示的是刚建立的视图的内容。

三、综合应用题

在考生文件夹下有"采购管理"数据库。设计一个名称为"菜单1"的菜单,菜单中有2个菜单项"计算"和"退出"。

程序运行时,完成如下操作。

① 选择"计算"命令完成下列操作:查询"采购详单"表中,每次采购的所有信息和采购的"采购员姓名"、采购的"商品号"、"名称"和"总金额"(等于"用数量"乘以"单价格"),并按"总金额"降序排列,如果"总金额"相等,则按"金额工号"升序排列。将查询结果存如表 mytable 中。

② 单击"退出"菜单项,程序终止运行。

第94套　上机考试试题

一、基本操作题

（1）建立自由表"电视节目"(不要求输入数据),表结构如下。

播出时间	日期时间型
名称	字符型(20)
电视台	字符型(10)

（2）将表"商品"的记录复制到表"商品2"中。

（3）用 SELECT 语句查询"商品"表中的"产地"在"北京"的记录,将查询结果保存在表 newtable 中。

（4）对表"商品"使用表单向导建立一个简单的表单,要求样式为"石墙式",按钮类型为"图片按钮",标题为"商品",表单文件名称为 myform。表单运行结果如图 2.14 所示。

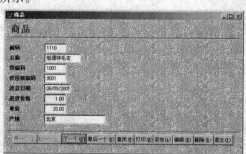

图 2.14

二、简单应用题

（1）"商品数据"数据库下有2个表,使用菜单设计器制作一个名称为"菜单1"的菜单,菜单只有一个"查看"菜单项。该菜单项中有一个子菜单,包括"供应商"、"单价"和"退出"3个菜单项。

"供应商"子菜单用于查询"供应商编码"为"9001"的商品的"名称"和"供应商品"。

"单价"子菜单用于查询"单价"在100(含)以上的"商品"的全部信息。

"退出"菜单项负责返回系统菜单。

（2）在考生文件夹下有一个数据库"商品数据",使用报表向导制作一个名称为"myreport"的报表,存放在考生文件夹下。要求:选择"商品"表中字段"编码"、"名称"和"单价"。报表样式为"经营式",报表布局:列数"1",方向"横向",按"单价"字段排序(降序),报表标题为"商品单价浏览"。

三、综合应用题

设计文件名称为 myform1 的表单。表单的标题设为"部门人数统计"。表单中有一个组合框、两个文本框和两个命令按钮,标题分别为"统计"和"退出"。

运行表单时,组合框中有部门信息"部门号"可供选择,在做出选择以后,单击"统计"命令按钮,则第一个文本框显示出部门名称,第二个文本框中显示出"员工"表中该部门的人数。

单击"退出"按钮,关闭表单。

第95套　上机考试试题

一、基本操作题

（1）将考生文件夹下的自由表"纺织品"添加到数据库"纺织品管理"中。

（2）将数据库"纺织品管理"中的表"纺织品类型"移出,使之变为自由表。

（3）从数据库"纺织品管理"中永久性地删除数据库表"毛纺品表",并将其从磁盘上删除。

（4）为数据库"纺织品管理"中的表"纺织品"建立候选索引,索引名称为"fzp",索引表达式为"纺织品编码"。

二、简单应用题

（1）使用菜单设计器制作一个名称为 mymenu 的菜单,菜单有两个菜单项 tool 和 view。tool 菜单项有"拼写检查"和"字数统计"2个子菜单;view 菜单项下有"普通"、"页面"、"图表"和"表格"4个子菜单。

（2）对"公司管理"数据库编写程序 myprog,完成如下操作:

① 在 bm 表中插入一条记录("006","保安部",8,南京,450)。

② 统计各个城市的员工个数和月薪总数,统计结果中包含"籍贯"、"员工个数"和"总月薪"3个字段。将统计结果保存在表 mytable 中。

三、综合应用题

在考生文件夹下,对"雇员管理"数据库完成如下综合应用:

建立一个名称为 view1 的视图,查询每个雇员的部门号、部门名、雇员号、姓名、性别、年龄和 Email。

设计一个名称为 form2 的表单,表单上设计1个页框,页框有"部门"和"雇员"2个选项卡,在表单的右下角有1个"退出"命令按钮,要求如下。

① 表单的标题名称为"商品销售数据输入"。

② 选择"雇员"选项卡时，在"雇员"选项卡中使用"表格"方式显示 view1 视图中的记录（表格名称为 grdview1）。

③ 选择"部门"选项卡时，在"部门"选项卡中使用"表格"方式显示"部门"表中的记录（表格名称为"grd 部门"）。

④ 单击"退出"命令按钮时，关闭表单。

第96套 上机考试试题

一、基本操作题

（1）建立项目文件，文件名称为 myproj。

（2）在项目 myproj 中建立数据库，文件名称为 mydb。

（3）对数据库"公司管理"中的表"部门"使用表单向导建立一个简单的表单 myform，要求表单样式为"凹陷式"，按钮类型为"图片按钮"，排序字段为"部门号"，设置表单标题为"部门信息"。表单运行结果如图 2.15 所示。

图 2.15

（4）把表单"myform"添加到项目"myproj"中。

二、简单应用题

（1）在"帐务"数据库中查询每个人的"金额剩余"（金额剩余 = 月薪 - 意外保险金 - 养老保险金 - 个人所得税），查询结果中包括"编号"、"姓名"、"月薪"和"剩余金额"字段，并将查询结果保存在新表"newtable"中。

（2）通过邮局向北京城邮寄"包裹"，计费标准为每克 0.05 元，但是超过 100 克后，超出部分每克多加 0.03 元。编写程序 compute，根据用户输入邮件重量，计算邮费。

三、综合应用题

① 根据数据库"股票"中的表"股票信息"和"投资人"建立一个名称为"视图1"的视图，该视图包含投资人表中的所有字段和每个股票的"股票名称"。要求根据"股票名称"升序排序。

② 建立一个表单，文件名称为 myform1，表单标题为"投资信息"。表单中包含一个表格控件，该表格控件的数据源是前面建立的视图。

在表格控件下面添加一个命令按钮，单击该按钮退出表单。

第97套 上机考试试题

一、基本操作题

（1）为表"毛纺织品表"增加字段"供应商"，类型和宽度为"字符型（30）"。

（2）将表"毛纺织品表"的"产地"字段从表中删除。

（3）设置字段"供应商"默认值为"恒源祥"。

（4）建立简单的菜单 menu，要求有两个菜单项 start 和 end。其中 start 菜单项有子菜单 compute 和 count。end 菜单项使用 SET SYSMENU TO DEFAULT 命令，负责返回系统菜单。

二、简单应用题

（1）建立一个名称为 DateMenu 的菜单，菜单中有两个菜单项"显示日期"和"退出"。选择"显示日期"命令，将弹出一个对话框，其上显示当前日期。"退出"菜单项使用 SET SYSMENU TO DEFAULT 命令负责返回到系统菜单。

（2）对数据库订货管理中的表使用一对多报表向导建立报表 report1。要求：父表为"公司信息"，子表为"订货信息"。从父表中选择字段"公司编号"和"公司名称"，从子表中选择字段"订单号"和"订购日期"，两个表通过"公司编号"建立联系，按公司编号升序排序；报表样式选择"帐务"式，方向为"横向"，报表标题为"公司订货查看"，如图 2.16 所示。

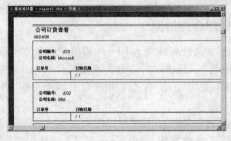

图 2.16

三、综合应用题

在考生文件夹下有股票管理数据库 stock，数据库中有表 stock_sl、stock_fk，表结构如下。

stock_sl 表：股票代码 C(6)，买入价 N(7,2)、现价 N(7,2)，持有数量 N(6)

stock_fk 表：股票代码 C(6)，浮亏金额 N(11,2)

请编写并运行符合下列要求的程序。

设计一个名称为 menu_lin 的菜单，菜单中有两个菜单项"计算"和"退出"。程序运行时，选择"计算"命令应完成下列操作。

① 将现价比买入价低的股票信息存入 stock_fk 表，其中：

浮亏金额 =（买入价 - 现价）× 持有数量

注意：要先把表的 stock_fk 内容清空。

② 根据 stock_fk 表计算总浮亏金额，并将结果存入一个新表 stock_z 中，其字段名称为浮亏金额，类型为 N(11,2)，该表最终只有一条记录（该表属于库 stock）。

选择"退出"命令，程序终止运行。

第98套 上机考试试题

一、基本操作题

（1）建立项目文件，文件名称为 myproj。

（2）将数据库"学生管理"添加到项目 myproj 中。

（3）建立简单的菜单 mymenu，要求有两个菜单项："查询"和"退出"。其中"退出"菜单项负责返回,对"查询"菜单项不做要求。

(4)编写简单的命令程序 prog,显示对话框,对话框内容为"你好!",对话框上只有一个"确定"按钮。将该程序保存在 prog. txt 中。

二、简单应用题

(1)"学生管理"数据库下有3个表,使用菜单设计器制作一个名称为 student 的菜单,菜单只有一个"统计"菜单项。该菜单项中有一个子菜单,包括"按学号","按课程号"和"退出"3个。"按学号"和"按课程号"子菜单分别使用 SQL 语句的 avg 函数统计各学生和课程的平均成绩。统计结果中分别包括"学号"、"平均成绩"和"课程号"、"平均成绩"。"退出"子菜单负责返到系统菜单。

(2)在数据库学生管理中建立视图 myview,显示表学生中的所有记录,并按"生日"升序排序。建立表单"表单1",在表单上添加"表格"控件,显示新建立的视图的记录。

三、综合应用题

① 设计文件名称为 myform 的表单。表单的标题为"采购金额统计"。表单中有一个选项组控件和两个命令按钮"排序"和"退出"。其中,选项组控件有两个按钮"升序"和"降序"。

② 运行表单时,在选项组控件中选择"升序"或"降序",单击"排序"命令按钮,查询"采购详单"表中每次采购的总金额(用数量乘以商品表中的价格),查询结果中包括"编号","总金额"和"采购员",并按"总金额"升序或降序(根据选项组控件),将查询结果分别存入表 table1 或表 table2 中。

单击"退出"按钮,关闭表单。

第99套　上机考试试题

一、基本操作题

(1)建立项目文件,文件名称为 myproj。

(2)在项目 myproj 中新建数据库,文件名称为 mydb。

(3)将考生文件夹下的自由表"教师"添加到数据库中。

(4)对数据库 mydb,使用视图向导建立视图 myview,显示表"教师"中所有字段,并按"职工号"排序(升序)。

二、简单应用题

(1)在考生文件夹下有一个数据库"图书馆管理",使用报表向导制作一个名称为 reader 的报表,存放在考生文件夹下。要求,选择学生信息表中的所有的字段。报表样式为"经营式",报表布局:列数"1",字段布局"列",方向"纵向",按"借书证号"字段升序排序,报表标题为"学生信息浏览"。

(2)在考生文件夹下有一个数据库"图书馆管理",其中有数据库表"学生信息",在考生文件夹下设计一个表单,表单标题为"学生查看"。该表单为数据库中"学生信息"表的窗口输入界面,表单上还有一个标题为"关闭"的按钮,单击该按钮,关闭表单。

三、综合应用题

当 order_detail 表中的单价修改后,应该根据该表的"单价"和"数量"字段修改 order_list 表的总金额字段,现在编写程序实现此功能,具体要求和注意事项如下。

① 根据 order_detail 表中的记录重新计算 order_list 表"总金额"字段的值。

② 一条 order_list 记录可以对应几条 order_detail 记录。

③ 最后将 order_list 表中的记录按总金额降序排序存储到 od_new 表中(表结构与 order_list 表完全相同)。

④ 将程序保存为 prog1. prg 文件。

第100套　上机考试试题

一、基本操作题

(1)为数据库"职工管理"中的表"职工"建立主索引,索引名称和索引表达式均为"职工编号"。

(2)为数据库"职工管理"中的表"工资"建立普通索引,索引名称和索引表达式为"级别编号"。

(3)建立表"工资"和表"职工"之间的关联。

(4)为(3)中建立的关联设置完整性约束。

要求:更新规则为"限制",删除规则为"级联",插入规则为"忽略"。

二、简单应用题

(1)设计一个如图所示的时钟应用程序,如图 2.17 所示具体描述如下。

图 2.17

表单名和表单文件名均为 timer,表单标题为"时钟",表单运行时自动显示系统的当前时间。

① 显示时间的为标签控件 Label1(要求在表单中居中,标签文本对齐方式为居中)。

② 单击"暂停"命令按钮(Command1)时,时钟停止。

③ 单击"继续"命令按钮(Command2)时,时钟继续显示系统的当前时间。

④ 单击"退出"命令按钮(Command3)时,关闭表单。

提示:使用计时器控件,将该控件的 Interval 属性设置为500,即每500毫秒触发一次计时器控件的 timer 事件(显示一次系统时间);将计时器控件的 Interval 属性设置为0将停止触发 Timer 事件;在设计表单时将 Timer 控件的 Interval 属性设置为500。

(2)使用查询设计器设计一个查询,要求如下:

① 基于自由表 currency_sl. dbf 和 rate_exchange. dbf。

② 按顺序包含字段"姓名"、"外币名称"、"持有数量"、"现钞买入价"及表达式"现钞买入价×持有数量"。

③ 先按"姓名"升序排序,再按"持有数量"降序排序。

④ 查询去向为表 results. dbf。

⑤ 完成设计后将查询保存为 query 文件,并运行该查询。

三、综合应用题

设计一个表单,所有控件的属性必须在表单设计器的属性窗口中设置,表单文件名称为"外汇浏览",表单界面如图 2.18 所示。

图 2.18

其中:

① "输入姓名"为标签控件 Label1。

② 表单标题为"外汇查询"。

③ 文本框的名称为 Text1,用于输入要查询的姓名,如林因。

④ 表格控件的名称为 Grid1,用于显示所查询人持有的外币名称和持有数量,RecordSourceType 的属性为 0(表);

⑤ "查询"命令按钮的名称为 Command1,单击该按钮时在表格控件 Grid1 中按持有数量升序显示所查询人持有的外币名称和数量(如上图所示),并将结果存储在以姓名命名的 DBF 表文件中,如"林因. dbf";

⑥ "退出"命令按钮的名称为 Command2,单击该按钮时,关闭表单。

完成以上表单设计后运行该表单,并分别查询"林因"、"张三"和"李欢"所持有的外币名称和持有数量。

第三部分

参考答案及解析

Part **3**

上机考试看似复杂，其实很简单，只要按照科学的思路去归纳、总结、分析，学通了一道题就等于学会了一类题，只要将本试卷总结出来的典型题学通、吃透，上机考试便可以从容应对。

本部分是对上一部分试题内容的分析解答，本着"授之以渔"的思想，将解析分为考点分析、举一反三、操作步骤、易错提示和解题思路等模块，详简有度地对上机试题进行分析、解答、点拨、总结，旨在帮助考生迅速学会解题思路、掌握解题技巧。

3.1 基础篇

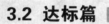

内容说明：考点分析、解题思路、操作步骤、易错提示、举一反三

学习目的：对典型题目详尽学习、深入理解、学会分析。通过对同类题目进行反复练习，归纳巩固解题方法

3.2 达标篇

内容说明：考点分析、解题思路、操作步骤、易错提示

学习目的：以查漏补缺为目的，学练结合，巩固基础篇的学习成果

3.3 优秀篇

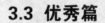

内容说明：解题思路、参考答案

学习目的：以练为主、融会贯通

考点分析	结合对真考题库所有试题的分析，总结每道大题考查的知识点
解题思路	点拨解题关键要素，明确解题入手点
操作步骤	全程图解解题过程，轻松掌握每类题型的解题方法
易错提示	从实战角度出发，帮助考生应避免错误
举一反三	通过对同类题型的反复练习，最终完全掌握每类题型的解题方法

3.1　基　础　篇

第1套　参考答案及解析

一、基本操作题

【考点分析】本大题主要考查的知识点是：新建项目、将数据库添加到项目中、创建自由表［表设计器］、将自由表添加到数据库中、索引的建立［唯一］。

【解题思路】通过项目管理器来完成一些数据库及数据库表的操作，项目的建立采用工具栏的按钮命令方式来实现，数据库添加可以通过项目管理器中的命令按钮，打开相应的设计器直接管理。添加和修改数据库中的数据表可以通过数据库设计器来完成，建立表索引可以在数据表设计器中完成。

【操作步骤】

（1）步骤1：启动 Visual FoxPro 6.0，按照题目的要求新建一个名称为"my"的项目文件，如图3.1所示。

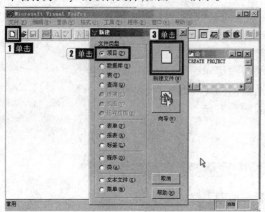

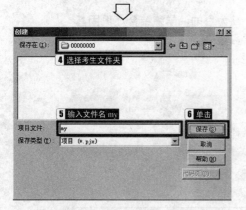

图 3.1

步骤2：按照题目的要求，将"图书"数据库添加到项目"my"中，如图3.2所示。

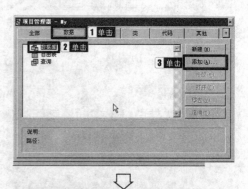

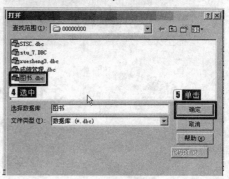

图 3.2

（2）按照题目的要求，新建名称为"pub"自由表，如图3.3所示。

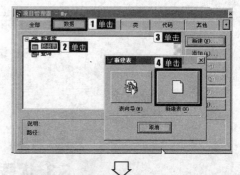

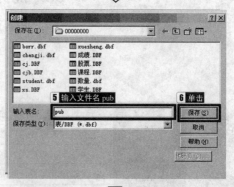

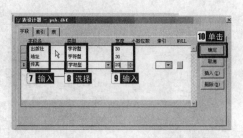

图 3.3

（3）按照题目的要求，在项目管理器的数据选项卡中，依次展开"数据库"、"自由表"，将自由表"pub"添加到"图书"数据库中，如图 3.4 所示。

图 3.4

（4）按照题目的要求，在项目管理器的数据选项卡中，依次展开"数据库"、"自由表"，为数据库表"borr"建立索引，如图 3.5 所示。

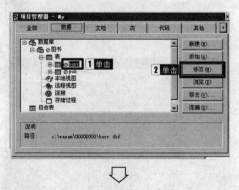

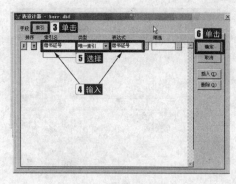

图 3.5

【易错提示】第 1 小题步骤 1 中正确选择考生文件夹和正确填写新建的项目名称"my"；第 2 小题中，新建的自由表选择考生文件夹保存；第 4 小题中，建立的索引类型选择"唯一索引"和正确输入索引名、表达式。

【举一反三】第 1 小题中的题型也出现在：第 23（1）、25（1）、26（1）、27（1）、28（1）、32（1）、86（1）套的基础操作题中；第 2 小题中的题型也出现在：第 33（3）、55（3）、61（3）、70（3）、75（3）、77（1）套的基础操作题中；第 3 小题中的题型也出现在：第 21（2）、23（3）、26（3）、29（1）套的基础操作题中；第 4 小题中的题型也出现在第 83（4）套的基础操作题中。

二、简单应用题

【考点分析】本大题主要考查的知识点是：创建表单［向导］、创建菜单［菜单设计器］、常用命令（OPEN DATABASE、CLOSE DATABASE、BROWSE 等）。

【解题思路】第 1 小题利用表单向导建立一个表单，注意每个向导界面，完成相应的设置即可；第 2 小题是基本的菜单设计，注意每个菜单项的菜单级，以及"结果"下拉列表框中的各个选项的选择，编辑"过程"中的一些命令语句等。

（1）【操作步骤】

步骤 1：启动 Visual FoxPro 6.0，按照题目的要求，打开考生文件夹中的数据库"STSC.dbc"，如图 3.6 所示。

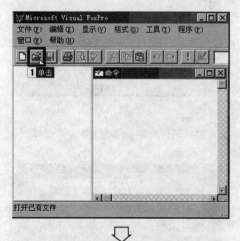

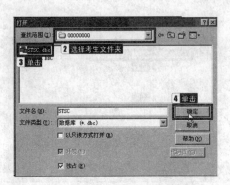

图 3.6

步骤2:按照题目的要求,打开数据库"stsc.dbc"后,在工具栏中单击"新建"按钮,弹出"新建"对话框,选择"表单"选项,再单击"向导"按钮,系统弹出"向导选择"对话框,选择"表单向导",单击"确定"按钮,如图 3.7 所示。

图 3.7

步骤3:按照题目的要求,设置好"表单向导"的"字段选择",如图 3.8 所示。

图 3.8

步骤4:按照题目的要求,设置好"表单向导"的"选择表单样式",如图 3.9 所示。

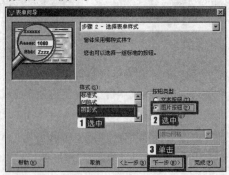

图 3.9

步骤5:按照题目的要求,设置好"表单向导"的"排序次序",如图 3.10 所示。

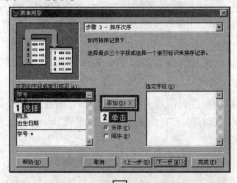

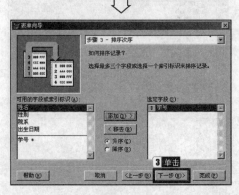

图 3.10

步骤6：按照题目的要求，设置好"表单向导"的"完成"，在系统弹出的"另存为"对话框中，将表单以 st_form 为名保存在考生目录下，退出表单设计向导，如图3.11所示。

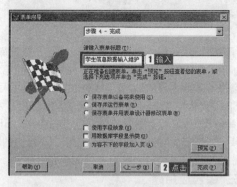

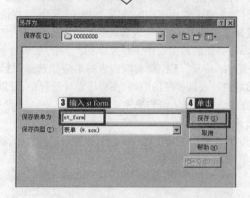

图 3.11

（2）【操作步骤】

步骤1：启动 Visual FoxPro 6.0，在工具栏中单击"新建"按钮，弹出"新建"对话框，选择"菜单"后，单击"新建文件"按钮，系统弹出"新建菜单"对话框，在对话框中单击"菜单"按钮，进入菜单设计器环境界面，如图3.12所示。

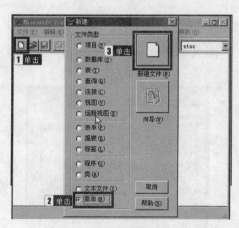

图 3.12

步骤2：根据题目要求，首先输入两个主菜单名称"数据维护"和"文件"，在其"结果"下拉列表中全部选择"子菜单"选项，然后单击"数据维护"行的"创建"按钮，如图 3.13所示。

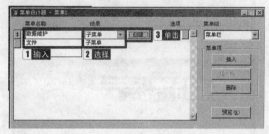

图 3.13

步骤3：输入子菜单项的名称"数据表格式输入"，在"结果"下拉列表中选择"过程"选项，然后单击"数据表格式输入"行的"编辑"按钮，弹出编辑窗口，在窗口输入如下程序段，如图 3.14 所示。

＊＊＊＊"数据表格式输入"菜单命令的程序设计＊＊＊＊＊
```
OPEN DATABASE stsc
USE student
BROWSE
CLOSE DATABASE
```
＊＊＊＊＊＊＊＊＊＊＊＊＊＊＊＊＊＊＊＊＊＊＊＊

图 3.14

步骤4：在"菜单级"中选择"菜单栏"，进入到一级菜单目录，单击"文件"行中的"创建"按钮，进入"文件"子菜单中，添加子菜单项"退出"，在"结果"下拉列表中选择"命令"选项，在"退出"菜单项的"命令"文本框中编写程序代码：SET SYSMENU TO DEFAULT，（要返回上级菜单，只要从菜单设计器窗口的"菜单级"下拉列表中选择"菜单栏"选项即可），如图3.15所示。

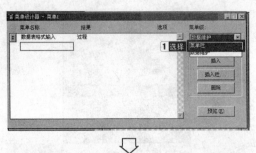

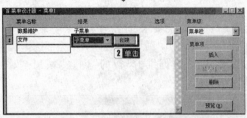

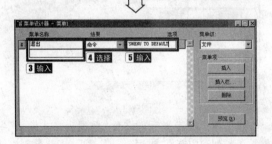

图 3.15

步骤5：按照题目的要求，保存新建的菜单为"smenu1"，单击"保存"按钮，如图3.16所示，弹出"生成菜单"对话框，单击"生成"按钮，如图3.17所示，生成一个菜单文件smenu1.mpr，关闭设计窗口。

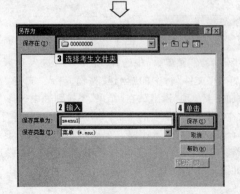

图 3.16

图 3.17

【易错提示】第1小题中，注意首先应打开数据库，其次"表单向导"中的每一步都要按照具体的要求去做；第2小题中，在添加菜单项时注意"结果"项的选择和规范书写"数据维护"下的子菜单"数据表格式输入"的程序代码。

【举一反三】第1小题中的题型也出现在：第26(1)、30(2)、41(1)、44(2)套的简单应用题中；第2小题中的题型也出现在：第24(1)、45(1)、64(1)套的简单应用题中。

三、综合应用题

【考点分析】本大题主要考查的知识点是：创建菜单[菜单设计器]、SQL常用语句的使用，如插入、删除、排序语句。

【解题思路】通过学生表和成绩表的连接，将符合要求的记录添加到新的数据表中。在菜单的"计算"菜单命令设计过程中，在"结果"下拉列表框列表框中应该选择"过程"选项，然后进行查询程序的编辑，在程序设计过程中，可以使用SQL查询语句及插入语句来完成设计过程。

【操作步骤】

步骤1：启动 Visual FoxPro 6.0，按照题目的要求，新建一个菜单，如图3.18所示。

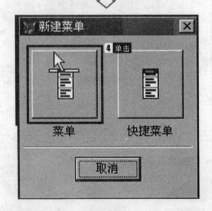

图 3.18

步骤2：按照题目的要求，输入菜单项和选择结果，在

"退出"菜单项的"命令"文本框中编写程序代码 SET SYS-MENU TO DEFAULT,如图 3.19 所示。

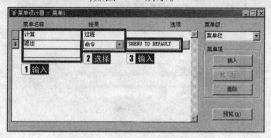

图 3.19

步骤 3:按照题目的要求,单击"计算"菜单行中的"创建"按钮,进入程序设计的编辑窗口,在命令窗口中输入如下程序段,如图 3.20 所示。

* * * * *"计算"菜单命令的程序设计 * * * * *

```
SET TALK OFF
OPEN DATABASE xuesheng3
SELECT cj.学号,xs.班级,xs.姓名,cj.课程名,cj.成绩;
   FROM xuesheng3! xs INNER JOIN xuesheng3! cj ;
      ON xs.学号 = cj.学号;
   WHERE cj.课程名 = '计算机基础';
ORDER BY cj.成绩 DESC;
INTO ARRAY AFieldsValue
DELETE FROM cjb
INSERT INTO cjb FROM ARRAY AFieldsValue
CLOSE ALL
USE cjb
PACK
USE
SET TALK ON
```

* *

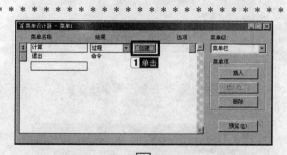

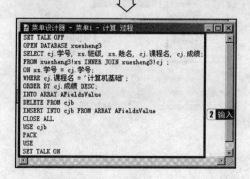

图 3.20

步骤 4:按照题目的要求,保存新建的菜单为"xs3",单击"保存"按钮,如图 3.21 所示。

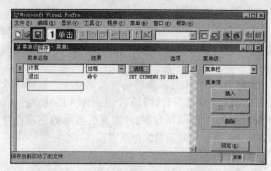

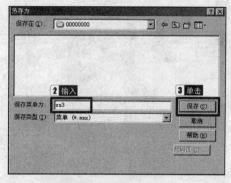

图 3.21

步骤 5:按照题目的要求,创建菜单程序文件"xs3.mpr",如图 3.22 所示。

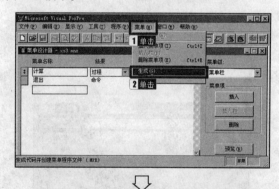

图 3.22

【易错提示】在步骤 3 中的程序段容易出错,一定要熟悉掌握 SQL 语句的使用。

【举一反三】本题型也出现在:第 21、48、52 套的综合应用题中。

第2套　参考答案及解析

一、基本操作题

【考点分析】本大题主要考查的知识点包括:创建项目、创建数据库[项目中]、将自由表添加到数据库中、创建视图[视图设计器]。

【解题思路】本大题考查的是有关建立项目数据库及视图的基本操作。注意只有针对某个数据库才能建立视图,其操作较为复杂,不要漏掉步骤;注意区分显示的字段和参加排序的字段,最后还要记得保存视图。

【操作步骤】

(1)启动 Visual FoxPro 6.0,按照题目的要求新建一个名称为"项目1"的项目文件,如图 3.23 所示。

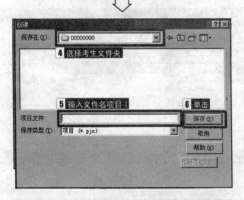

图 3.23

(2)按照题目的要求,在项目管理器中新建数据库文件"数据库1",如图 3.24 所示。

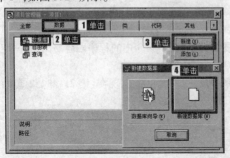

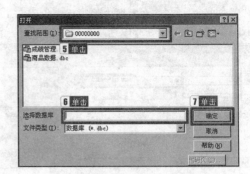

图 3.24

(3)按照题目的要求,将自由表"纺织品.dbf"添加到"数据库1"中,如图 3.25 所示。

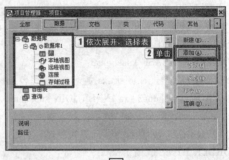

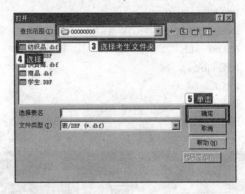

图 3.25

(4)按照题目的要求,在数据库中建立视图"myview"如图 3.26 所示。

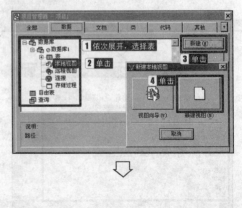

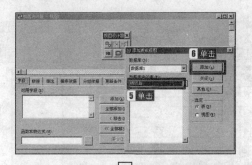

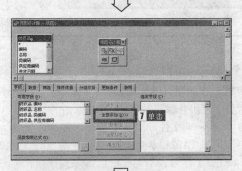

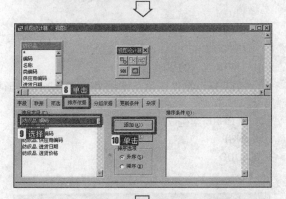

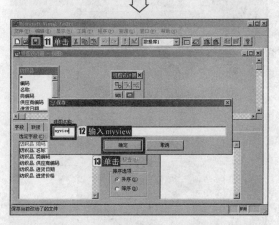

图3.26

【易错提示】第1、2小题中,需要注意的是新建的项目和数据库要保存到考生文件夹中。

【举一反三】第1小题中的题型也出现在:第33(1)、34(1)、37(1)、40(1)、45(1)套的基础操作题;第2小题中的题型也出现在:第26(2)、37(2)、45(2)、55(2)套的基础操作题;第3小题中的题型也出现在:第36(1)、42(2)、46(2)、48

(2)套的基础操作题;第4小题中的题型也出现在:第24(2)、85(3)套的基础操作题。

二、简单应用题

【考点分析】本大题主要考查的知识点包括:SQL语句的应用、用临时表存储、排序查询结果、常用计算函数。

【解题思路】设计过程中可利用临时表来存放查询结果,再利用DO循环语句对表中的记录逐条更新。

(1)【操作步骤】

步骤1:按照题目的要求,新建程序"程序1",在"query1"窗口中输入如下代码并保存,如图3.27所示。

* * * * * * * *程序1中的代码* * * * * * * * * *

```
SELECT DISTINCT(姓名) AS 姓名;
FROM 课程,学生选课,学生成绩;
WHERE 学生成绩.学号 = 学生选课.学号;
    AND 学生选课.课程号 = 课程.课程号;
    AND 成绩 > 60;
ORDER BY 姓名 DESC;
INTO TABLE res
```

* *

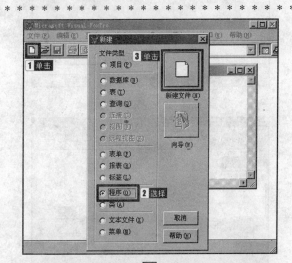

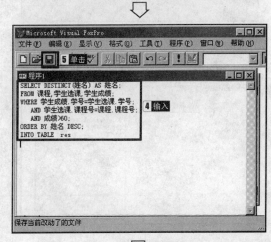

图 3.27

步骤 2:按照题目的要求,运行"程序 1"查看运行结果,如图 3.28 所示。

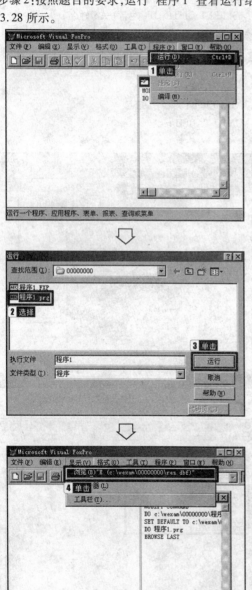

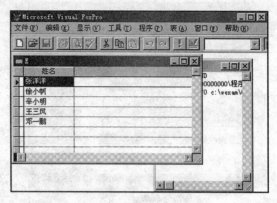

图 3.28

(2)【操作步骤】

步骤 1:按照题目的要求,新建文件"my",在"my"窗口中输入如下代码并保存,如图 3.29 所示。

* * * * * * * 文件my.prg中的程序段 * * * * * * * *

```
ALTER TABLE 学生成绩 ADD 平均成绩 N(6,2)
SELECT 学号,AVG(成绩) AS 平均成绩;
   FROM 学生选课;
   GROUP BY 学号;
   INTO CURSOR atemp
DO WHILE NOT EOF( )
   UPDATE 学生成绩 SET 平均成绩 = atemp.平均
成绩;
   WHERE 学生成绩.学号 = atemp.学号
   SKIP
ENDDO
```

* *

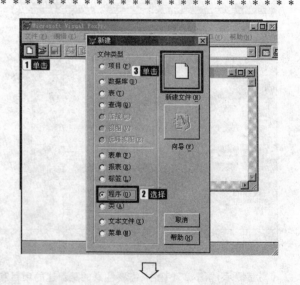

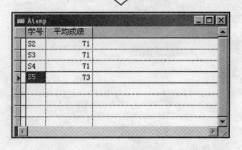

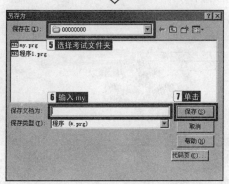

图 3.29

步骤 2：按照题目的要求，运行程序"my"查看结果，如图3.30 所示。

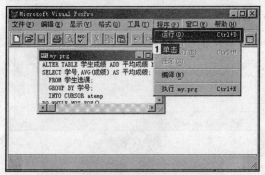

图 3.30

【易错提示】本大题中两个小题的都是采用 SQL 语句来查询，然后将结果保存到临时表中，步骤简单，需要注意的是程序段的编辑，熟练掌握 SQL 语句。

【举一反三】第 1 小题中的题型也出现在：第 22（1）、23（1）、28（1）套的简单应用题；第 2 小题中的题型也出现在：第 31（1）、35（2）套的简单应用题。

三、综合应用题

【考点分析】本大题主要考查的知识点是：创建菜单［菜单设计器］、SQL 语句的使用。

【解题思路】利用 SQL 语句的进行分组计算查询，在本题中应掌握 SQL 中用于求平均值的函数 AVG 的使用；在菜单的设计过程中主要是注意两个菜单命令在"结果"下拉列表框中应选择的类型。

【操作步骤】

步骤 1：启动 Visual FoxPro 6.0，按照题目的要求，新建一个菜单，如图 3.31 所示。

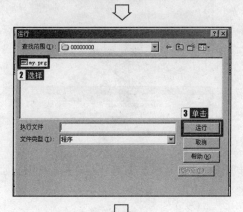

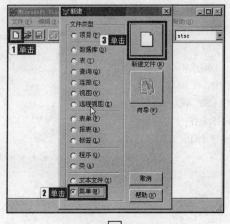

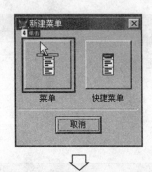

图 3.31

步骤 2：按照题目的要求，输入两个主菜单名称"统计"和"退出"，并选择各菜单行的"结果"类型，单击"统计"菜单行中的"创建"按钮，在程序编辑窗口中输入如下程序段，在"退出"菜单行的文本框中编写程序代码：SET SYSMENU TO DEFAULT，如图 3.32 所示。

*　*　*　*　*　*　"统计"菜单命令的程序设计 *　*　*　*　*　*

```
    SET TALK OFF
    SET SAFETY OFF
    OPEN DATABASE wage3
    SELECT 仓库号,AVG(工资) AS avggz;
      FROM zg;
      GROUP BY 仓库号;
      INTO CURSOR curtable
    SELECT zg.仓库号,zg.职工号,zg.工资;
      FROM zg,curtable;
      WHERE zg.工资 < = curtable.avggz;
        AND zg.仓库号 = curtable.仓库号;
      ORDER BY zg.仓库号,职工号;
      INTO TABLE emp1
    CLOSE ALL
    SET SAFETY ON
    SET TALK ON
```

*　*　*　*　*　*　*　*　*　*　*　*　*　*　*　*　*　*　*　*

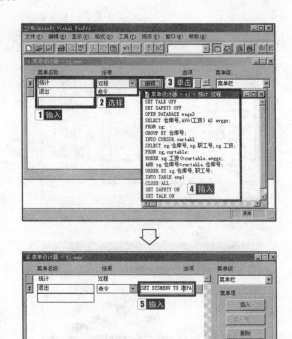

图 3.32

步骤 3：按照题目的要求，生成一个菜单文件 tj.mpr,如图 3.33 所示。

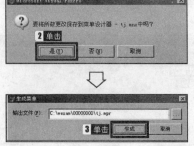

图 3.33

步骤 4：按照题目的要求，运行菜单文件 tj.mpr,如图 3.34 所示。

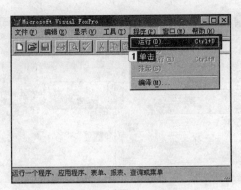

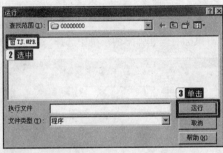

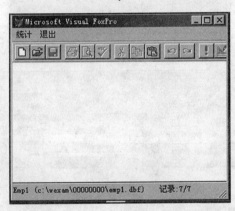

图 3.34

步骤5:按照题目的要求,在命令窗口中输入命令:USE emp1,并按回车键,再输入"BROWSE"命令,查看统计出来的记录,如图3.35所示。

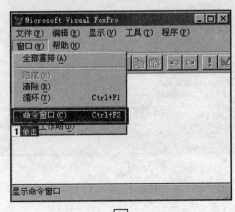

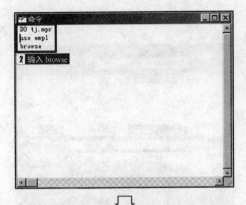

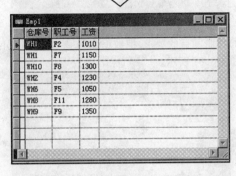

图 3.35

【易错提示】规范书写程序,注意换行符号";"的使用,区分"GROUP BY"和"ORDER BY"的作用。

【举一反三】本题型也出现在:第75、76套的综合应用题中。

第3套 参考答案及解析

一、基本操作题

【考点分析】本大题主要考查的知识点是:创建项目、将数据库添加到项目中、创建视图[视图设计器]、创建查询[查询设计器]

【解题思路】通过新建项目管理器,在项目管理器的"数据"选项卡里面所包含的3个重要内容的设计,包括数据库、视图和查询,需要注意的是新建视图文件时,首先应该打开相应的数据库,且视图文件在磁盘中是找不到的,它直接保存在数据库中。

【操作步骤】

(1)启动 Visual FoxPro 6.0,新建项目文件"wy",并保存到考生文件夹中,如图3.36所示。

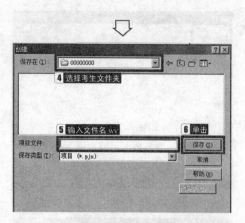

图 3.36

（2）按照题目的要求，把数据库"ks4"添加到项目管理器中，如图 3.37 所示。

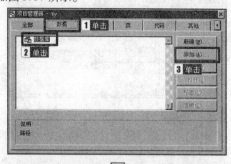

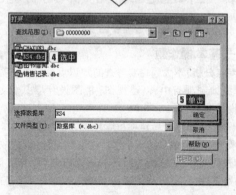

图 3.37

（3）按照题目的要求，新建视图"view_1"，如图 3.38所示。

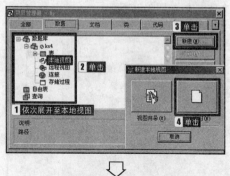

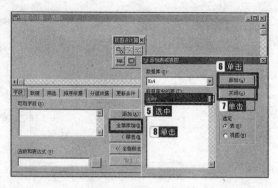

图 3.38

（4）按照题目的要求，新建一个查询"query1"，并且保存查询结果到数据表 new1 中，如图 3.39 所示，然后在查询设计器中单击鼠标右键并弹出的菜单中选择"运行查询"命令。

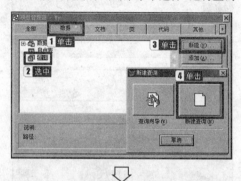

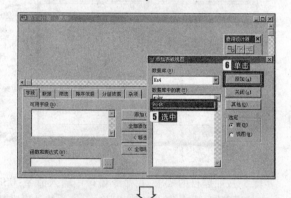

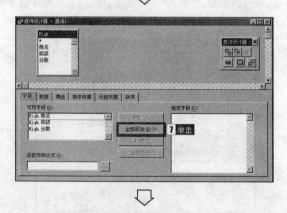

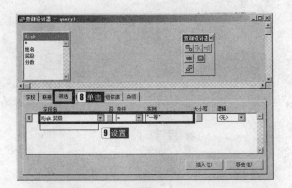

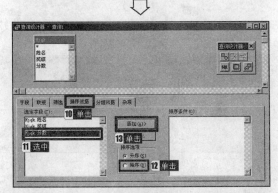

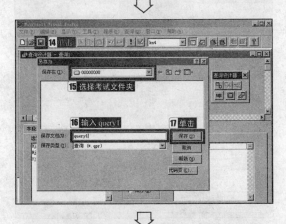

图 3.39

【易错提示】第 4 小题中,新建查询"query1"后,在"查询

去向"窗口中"表名"文本框中填写"new1"是错误,要正确选择考生文件夹地址并填写文件名"new1",还要记得最后运行查询。

【举一反三】第 1 小题中的题型也出现在:第 47(1)、50(1)、52(1)套的基础操作题;第 2 小题中的题型也出现在:第 23(2)、24(1)、25(2)套的基础操作题;第 3 小题中的题型也出现在:第 24(2)、85(3)套的基础操作题;第 4 小题中的题型也出现在:第 84(4)套的基础操作题。

二、简单应用题

【考点分析】本大题主要考查的知识点是:创建数据库[非项目中]、将自由表添加到数据库中、创建视图[视图设计器]、创建表单[表单设计器]、表单控件[命令按钮(Com-mandButton)控件]、表单控件的常用属性、方法。

【解题思路】本大题 1 小题主要考查数据库的建立,数据表的添加及视图的建立。新建数据库可以通过菜单命令、工具栏按钮或直接输入命令来建立,添加数据表可以通过数据库设计器来完成。需要注意的是新建视图文件时,首先应该打开相应的数据库,且视图文件在磁盘中是找不到的,直接将其保存在数据库中。2 小题主要是表单控件属性的修改及对话框的应用。

(1)【操作步骤】

步骤 1:按照题目的要求,新建一个数据库"成绩管理",如图 3.40 所示。

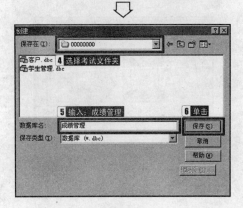

图 3.40

步骤2:按照题目的要求,在数据库设计器中,将"成绩"自由表添加到数据库"成绩管理"中,如图3.41所示。

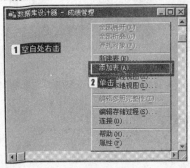

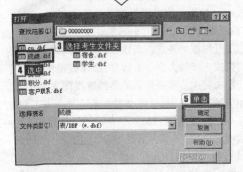

图3.41

步骤3:按照题目的要求,新建本地视图,如图3.42所示。

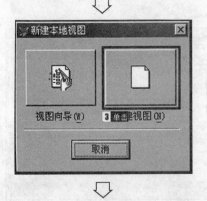

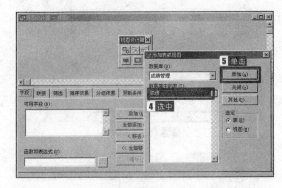

图3.42

步骤4:按照题目的要求,在新建的视图中完成"字段"、"筛选"和"排序依据"选项,如图3.43所示。

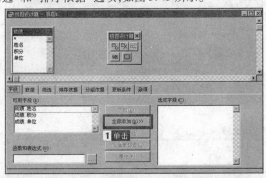

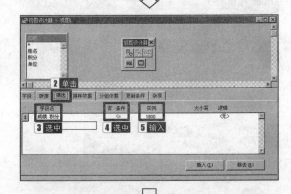

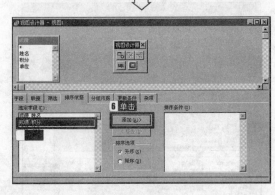

图3.43

步骤5:按照题目的要求,保存新建的本地视图"my",如图3.44所示。

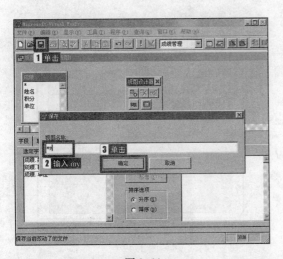

图 3.44

（2）【操作步骤】

步骤 1：按照题目的要求，新建表单，并且添加两个按钮控件，如图 3.45 所示。

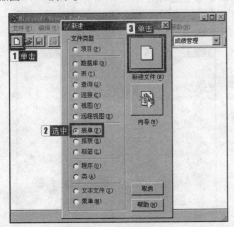

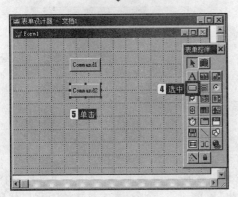

图 3.45

步骤 2：按照题目的要求，修改两个按钮控件的 Caption 属性，如图 3.46 所示。

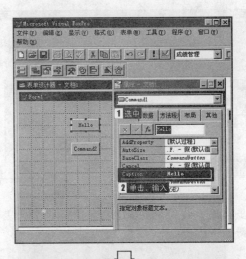

图 3.46

步骤 3：按照题目的要求，双击两个命令按钮，编写两个命令按钮的 Click 事件代码，如图 3.47 所示。

＊＊命令按钮的Command1（hello）的Click事件代码＊＊

　　MESSAGEBOX（"Hello"）

＊＊＊＊＊＊＊＊＊＊＊＊＊＊＊＊＊＊＊＊＊＊＊＊＊

＊＊命令按钮 Command2（关闭）的 Click 事件代码＊＊

　　Thisform. Release

＊＊＊＊＊＊＊＊＊＊＊＊＊＊＊＊＊＊＊＊＊＊＊＊＊

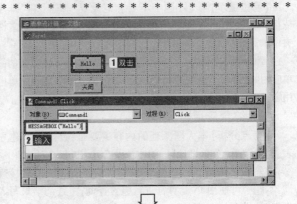

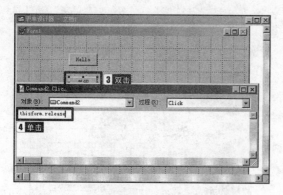

图 3.47

步骤 4：按照题目的要求，保存表单"my"，运行表单，结果如图 3.48 所示。

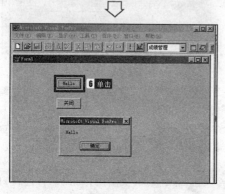

图 3.48

【易错提示】第 1 小题中不要忘记设置"筛选"和"排序依据"选项；第 1、2 小题中的文件一定要保存到考生文件夹中。

【举一反三】第 1 小题中的题型也出现在：第 82(1) 套的简单应用题；第 2 小题中的题型也出现在：第 85(1) 套的简单应用题。

三、综合应用题

【考点分析】本大题考查的内容主要是：数据库中建立表、创建菜单[菜单设计器]的方法及 SQL 语句的应用。

【解题思路】利用 SQL 中特殊运算符进行多表的联接查询，本题中可使用 IN 运算符进行包含查询，将查询结果写入新表时，由于表已经存在于数据库中，因此不能直接使用 SQL 直接输出到表的语句，但可以将结果先写入数组，然后通过数组将查询结果插入到新表 gj 中。

【操作步骤】
步骤 1：按照题目的要求，打开数据库"gz3"，如图 3.49 所示。

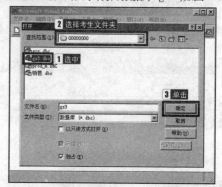

图 3.49

步骤 2：按照题目的要求，鼠标右键单击数据库，在弹出的快捷菜单中选择"新建表"命令，将表命名称为 gj，并保存到考生文件夹下，接着在表设计器中设置两个字段的字段名、类型及宽度。

步骤 3：按照题目的要求，新建菜单，如图 3.50 所示。

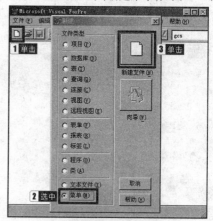

图 3.50

步骤 4：按照题目的要求，输入两个主菜单名，选择结果，在"退出"菜单项的"命令"文本框中编写程序代码：SET SYSMENU TO DEFAULT，在"查询"菜单行的"创建"文本框中编写如下程序代码，如图 3.51 所示。

* * * * * *"查询"菜单命令的程序设计* * * * * *

SELECT DISTINCT zg. 职工号，zg. 工资 FROM zg，dgd；
 WHERE zg. 职工号 = dgd. 职工号；
  AND zg. 职工号 IN；
  （SELECT 职工号 FROM dgd WHERE 供应商号 =

"S4");

　　　　　AND zg. 职工号 IN（SELECT 职工号 FROM dgd
WHERE 供应商号 = "S6")；

　　　　　AND zg. 职工号 IN（SELECT 职工号 FROM dgd
WHERE 供应商号 = "S7")；

　　　　ORDER BY zg. 工资 DESC；

　　　INTO ARRAY arr

　　　INSERT INTO gj FROM ARRAY arr

* *

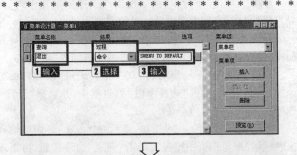

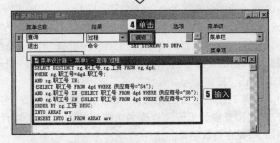

图 3.51

步骤5：按照题目的要求，保存新建菜单为"chaxun"，且生成一个菜单文件 chaxun. mpr，如图 3.52 所示。

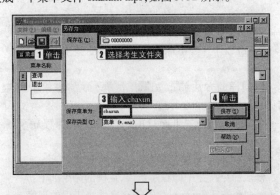

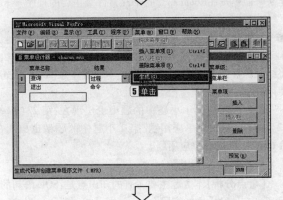

图 3.52

步骤6：运行菜单"chaxun. mpr"，执行"查询"菜单命令后，查询结果将保存到 gj. dbf 表中，如图 3.53 所示。

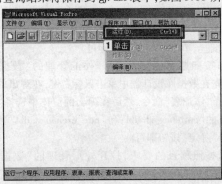

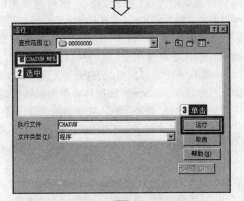

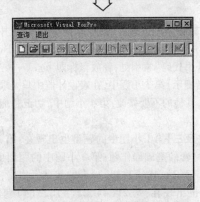

图 3.53

【易错提示】注意在编辑子菜单选项中创建的程序，提高 SQL 语句的正确性，最后新建的菜单一定要保存到考生文件中。

【举一反三】本题型也出现在：第 76、82 套的综合应用题。

第4套　参考答案及解析

一、基本操作题

【考点分析】本大题主要考查的知识点是：创建数据库

[非项目中]、将自由表添加到数据库中、表结构修改[改字段名称]、建立表间联系。

【解题思路】利用菜单方式新建数据库,添加和修改数据库中表及建立表之间的联系,可以通过数据库设计器来完成,建立表索引及修改表结构可以在数据表设计器中完成。

【操作步骤】

(1)按照题目的要求,在工具栏中选择"新建"命令,然后在弹出的窗体中选中"数据库"并单击"新建文件"按钮,最后在选择"考生文件夹"保存窗体中,在数据库名栏中输入"外汇管理",单击"保存"按钮即可。

(2)按照题目的要求,打开外汇管理的"数据库设计器",首先在数据库设计器中单击鼠标右键,在弹出的快捷菜单中选择"添加表"命令,然后在弹出的窗体中选择"考生文件夹"下的"currency_sl. dbf"和"rate_exchange. dbf"数据表文件,单击"确定"按钮即可。

(3)按照题目的要求,打开外汇管理的"数据库设计器",首先选中 rate_exchange 表窗体并单击鼠标右键,在弹出的快捷菜单中选择"修改"命令,然后在弹出的表设计器中选择"字段"选项卡,将其中的"卖出价"字段修改成"现钞卖出价",单击"确定"按钮,最后在弹出的表设计器的确认窗体中再次单击"是"按钮即可。

(4)步骤1:按照题目的要求,打开外汇管理的"数据库设计器",选中"rate_exchange"表窗体并单击鼠标右键,在弹出的快捷菜单中选择"修改"命令,在弹出的表设计器中选择"索引"选项卡,在其中输入索引名称为"外币代码"、类型为"主索引"、表达式为"外币代码",单击"确定"按钮,在弹出的表设计器确认窗体中再次单击"是"按钮。

步骤2:用同样的方法在"currency_sl"表中建立索引为"外币代码"、类型为"普通索引"、表达式为"外币代码"的索引。

步骤3:在外汇管理的"数据库设计器"中选中"rate_exchange"表的"外币代码"索引,将该索引拖动至"currency_sl"表中的"外币代码"索引处,释放鼠标即可。

【易错提示】第3小题中,在表设计器中只要求修改某一字段名称,其他的不要修改;第4小题中,切记是拖动主索引的字段。

【举一反三】第1小题中的题型也出现在:第21(1)、46(1)、65(1)套的基础操作题;第2小题中的题型也出现在:第36(1)、42(2)、46(2)、48(2)套的基础操作题;第4小题中的题型也出现在:第21(4)、22(4)、23(4)套的基础操作题。

二、简单应用题

【考点分析】本大题主要考查的知识点是:创建报表[向导]、SQL 语句的应用、表单控件的常用属性和方法事件。

【解题思路】两个小题采用工具栏打开和新建文件,第1小题利用报表向导设计一个简单报表,设计过程中注意每个向导界面需要完成的操作即可;2 小题修改表单控件属性,直接在属性面板中完成即可,注意方法的使用,如关闭表单应使用 Release 属性。

(1)【操作步骤】

步骤1:按照题目的要求,在工具栏中选择"新建"命令,然后在弹出的窗体中选中"报表"并单击"向导"按钮,在弹出的"向导提取"窗体中选择"报表向导",单击"确定"按钮。

步骤2:在"字段选择"报表向导界面中,为报表添加数据源,选择数据表文件 salarys,通过选项卡中的"全部添加"按钮,将"可用字段"列表框中的所有字段全部添加到"选择字段"列表框中。

步骤3:单击"下一步"命令按钮,在"选择报表样式"向导界面的"样式"列表框中,选择"随意式"。

步骤4:单击"下一步"按钮,在"定义报表布局"向导界面中,设置列数为"1",字段布局为"列",方向为"纵向"。

步骤5:单击"下一步"按钮,在"排列记录"向导界面中添加"雇员号"字段到"选择字段"列表框中,并选择"升序"选项。

步骤6:单击"下一步"按钮,最后在"完成"界面中输入报表标题"雇员工资一览表",单击"完成"命令按钮,将报表命名为 print1,保存在考生文件夹下。

(2)【操作步骤】

步骤1:按照题目的要求,在工具栏中选择"打开"命令,然后在弹出的窗体中选择"考生文件夹"下的"form1"窗体,单击"确定"按钮。

步骤2:按照题目的要求,将按钮"刘缆雇员工资"名称修改为"浏览雇员工资",修改两个按钮控件的 click 事件代码如下,保存修改结果。

＊＊＊命令按钮 Command1 的 Click 事件的源程序＊＊＊
　　　SELECT FORM salarys
＊＊＊＊＊＊＊＊＊＊＊＊＊＊＊＊＊＊＊＊＊＊＊＊

修改命令按钮中的错误程序,正确的命令如下。

＊＊命令按钮 Command1 的 Click 事件修改后的程序＊＊
　　　SELECT ＊ FROM salarys　　&& 缺少字段选择
＊＊＊＊＊＊＊＊＊＊＊＊＊＊＊＊＊＊＊＊＊＊＊＊

以同样的方法修改"退出表单"命令按钮中的程序错误:

＊＊＊命令按钮 Command2 的 Click 事件的源程序＊＊＊
　　　Delete Thisform
＊＊＊＊＊＊＊＊＊＊＊＊＊＊＊＊＊＊＊＊＊＊＊＊

修改命令按钮中的程序错误,正确的命令如下:

＊＊＊命令按钮 Command2 的 Click 事件修正后的程序＊＊＊
　　　Thisform. Release　　&& 方法错误
＊＊＊＊＊＊＊＊＊＊＊＊＊＊＊＊＊＊＊＊＊＊＊＊

【易错提示】第1小题中注意题目的每一步具体要求,并将结果保存到考试文件夹中;第2小题要注意 Select 语句的使用。

【举一反三】第1小题中的题型也出现在:第22(2)、23(2)、28(2)套的简单应用题;第2小题中的题型也出现在:第69(2)、套的简单应用题。

三、综合应用题

【考点分析】本大题主要考查的知识点是:SQL 语句的应用,表结构修改[添加字段]。

【解题思路】字段的增加用到数据表的定义语句,考生应该熟悉 COUNT 函数的应用,在 SQL 语句设计过程中可利用临时表来存放查询结果,再利用 DO 循环语句对表中的记录逐条更新。

步骤 1:按照题目的要求,在菜单栏中选择"新建"命令,然后在弹出的窗体中选中"程序"并单击"新建文件"按钮。

步骤 2:按照题目的要求,在弹出的程序编辑窗口中输入如下程序段:

* * * * * * 程序文件myp. prg中的程序段 * * * * * *

  ALTER TABLE 部门信息 ADD 人数 I

  SELECT 部门号,COUNT(*) AS 人数 FROM 雇员信息;

   GROUP BY 部门号;

   INTO CURSOR atemp

  SELECT 部门信息. 部门号,部门信息. 部门名,atemp. 人数;

   FROM 部门信息 LEFT JOIN atemp;

   ON 部门信息. 部门号 = atemp. 部门号;

   GROUP BY 部门信息. 部门号 INTO TABLE ate

* *

步骤 3:按照题目的要求,在工具栏中单击"保存"按钮,在弹出的"另存为"对话框中选择"考生文件夹",输入"myp"作为程序名,并单击"保存"按钮。

步骤 4:按照题目的要求,选择"程序"菜单栏下的"运行"命令,在弹出的运行窗体中选择"myp. prg"程序文件,单击"运行"按钮。

步骤 5:最后选择"显示"菜单栏下的"浏览"命令,查看运行结果。

【易错提示】步骤 2 中的程序段容易出错,需要细心调试,特别是其中的表结构定义语句和 SQL 语句的使用;步骤 4 中选择保存路径为考生文件夹。

【举一反三】本题型也出现在:第 56、78 套的综合应用题。

第5套 参考答案及解析

一、基本操作题

【考点分析】本大题主要考查的知识点是:索引的建立[主索引]、表结构修改、SQL 更新语句。

【解题思路】采用命令方式打开数据库设计器,然后在数据库设计器中对数据库表进行修改,包括字段索引的建立、字段的有效性规则的建立及字段的新增操作,可在"字段"选项卡中完成,主索引的建立需要在"索引"选项卡中进行设置。

【操作步骤】

(1)步骤 1:按照题目的要求,打开"成绩管理"数据库,如图3.54所示。

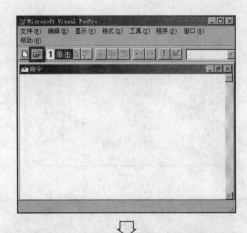

图 3.54

步骤 2:按照题目的要求,为"学生"表在"学号"字段上建立升序主索引,索引名称为学号,如图 3.55 所示。

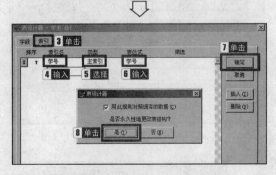

图 3.55

(2)按照题目的要求,为"学生"表的"性别"字段定义有效性规则,如图 3.56 所示。

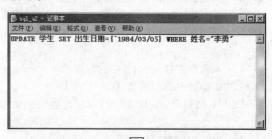

(4)按照题目的要求,打开考生文件夹,新建文本文件"sql_a2.txt",输入命令:UPDATE 学生 SET 出生日期 = {^1984/03/05} WHERE 姓名 = "李勇",然后将其保存为"sql_a2",运行 SQL 语句后,查看更新结果,如图3.58所示。

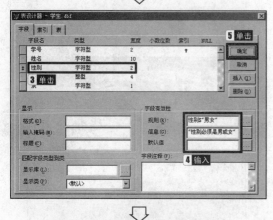

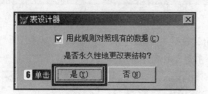

图 3.56

(3)在"学生"表设计器的"字段"选项卡中,选中"年龄"字段,然后单击右边的"插入"命令按钮,新增一个字段,将字段名称改为"出生日期",将"类型"改为日期型,如图3.57所示。

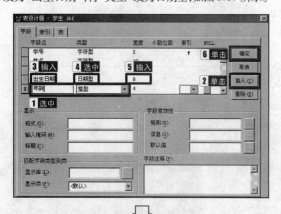

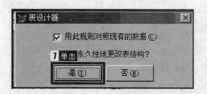

图 3.57

图 3.58

【易错提示】第 1 小题中,记得选择索引类型为"主索引";第 2 小题中,首先要选中字段"性别"行;第 3 小题不要忘记选择字段类型为"日期型"。

【举一反三】第 1 小题中的题型也出现在第 29(2)、30(1)、35(4)套的基础操作题;第 2 小题中的题型也出现在:第 25(4)、30(4)、34(4)套的基础操作题;第 3 小题中的题型也出现在:第 39(1)、44(4)套的基础操作题;第 4 小题中的题型也出现在:第 38(4)、51(3)套的基础操作题。

二、简单应用题

【考点分析】本大题主要考查的知识点是:SQL 语句的应用、常用表单控件、排序、分组。

【解题思路】第 1 小题使用 SQL 语句来实现,注意 ORDER BY 和 GROUP BY 之间的差别,排序一般用 ORDER BY 短语,记录分组一般使用 GROUP BY 短语。第 2 小题考查表单控件属性的修改及 SQL 语句的应用。

(1)【操作步骤】

步骤 1:按照题目的要求,打开程序"prog1.prg",如图3.59所示。

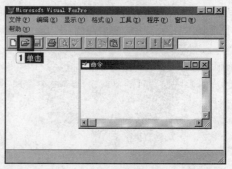

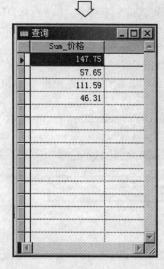

图 3.59

步骤 2:打开程序文件编辑窗口,文件中程序段如下:

＊＊＊＊＊＊文件prog1. prg修改前的源程序＊＊＊＊＊＊

　　UPDATE books SET 价格 WITH 价格 +1

　　SELECT Sum(价格) FROM books ORDER BY 作者编号

　　SELECT ＊ FROM books For 出版单位 ="高等教育出版社"

＊＊＊＊＊＊＊＊＊＊＊＊＊＊＊＊＊＊＊＊＊＊＊＊＊＊＊

　　根据源程序提供的错误语句,修改后的程序段如下:

＊＊＊＊＊＊文件prog1. prg修改后的程序段＊＊＊＊＊＊

　　UPDATE books SET 价格 ＝ 价格 +1

　　SELECT Sum(价格) FROM books GROUP BY 作者编号

　　SELECT ＊ FROM books WHERE 出版单位 ="经济科
学出版社"

＊＊＊＊＊＊＊＊＊＊＊＊＊＊＊＊＊＊＊＊＊＊＊＊＊＊＊

　　步骤 3:保存修改内容,运行程序"prog1",查看查询结
果,如图 3.60 所示。

图 3.60

(2)【操作步骤】

步骤 1:按照题目的要求,打开表单"myf",如图 3.61 所示。

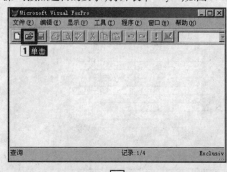

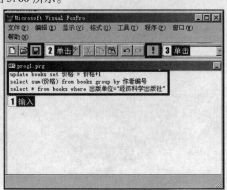

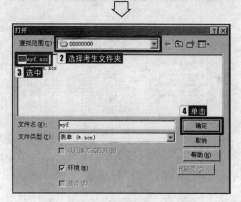

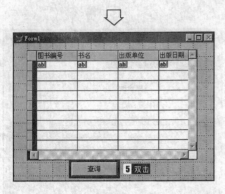

图 3.61

步骤 2：双击表单中的"查询"命令按钮，在其 Click 事件中编写代码如下，如图 3.62 所示。

＊＊命令按钮 Command1（查看）的 Click 事件代码＊＊
SELECT 作者编号，书名，出版单位 FROM books；
　　　WHERE 出版单位 = " 经济科学出版社" INTO
CURSOR temp
　　Thisform. Grid1. RecordSource = "temp"

＊ ＊ ＊ ＊ ＊ ＊ ＊ ＊ ＊ ＊ ＊ ＊ ＊ ＊ ＊ ＊ ＊ ＊ ＊

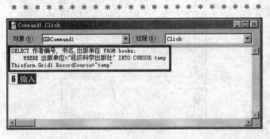

图 3.62

步骤 3：运行表单"myf"，单击"查询"按钮，结果如图 3.63 所示。

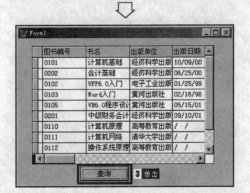

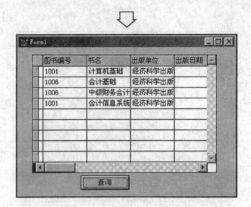

图 3.63

【易错提示】第 1 小题中，打开程序" prog1. prg"，该程序是在考生文件夹中，还有步骤 2 中的 SQL 语句的修改，不要混淆不清；第 2 小题中使用了"where"，不能够采用"while"、"for"。

【举一反三】第 1 小题中的题型也出现在：第 89（1）、25（1）套的简单应用题；第 2 小题中的题型也出现在：第 78（2）套的简单应用题。

三、综合应用题

【考点分析】本大题主要考查的知识点是：创建表单［表单设计器］、常用表单控件。

【解题思路】采用工具栏按钮方式新建表单，通过表格控件实现父子表记录的联动显示，首先需要添加用于显示的数据表到表单的数据环境中，然后在两个表格的"生成器"对话中进行相应的设置，实现表格中记录联动的功能。

【操作步骤】

步骤 1：按照题目的要求，新建表单，并添加两个表格控件，如图 3.64 所示。

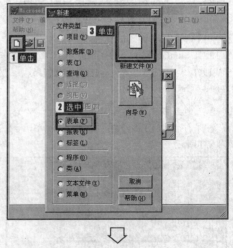

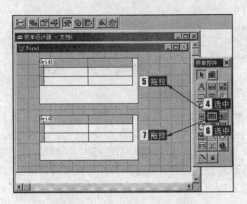

图 3.64

步骤 2:按照题目的要求,在数据环境中添加数据表"购买信息"和"会员信息",添加两个数据表的方法相同,系统自动建立好两表的关联,如图 3.65 所示。

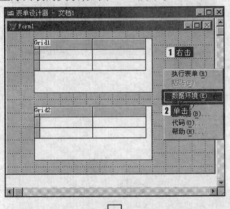

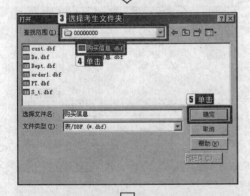

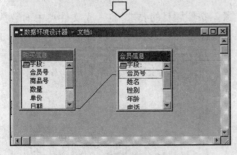

图 3.65

步骤 3:返回表单设计器,用鼠标右键单击表格 Grid1,在弹出的快捷菜单中选择"生成器"命令,弹出表格生成器对话框,在"1.表格项"选项卡中选择数据表"会员信息",将表中

所有字段添加到"选择字段"中,如图 3.66 所示。

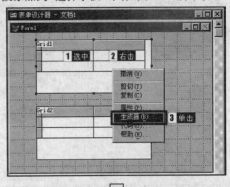

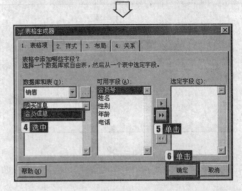

图 3.66

步骤 4:用同样的方法设置第 2 个表格的生成器,然后再切换到"4.关系"选项卡,把"父表中的关键字段"设置为"会员信息.会员号",把"子表中的相关索引"设置为"会员号",如图 3.67 所示。

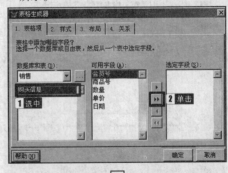

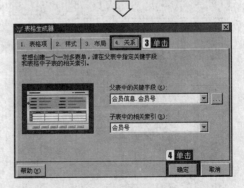

图 3.67

步骤 5:通过表单控件工具栏向表单添加 1 个命令按钮,修改命令按钮的 Caption 属性值为"关闭",在"关闭"命令按钮的 Click 事件中输入 Thisform.Release,如图 3.68 所示。

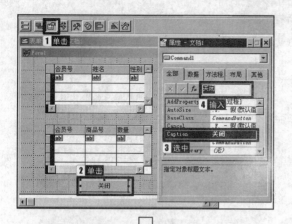

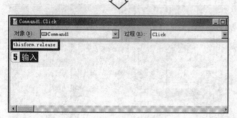

图 3.68

步骤 6:保存表单为"my",运行表单,查看结果,如图 3.
69 所示。

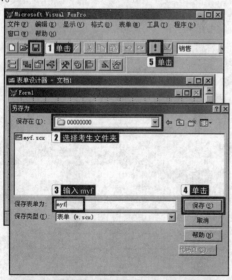

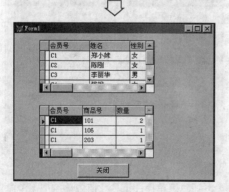

图 3.69

【易错提示】在表格生存器的表格项中执行添加字段操

作将添加所有的字段。

【举一反三】本题型也出现在第 54 套的综合应用题。

第 6 套　参考答案及解析

一、基本操作题

【解题思路】本大题主要考查的是通过项目管理器来完成一些数据库及数据库表的操作,项目的建立可以通过直接在命令窗口中输入命令来实现,数据库添加可以通过项目管理器中的命令按钮打开相应的设计器直接管理,建立索引可以在数据表设计器中完成。字段有效性规则的建立可以在"字段"选项卡中完成。

【操作步骤】

(1)步骤 1:按照题目的要求,打开项目文件"my.pjx",如图 3.70 所示。

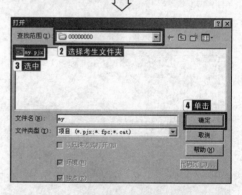

图 3.70

步骤 2:按照题目的要求,将考生文件夹中的数据库 stu添加到项目管理器中,如图 3.71 所示。

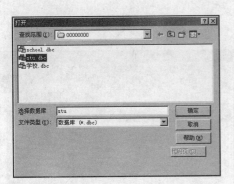

图 3.71

（2）按照题目的要求，新建数据库表"比赛安排"，如图 3.72 所示。

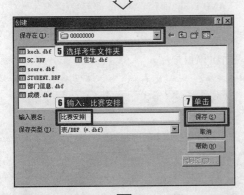

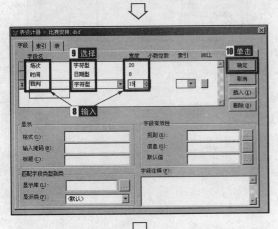

图 3.72

（3）按照题目的要求，为数据库 stu 中的"住址"表建立"候选"索引，索引名称为和索引表达式为"电话"，如图 3.73 所示。

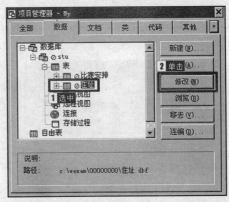

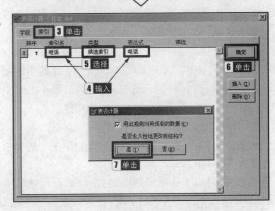

图 3.73

（4）按照题目的要求，设置"比赛安排"表的"裁判"字段的默认值为"tyw"，如图 3.74 所示。

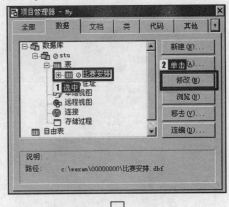

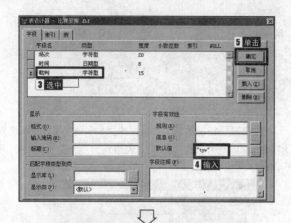

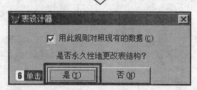

图 3.74

【易错提示】第 1 小题中, 注意在考生文件夹下打开项目 "my", 然后是添加考生文件夹中的数据库"stu"; 第 2 小题中要求新建的数据库表, 而不是自由表, 数据库表和自由表是有区别的; 第 4 小题的默认值为""tyw"", 不能把引号去掉。

【举一反三】第 1 小题中的题型也出现在: 第 27(2)、28(2)、31(1)套的基础操作题; 第 2 小题中的题型也出现在: 第 45(3)、50(3)、60(3)套的基础操作题; 第 3 小题中的题型也出现在: 第 32(3)、46(4)套的基础操作题; 第 4 小题中的题型也出现在: 第 36(3)、39(2)套的基础操作题。

二、简单应用题

【考点分析】本大题主要考查的知识点是: SQL 语句的使用, 创建报表[向导]。

【解题思路】第 1 小题用 SQL 连接查询, 设计过程中主要注意两个表之间进行关联的字段; 第 2 小题考查的是根据表单向导生成联系多表的报表内容, 使用向导时应注意父表和子表的选择。

(1)【操作步骤】

步骤1: 按照题目的要求, 新建程序, 如图 3.75 所示。

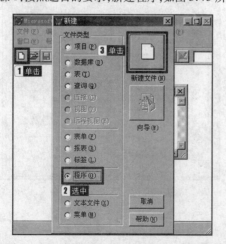

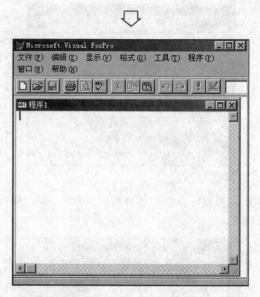

图 3.75

步骤2: 打开程序文件编辑器, 在程序文件编辑器窗口输入如下程序段, 并将其保存为"query1", 如图 3.76 所示。

＊ ＊ ＊ ＊ ＊ ＊ 文件query1. prg中的程序段 ＊ ＊ ＊ ＊ ＊ ＊ ＊

```
SELECT stu. 学号, 姓名, 年龄, 性别, 院系号, ;
    kech. 课程号, chj. 课程名;
FROM stu, chj, kech;
WHERE stu. 学号 = kech. 学号;
    AND kech. 课程号 = chj. 课程号;
    AND chj. 课程名 = "日语";
ORDER BY stu. 学号;
INTO TABLE new
```

＊ ＊

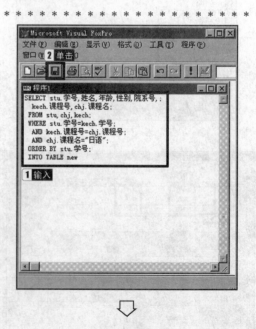

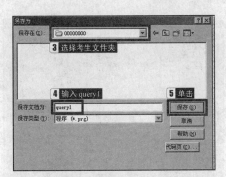

图 3.76

步骤 3:运行程序"query1",查看结果,如图 3.77 所示。

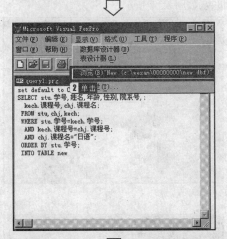

图 3.77

(2)【操作步骤】

步骤 1:按照题目的要求,新建报表[向导],在"向导选择"对话框中选择"一对多报表向导",如图 3.78 所示。

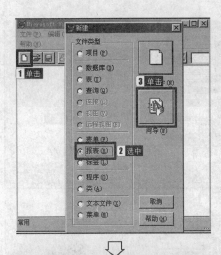

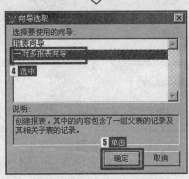

图 3.78

步骤 2:在弹出对话框的"数据库和表"选项选择父表 stu,并把"可用字段"的"学号"和"姓名"选为"选择字段",如图 3.79 所示。

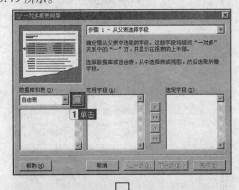

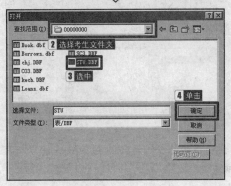

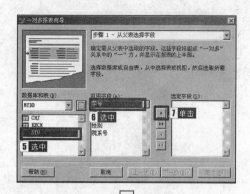

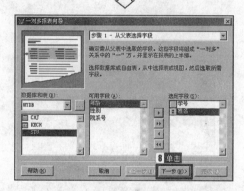

图 3.79

步骤 3:按照题目的要求,选择子表 kech,并把"可用字段"的"课程号"和"成绩"选为"选择字段"如图 3.80 所示。

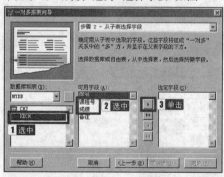

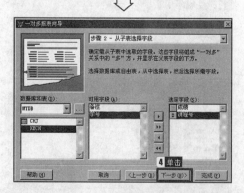

图 3.80

步骤 4:按照题目的要求,通过"学号"建立两表之间的关联,排序字段选择"学号"(升序),如图 3.81 所示。

图 3.81

步骤 5:按照题目的要求,选择报表样式为"简报式",方向为"纵向",报表标题为"学生成绩信息",将其保存为"myre"报表,如图 3.82 所示。

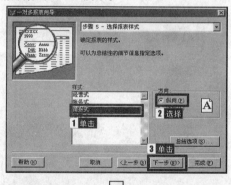

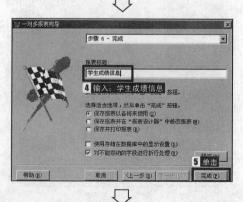

图 3.82

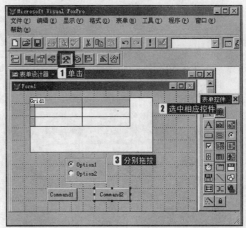

图 3.83

【易错提示】第 1 小题中的 SQL 连结查询语句容易出现错误;第 1、2 小题新建的程序、报表要保存到考试文件夹中。

【举一反三】第 1 小题中的题型也出现在:第 36(1)、39(2)套的简单应用题;第 2 小题中的题型也出现在:第 37(2)、38(2)套的简单应用题。

三、综合应用题

【考点分析】本大题主要考查的知识点是:表单设计、常用表单控件的使用。

【解题思路】在本题中需要注意的地方是选项按钮组控件中,改变单选按钮的属性是通过 ButtonCount 语句,修改选项组中每个单选按钮的属性,可以通过属性面板中顶端的下拉列表框的控件名来选择,也可以用鼠标右键击该控件,在弹出的快捷菜单中选择"编辑"命令,在编辑状态下选择单个控件;程序设计中,查询语句为基本 SQL 查询,在程序控制上可以通过分支语句 DO CASE – END CASE 来对判断选项组中的单选按钮进行选定,并执行相应的命令,选项组中当前选择的单选按钮,可通过 Case Thisform. Optiongroup1. Value = 1,2,3,…语句来判断。

【操作步骤】

步骤 1:按照题目的要求新建表单,并保存为"myf",如图 3.83 所示。

步骤 2:按照题目的要求,添加一个表格、一个选项按钮组和 2 个命令按钮,如图 3.84 所示。

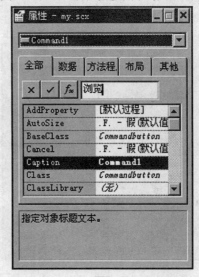

图 3.84

步骤 3:按照题目的要求,在属性面板顶端的下拉列表框中选择 Command1,修改该命令按钮控件的 Caption 属性值为"浏览",用同样的方法将第二个命令按钮的 Caption 属性值改为"关闭",在属性面板顶端的下拉列表框中选择 Optiongroup1,将其 ButtonCount 属性值修改为 3,如图 3.85 所示。

图 3.85

步骤 4：按照题目的要求，在属性窗口中，分别修改 3 个单选项的 Caption 属性值为"外币浏览"、"个人持有量"和"个人资产"，如图 3.86 所示。

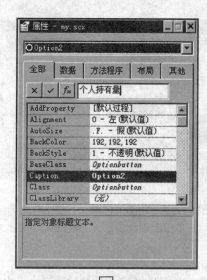

图 3.86

步骤 5：双击命令按钮"浏览"，编写该控件的 Click 事件，程序代码如下：

＊＊命令按钮 Command 1（浏览）的 Click 事件代码＊＊

```
    DO CASE
        CASE Thisform. Optiongroup1. Value = 1
        SELECT *;
        FROM 汇率;
        INTO CURSOR temp
        Thisform. Grid1. RecordSourceType = 1
        Thisform. Grid1. RecordSource = "temp"
    CASE Thisform. Optiongroup1. Value = 2
        SELECT 数量. 姓名,外币名称,持有数量;
        FROM 数量,汇率;
```

WHERE 汇率.外币代码 = 数量.外币代码;

INTO CURSOR temp

Thisform. Grid1. RecordSourceType = 1

Thisform. Grid1. RecordSource = "temp"

　　CASE Thisform. Optiongroup1. Value = 3

　　SELECT 姓名,SUM(持有数量*基准价) AS 总资产;

　　FROM 汇率,数量;

　　WHERE 汇率.外币代码 = 数量.外币代码;

　　GROUP BY 姓名;

　　INTO CURSOR temp

　　Thisform. Grid1. RecordSourceType = 1

　　Thisform. Grid1. RecordSource = "temp"

ENDCASE

* *

步骤6:以同样的方法为"关闭"命令按钮编写 Click 事件代码:Thisform. Release。保存表单完成设计,运行结果如图 3.87 所示。

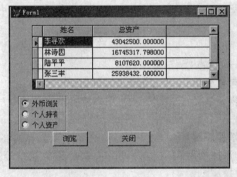

图 3.87

【易错提示】步骤 5 中的 click 事件代码中用到 SQL 语句的使用、常用函数,选择程序段,考察内容太多,容易出错。

【举一反三】本题型也出现在:第 26 套的综合应用题。

第7套 参考答案及解析

一、基本操作题

【考点分析】本大题主要考查的知识点是:创建项目、把数据库添加到项目中。

【解题思路】首先新建项目"stsc_m",然后完成项目管理器中"数据"选项卡里面所包含的 3 个重要内容的设计,包括数据库、视图和查询。需要注意的是新建视图文件时,首先应该打开相应的数据库,且视图文件在磁盘中是找不到的,直接保存在数据库中。

【操作步骤】

(1)按照题目的要求,在工具栏中单击"新建"按钮,然后在弹出的对话框中选中"项目"并单击"新建文件"按钮,最后在保存窗体中选择"考生文件夹",在数据库名称文本框中输入"stsc_m",单击"保存"按钮即可。

(2)按照题目的要求,打开"stsc_m"的"项目管理器"选择"数据"选项卡,选中其中的"数据库"单击"添加"按钮,在弹出的对话框中选择"考生文件夹"下的"stsc_m. dbc"文件,最后单击"确定"按钮即可。

(3)按照题目的要求,在命令窗口中输入如下命令。

SELECT ＊ FROM student WHERE student. 院系 = "金融";

ORDER BY student. 学号 INTO TABLE new&& 回车,执行

(4)步骤1:按照题目的要求,打开"stsc_m"的"项目管理器",选择"数据"选项卡,依次展开数据库选择"本地视图",单击"新建"按钮,在弹出的对话框中选择"新建视图",选择"student"单击"添加"按钮,在"视图设计器"中的"字段"选项卡中单击"全部添加"按钮。

步骤2:按照题目的要求,在"视图设计器"中的"排序依据"栏中选择"添加""student. 学号"并在排序中选择"降序",在工具栏中单击"保存"按钮,输入"new_view"单击"确定"按钮即可。

【易错提示】第 1 小题中新建的项目保存到考生文件夹中。

【举一反三】第 1 小题中的题型也出现在:第 55(1)、60(1)、61(1)套的基础操作题;第 2 小题中的题型也出现在:第 32(2)、33(2)、34(2)套的基础操作题;第 3 小题中的题型也出现在:第 81(1)、94(3)套的基础操作题;第 4 小题中的题型也出现在:第 85(3)套的基础操作题。

二、简单应用题

【考点分析】本大题主要考查的知识点是:创建查询[查询设计器]、SQL 语句的使用、常用函数。

【解题思路】第1小题主要通过连接查询,设计过程中主要注意两个表之间进行关联的字段。第2小题改错过程中,要注意一些常用的但容易混淆的命令或函数之间的区别,如SUBS,STR 等函数。

(1)【操作步骤】

步骤1:按照题目的要求,在工具栏中选择"新建"命令,在弹出的对话框中选中"查询"选项并单击"新建文件"按钮,在弹出窗体中选择"考生文件夹"下的"股票信息",在"添加表或视图"中选中"数量信息"单击"添加"按钮,在弹出的"联接条件"对话框中单击"确定"按钮。

步骤2:按照题目的要求,在查询设计器的"字段"选项卡中单击"全部添加"按钮,并在"排序依据"选项卡中选择"现价"字段以"升序"排序。

步骤3:按照题目的要求,选择工具栏中的"保存"按钮,选择"考生文件夹"并输入名称"my"单击"保存"按钮,最后运行查看结果。

(2)【操作步骤】

步骤1:按照题目的要求,在工具栏中选择"打开"命令,然后在弹出的对话框中选择"考生文件夹"下的"myf. scx"文件,单击"确定"按钮。

步骤2:双击表单上的"查询"命令按钮,在弹出的程序编辑窗口中,其程序段如下:

* * * * * *"查询"命令按钮的源程序 * * * * * * * *

```
SELECT ALL FROM 宿舍；
    INNER JOIN 学生 WHEN 学生.宿舍 = 宿舍.宿舍；
    FOR subs(宿舍.宿舍,1,1) = "4"
```

＊＊＊＊＊＊＊＊＊＊＊＊＊＊＊＊＊＊＊＊＊

根据题中提供的源程序，修改后的程序段如下：

＊＊＊＊＊"查询"命令按钮修改后的程序段＊＊＊＊＊

```
    WHEN ＊ 宿舍；

    SELECT FROM 学生 INNER JOIN 学生.宿舍 = 宿
舍.宿舍；
    subs(宿舍.宿舍,1,1) = "4"
```

＊＊＊＊＊＊＊＊＊＊＊＊＊＊＊＊＊＊＊＊＊

【易错提示】第1小题中新建查询时注意题目中的每一步，最后保存到考生文件夹中；第2小题中"查询"按钮 Click 事件的修改中用到连结查询，修改后记得保存修改内容。

【举一反三】第1小题中的题型也出现在：第21(1)、29(1)、32(2)套的简单应用题；第2小题中的题型也出现在：第47(1)套的简单应用题。

三、综合应用题

【考点分析】本大题主要考的知识点是：创建表单[表单设计器]、SQL语句的使用、常用控件、常用函数等。

【解题思路】通过表单设计器，添加控件、编辑表单属性和方法，程序部分可以利用一个 DO 循环来依次浏览表中的记录，然后利用 SQL 语句查询符合条件的记录并存放到数组中，最后将利用数组保存的记录存入新的数据表中。

【操作步骤】

步骤1：按照题目的要求，在工具栏中选择"新建"命令，然后在弹出的对话框中选中"表单"，单击"新建文件"按钮，最后在保存窗体中选择"考生文件夹"，在数据库名称文本框中输入"form_stu"，单击"保存"按钮。

步骤2：单击表单控件工具栏上的"命令按钮"控件图标，向表单添加两个命令按钮。

步骤3：选中第一个命令按钮，在属性对话框中将命令按钮的 Name 属性值修改为 cmdyes，将 Caption 属性值修改为"统计"。

步骤4：以同样的方法，将第二个命令按钮的 Name 属性值修改为 cmdno，将 Caption 属性值修改为"关闭"。

步骤5：双击命令按钮 cmdyes(统计)，在它的 Click 事件代码中编写如下程序段：

```
SET TALK OFF
SET SAFETY OFF
OPEN DATABASE stu_7
USE xuesheng
DO WHILE NOT EOF( )
    SELECT AVG(成绩) FROM chengji；
        WHERE 学号 = xuesheng.学号 INTO
ARRAY atemp
    REPLACE 平均分 WITH atemp(1,1)
    SKIP
ENDDO
```

```
SELECT 学号,姓名,平均分 FROM xuesheng；
    ORDER BY 平均分,学号；
    INTO TABLE pingjun
CLOSE ALL
SET TALK ON
SET SAFETY ON
```

＊＊＊＊＊＊＊＊＊＊＊＊＊＊＊＊＊＊＊＊＊＊＊

步骤6：双击命令按钮 cmdno(关闭)，在其 Click 事件代码中编写如下程序段：

＊＊＊＊＊"关闭"命令按钮的Click事件代码＊＊＊＊＊

```
    Thisform. Release
```

＊＊＊＊＊＊＊＊＊＊＊＊＊＊＊＊＊＊＊＊＊＊＊

步骤7：保存表单，在运行的表单界面中单击"统计"命令按钮，系统将计算统计结果并将其保存到新表中。

【易错提示】本题考查的是表单设计，在设计控件属性中，不要将控件的标题(Caption)和名称(Name)属性弄混了，名称属性是该控件的一个内部名称，而标题属性是用来显示的一个标签名称。

【举一反三】本题型也出现在：第27套的综合应用题。

第8套　参考答案及解析

一、基本操作题

【考点分析】本大题主要考查的知识点是：利用向导创建表单、将表单添加到项目中、常用表单控件的属性和方法、创建菜单。

【解题思路】本大题主要考查表单的创建、表单的修改、表单的添加及菜单的建立。考生应掌握表单、菜单等的建立及修改操作。

【操作步骤】

(1)步骤1：按照题目的要求，利用向导创建表单，在"向导选择"对话框中选择"表单向导"选项，如图3.88所示。

图 3.88

步骤 2：在弹出的对话框的"数据库和表"下拉列表框中选择自由表"工资"，并把全部的"可用字段"选为"选择字段"，如图 3.89 所示。

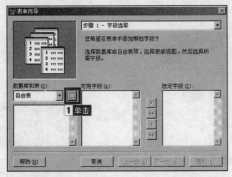

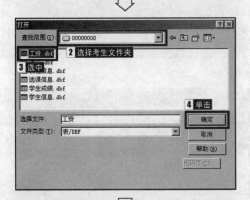

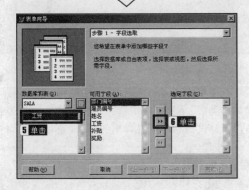

图 3.89

步骤 3：表单样式选择"标准式"，其他选项采用默认值，如图 3.90 所示。

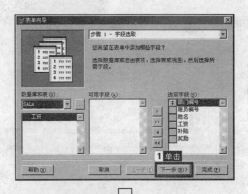

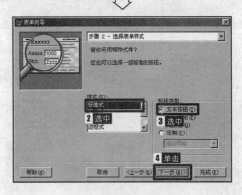

图 3.90

步骤 4：根据题目的要求，对表按"部门编号"降序排序，标题为"工资"，并以文件名 my 保存，如图 3.91 所示。

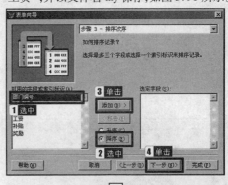

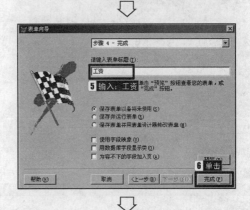

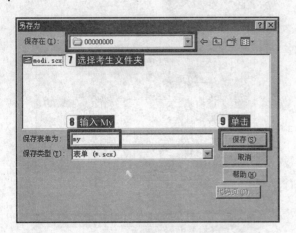

图 3.91

（2）按照题目的要求，打开表单"modi"，为其添加按钮控件，并将其 Caption 属性值改为"登录"，如图 3.92 所示。

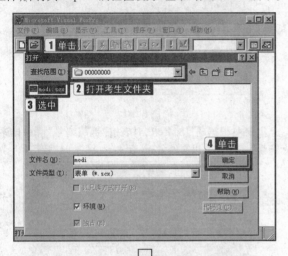

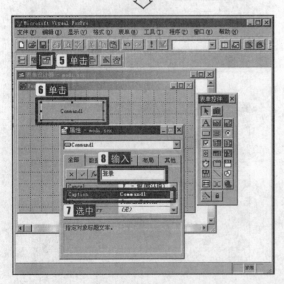

图 3.92

（3）按照题目的要求，打开项目"my"，将考生文件夹中的表单 modi 添加到项目中，如图 3.93 所示。

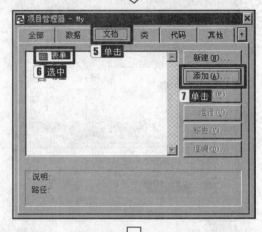

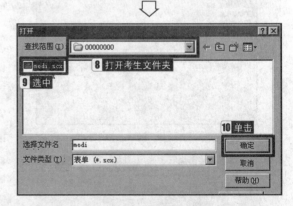

图 3.93

（4）直接单击工具栏上的"新建"图标，在弹出的对话框的"文件类型"下拉列表中选择"菜单"选项，单击对话框右边的"新建文件"按钮，在弹出的"新建菜单"对话框中单击"菜单"按钮。

在弹出的菜单设计器的菜单名称文本框中输入"查看"，在"结果"的下拉列表框中选择"子菜单"，在"菜单名称"文本框中输入"退出"，在"结果"的下拉列表框中选择"命令"，在文本框中输入语句 SET SYSMENU TO DEFAULT，单击"查看"项右边的"创建"按钮，进入子菜单设计界面，在"菜单名称"文本框中依次输入"查看电话"和"查看住址"，在两个子菜单的"结果"下拉列表框中选择"过程"。选择【菜单】→【生成】命令,以 myme 为其命名,同时生成一个可执行的菜单文件,保存在考生文件夹下(参考第1套简单应用题的第1小题)。

【易错提示】第1小题中新建的菜单"my"要保存到考生文件夹中;第2小题中修改的 Caption 属性,而不是 Name 属性;第3小题打开的项目要是考生文件夹中的项目"my",在有的文件夹中也有项目"my",不要被误导。

【举一反三】第1小题中的题型也出现在:第49(1)、77(3)套的基础操作题;第2小题中的题型也出现在:第49(2)、89(4)套的基础操作题;第3小题中的题型也出现在:第37(4)、41(4)套的基础操作题;第4小题中的题型也出现在:第50(4)、51(4)套的基础操作题。

二、简单应用题

【考点分析】本大题主要考查的知识点是:创建表单、常见函数的使用、表结构修改。

【解题思路】本大题第1小题考查表单控件的使用及各函数的功能。标签控件最重要的一个属性是 Caption,可通过该属性显示当前日期。第2小题主要考查在表设计器中对数据表的修改,建立索引可以在数据表设计器中完成。字段的有效性规则的建立可在"字段"选项卡中完成。

(1)【操作步骤】

步骤1:按照题目的要求,新建表单,保存为"my1",如图3.94所示。

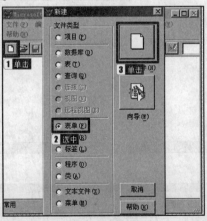

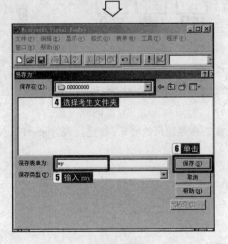

图3.94

步骤2:单击"表单控件"工具栏中的"命令按钮"控件,在表单上放置1个命令按钮和1个标签控件,将命令按钮的 Caption 属性值改为"显示时间",接着单击"表单控件"工具栏中的"标签"控件,将标签的 AutoSize 属性设置为". T.",将 FontSize 设置为20,表单标题设置为"系统时间"。

步骤3:双击命令按钮编写 Click 事件的程序代码如下:

＊＊命令按钮Command1(显示时间)的Click事件代码＊＊

```
A = DTOC( DATE( ) ,1)
THISFORM. Label1. Caption = LEFT(A ,4) +"年" +;
IIF(SUBS(A ,5 ,1) = "0" ,SUBS(A ,6 ,1) ,SUBS(A ,5 ,
2)) +"月" + RIGHT(A ,2) +"日"
```

＊ ＊ ＊ ＊ ＊ ＊ ＊ ＊ ＊ ＊ ＊ ＊ ＊ ＊ ＊ ＊ ＊ ＊ ＊ ＊

步骤4:调整表单各控件的位置,保存修改,运行表单"my1",查看表单运行结果如图3.95所示。

图3.95

(2)【操作步骤】

步骤1:按照题目的要求,打开数据库"图书借阅信息",然后打开表"book"的设计器,如图3.96所示。

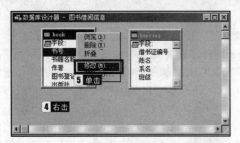

图 3.96

步骤2:按照题目的要求,指定"书号"为主索引,索引名称为"sh",索引表达式为"书号"。指定"作者"为普通索引,索引名和索引表达式均为"作者"。字段"价格"的有效性规则是"价格>0",默认值为10,如图3.97所示。

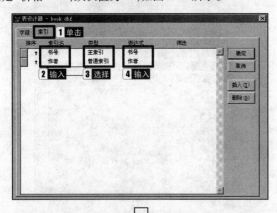

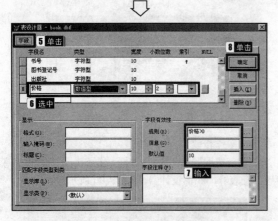

图 3.97

步骤3:单击"确定"按钮,保存表结构修改。

【易错提示】第1小题中不要忽略了表单标题应设置为"系统时间",步骤3中用到几个重要的函数,需要认真调试,最后记得保存修改;第2小题在设置字段有效性时,要先选择好设置的字段行。

【举一反三】第1小题中的题型也出现在:第21(2)、88(1)套的简单应用题;第2小题中的题型也出现在:第39(1)、61(2)套的简单应用题。

三、综合应用题

【考点分析】本大题主要考查的知识点是:使用报表设计器创建一个报表。

【解题思路】利用报表设计器完成报表的设计,本题涉及到报表分组、标题/总结的设计,以及字体的设计,这些都可以通过"报表"菜单中的命令来完成,其他要注意的地方是数据表和字段的拖动,以及域控件表达式的设置。

【操作步骤】

步骤1:首先打开表设计器,为 order_list 表按"客户号"字段建立一个普通索引,如图3.98所示。

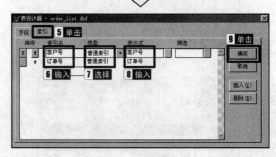

图 3.98

步骤2:按照题目的要求,新建报表"report1",如图3.99所示。

图 3.99

步骤3:按照题目的要求,添加"数据环境",如图3.100所示。

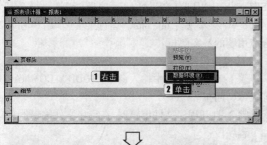

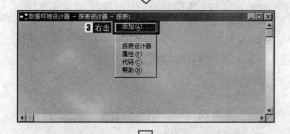

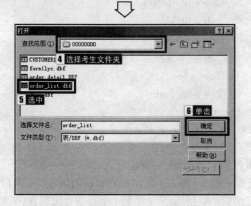

图 3.100

步骤4:将数据环境中 order_list 表中的订单号、订购日期和总金额3个字段依次拖放到报表的细节带区。

步骤5:选择【报表】→【数据分组】命令,系统弹出"数据分组"对话框,在对话框中输入分组表达式"order_list. 客户号",关闭对话框回到报表设计器,可以看到报表设计器中多了两个带区:组标头和组注脚带区。

步骤6:在数据环境中,将 order_list 表中的"客户号"字段拖放到组标头带区,并在报表控件栏中单击"标签"按钮,添加一个标签"客户号",用同样的方法为组注脚带区增加一个"总金额"标签,并将"总金额"字段拖放到该带区。

步骤7:双击域控件"总金额",系统弹出"报表表达式"对话框,在对话框中单击"计算"命令按钮,在弹出的对话框中选择"总和"单选按钮,关闭对话框,返回报表设计器。

步骤8:选择【报表】→【标题/总结】命令,弹出"标题/总结"对话框,在对话框中选择"标题带区"和"总结带区"复选框,为报表增加一个标题带区和一个总结带区;然后设置标签字体,选择【报表】→【默认字体】命令,在弹出的"字体"对话框中,根据题意设置3号黑体字。

步骤9:通过"报表控件"工具栏,为总结带区添加一个标签"订单分组汇总表(按客户)";最后在总结带区添加一个标签"总金额",再添加一个域控件,在弹出的"报表表达式"对话框中为域控件设置表达式为"order_list. 总金额",在"格式"对话框中选择"数值型"单选按钮。

步骤10:单击命令按钮"计算",在弹出的对话框中选择"总和"单选按钮,关闭对话框,返回报表设计器。保存报表,利用常用工具栏中的"预览"按钮,可预览报表效果。

【易错提示】本题相对复杂,步骤繁琐,需要仔细操作,不适合基础薄弱者学习,有一定基础后会容易理解,本书中此类型题仅有这一个,常见的新建报表大多采用向导方式新建。

第9套 参考答案及解析

一、基本操作题

【考点分析】本大题主要考查的知识点是:将自由表添加到数据库中、数据表的复制、创建报表[向导]、创建视图[向导]。

【解题思路】数据表的添加可在数据设计器中完成。数据表的复制利用 SQL 语言可实现。利用向导可轻松地完成报表和视图的创建。

【操作步骤】

(1)按照题目的要求,单击菜单栏中的"打开"按钮,在弹出的窗体中选择"考生文件夹"下的"客户"数据库文件。打开客户的"数据库设计器",首先在数据库设计器中单击鼠标右键,在弹出的快捷菜单中选择"添加表"命令,然后在弹出的窗体中选择"考生文件夹"下的"窗体"数据表文件,单击"确定"按钮即可。

(2)在命令窗口中输入命令 SELECT * FROM 定货 INTO TABLE 货物。按下回车键运行即可把表"定货"中的记录复制到"货物"表中。

(3)按照题目的要求,利用工具栏中的"新建"按钮来新建一个报表,在弹出的"向导选择"对话框中,根据题意选择一个表作为数据源,因此选择"报表向导",单击"确定"按钮。

步骤1:在弹出的对话框中"数据库和表"选项选择"客户"数据库中的 cu 表,并把全部的"可用字段"选为"选择字段"。

步骤2:单击"下一步"按钮,使用默认值。

步骤3:单击"下一步"按钮,选择"经营式"样式。

步骤4:单击"下一步"按钮,将报表布局的列数设置"2",方向为"纵向"。

步骤5:单击"下一步"按钮,在"可用的字段或索引标识"中选择"订单编号",把它添加到"选择字段"中。

步骤6:单击"下一步"按钮,把报表标题改为"定货浏览",可以在单击"完成"按钮之前单击"浏览"按钮来浏览生成的报表,最后单击"完成"按钮。

步骤7:并以 my 为文件名保存在考生文件夹里。

(4)步骤1:按照题目的要求,在工具栏中选择"新建"命令,然后在弹出的对话框中选中"视图"单击"向导"按钮,在弹出对话框的字段选择中选择所需字段。

步骤2:单击"下一步"按钮,在"为表建立联系"中添加"定货"表的"客户编号"和"客户联系"表的"客户编号"。

步骤3:单击"下一步"按钮,使用默认值。

步骤4:单击"下一步"按钮,在"排序记录"中,把"可用字段"中的"金额"选中为"选择字段"并选择升序排列。

步骤5:单击"下一步"按钮,可以在单击"完成"按钮之前单击"预览"按钮来预览生成的报表,最后单击"完成"按钮。

步骤6:把视图名称改为"视图浏览"并保存。

【举一反三】第1小题中的题型也出现在:第54(1)、56(1)套的基础操作题;第2小题中的题型也出现在:第94(2)套的基础操作题;第3小题中的题型也出现在:第86(4)套的基础操作题;第4小题中的题型也出现在:第54(2)、79(2)套的基础操作题。

二、简单应用题

【考点分析】本大题主要考查的知识点是:菜单设计器、程序基本结构。

【解题思路】本大题第1小题采用菜单设计器的"结果"下拉列表框中各项的使用功能,例如要建立下级菜单,在"结果"下拉列表框中就必须选择"子菜单",而要执行某条菜单命令,就应该选择"命令"或"过程"。第2小题通过程序选择结构的分支语句,CASE语句中,只执行满足条件的第一个语句,后面的CASE语句不再执行,如果不满足,则继续执行后面CASE语句。

(1)【操作步骤】

步骤1:在命令窗口中输入命令"CREATE MENU my"并回车。

系统弹出一个"新建"对话框,在对话框中单击"菜单"按钮,进入菜单设计器环境。

步骤2:输入主菜单名称"考试统计",在"结果"下拉列表框中选择子菜单。

步骤3:单击"考试统计"菜单项同一行中的"创建"按钮进入下级菜单的设计界面,此设计窗口与主窗口大致相同,然后编写每个子菜单项的名称"学生平均成绩"、"课程平均成绩"和"关闭"。

步骤4:在前两个子菜单的"结果"下拉列表框中选择"过程"选项,在"关闭"的"结果"下拉列表框中选择"命令"选项。

步骤5:单击"学生平均成绩"菜单行中的"创建"按钮,进入程序设计的编辑窗口,在命令窗口中输入如下程序段:

＊＊＊＊＊子菜单"学生平均成绩"的过程程序＊＊＊＊＊

　　　SELECT 学号,AVG(成绩) AS 学生平均成绩 FROM 成绩 GROUP BY 学号

＊＊＊＊＊＊＊＊＊＊＊＊＊＊＊＊＊＊＊＊＊＊

步骤6:单击"课程平均成绩"菜单行中的"创建"按钮,进入程序设计的编辑窗口,在命令窗口中输入如下程序段:

＊＊＊＊子菜单"课程平均成绩"的过程程序＊＊＊＊
　　　SELECT 课程号,AVG(成绩) AS 课程平均成绩 FROM 成绩 GROUP BY 课程号

＊＊＊＊＊＊＊＊＊＊＊＊＊＊＊＊＊＊＊＊＊＊

步骤7:在"关闭"菜单项的命令文本框中编写程序代码:SET SYSMENU TO DEFAULT。选择【菜单】→【生成】命令,生成一个菜单文件 my. mpr。运行菜单(本题参考第2套综合应用题的答案解析)。

(2)【操作步骤】

步骤1:在命令窗口中输入命令:MODIFY COMMAND 成绩等级 && 回车。

步骤2:打开程序文件编辑器,在程序文件编辑器窗口输入如下程序段:

＊＊＊＊＊文件"成绩等级"中的程序段＊＊＊＊＊＊

```
Set talk off
Clear
Input" 请输入考试成绩:" to chj
Do Case
    Case chj > =90
        dj = '优秀'
    Case chj > =60
        dj = '通过'
    Case chj >0
        dj = '不及格'
EndCase
?" 成绩等级:",dj
Set talk on
```

＊＊＊＊＊＊＊＊＊＊＊＊＊＊＊＊＊＊＊＊＊＊＊＊

步骤3:保存文件,在命令窗口输入命令:DO 成绩等级 && 运行程序,然后输入,即能输出结果。

【举一反三】第1小题中的题型也出现在:第94(1)、98(1)套的简单应用题;第2小题中的题型也出现在:第86(1)套的简单应用题。

三、综合应用题

【考点分析】本大题主要考查的知识点是:表结构的修改[添加字段]、SQL语句的使用、创建报表[向导]。

【解题思路】在表设计器中添加字段,然后新建一个程序来实现查询功能,设计过程中可利用临时表来存放查询结果,再利用DO循环语句对表中的记录逐条更新。

【操作步骤】

步骤1:在命令窗口输入命令 USE order_detail 并按回车键。

MODIFY STRUCTURE && 回车 打开表设计器

步骤2:打开表设计器后,在"字段"选项卡的"数量"字段后增加一个新的字段,根据题意输入字段名"新单价",字段宽度和类型与"单价"字段一样。

步骤3:在命令窗口输入命令 MODIFY COMMAND prog1 && 回车。

在程序编辑窗口中输入如下程序段。

```
* * * * * * *文件 prog1. prg 中的程序段* * * * * * * *
    SET TALK OFF
    && 将订购日期是2001年的所有的订单号放入临时
表 curtable 中
    SELECT 订单号 FROM order_list WHERE YEAR(订购
日期) = 2001;
    INTO CURSOR curtable
    && 对所有订购日期是2001年的物品计算新的单价
    DO WHILE NOT EOF( )
        UPDATE order_detail SET 新单价 = 单价 * 0.9;
        WHERE 订单号 = curtable. 订单号
        SKIP
    ENDDO
    && 将订购日期是2002年的所有的订单号放入临时
表 CurTable 中
    SELECT 订单号 FROM order_list WHERE YEAR(订购
日期) = 2002;
    INTO CURSOR curtable
    && 对所有订购日期是2002年的物品计算新的单价
    DO WHILE NOT EOF( )
        UPDATE order_detail SET 新单价 = 单价 * 1.1;
        WHERE 订单号 = curtable. 订单号
        SKIP
    ENDDO
    CLOSE ALL
    USE order_detail
    COPY TO od_new
    SET TALK ON

* * * * * * * * * * * * * * * * * * * * * * * * * * *
```

步骤4:保存程序设计结果,在命令窗口输入命令 DO prog1 && 回车,执行程序文件。

BROWSE && 回车,查看运行结果。

步骤5:在命令窗口输入命令 CREATE REPORT report1 && 回车。

步骤6:选择【报表】→【快速报表】命令。

步骤7:系统弹出"快速报表"对话框,单击对话框中的"字段"命令按钮,在弹出的"字段选择器"对话框中,依次选择订单号、器件号、器件名、新单价和数量5个字段添加到"选择字段"列表框中。

步骤8:单击"确定"按钮,返回报表设计器,保存报表设

计。单击工具栏中的预览按钮,可查看设计效果。

【易错提示】步骤3中的程序段较繁琐,但不难理解,掌握了SQL的应用和数组、函数的应用相信做起来就容易多了。

【举一反三】本题型也出现在:第88套的综合应用题。

第10套 参考答案及解析

一、基本操作题

【考点分析】本大题主要考查的知识点是:以命令方式实现表结构及其记录的复制,菜单的建立及表结构的修改。

【解题思路】本大题主要考查的是SQL语句的应用,设计过程中可利用临时表来存放查询结果,再利用DO循环语句对表中的记录逐条更新。在菜单的设计过程中考生应注意"结果"选项的选择。

【操作步骤】

(1)步骤1:在命令窗口输入命令 MODIFY COMMAND query1,新建一个程序。

步骤2:在弹出的程序编辑窗口输入代码 use shu copy STRUCTURE To new,并保存文件。

步骤3:在命令窗口输入命令 Do query1,执行文件。

(2)步骤1:新建一个程序 query2。

步骤2:输入代码use shu

copy to new

步骤3:保存文件,执行该文件。

(3)步骤1:在命令窗口中输入命令 CREATE MENU mym && 回车,新建菜单。

步骤2:弹出一个"新建"对话框,在对话框中单击"菜单"按钮,进入菜单设计器环境。

步骤3:输入主菜单名称"查询"和"统计",在主菜单的"查询"在"结果"下拉列表框中选择子菜单,接着单击"查询"菜单项同一行中的"创建"按钮进入下级菜单的设计界面,此设计窗口与主窗口大致相同,然后输入每个子菜单项的名称"执行查询"和"关闭",在"执行查询"子菜单的"结果"下拉列表框中选择"过程"选项,在子菜单"关闭"的"结果"下拉列表框中选择"命令"选项。

步骤4:在"关闭"菜单项的命令文本框中编写程序代码:SET SYSMENU TO DEFAULT。

步骤5:选择【菜单】→【生成】命令,生成一个菜单文件mym. mpr。

步骤6:保存菜单,在命令窗口输入命令:Do mym. mpr,执行菜单。

(4)步骤1:在命令窗口中输入如下命令。

ALTER TABLE shu ADD 作者 C(8)

步骤2:在命令窗口中输入如下命令。

Modify STRUCTURE && 回车,查看表设计器

【举一反三】第1小题中的题型也出现在:第87(1)套的基础操作题;第2小题中的题型也出现在:第87(2)套的基础操作题;第3小题中的题型也出现在:第60(4)套的基础操作题;第4小题中的题型也出现在:第57(1)套的基础操作题。

二、简单应用题

【考点分析】本大题主要考查的知识点是：创建菜单、SQL语句的使用、表结构修改、索引的建立。

【解题思路】第1小题考查菜单设计器的"结果"下拉列表框中各项的功能，例如，要建立下级菜单，在"结果"下拉列表框中就必须选择"子菜单"选项，而要执行某条菜单命令，就应该选择"命令"或"过程"选项。第2小题中，建立索引、设置字段有效性都在数据表设计器中完成。

(1)【操作步骤】

步骤1：在命令窗口中输入命令"CREATE MENU caid-an"并回车。

系统弹出"新建"对话框，在对话框中单击"菜单"按钮，进入菜单设计器环境。

步骤2：输入主菜单名称"信息查看"，在"结果"下拉列表框中选择"子菜单"选项。

步骤3：单击"信息查看"菜单项同一行中的"创建"按钮进入下级菜单的设计界面，此设计窗口与主窗口大致相同，然后输入每个子菜单项的名称"中国北京"、"中国广东"和"关闭"，在前两个子菜单的"结果"下拉列表框中选择"过程"选项，在"关闭"的"结果"下拉列表框中选择"命令"选项。

步骤4：分别单击前两个菜单命令行中的"创建"按钮，进入程序设计的编辑窗口，在命令窗口中输入如下程序段：

```
* * * * * *"中国北京"菜单命令的程序段 * * * * * *
    SELECT * FROM 商品 WHERE 产地 = "中国北京"
* * * * *"中国广东"菜单命令的程序段 * * * * *
    SELECT * FROM 商品 WHERE 产地 = "中国广东"
* * * * * * * * * * * * * * * * * * * * * *
```

步骤5：在"关闭"菜单项的命令文本框中编写程序代码：SET SYSMENU TO DEFAULT。选择【菜单】→【生成】命令，生成一个菜单文件caidan. mpr（本题可以参考第1、2套综合应用解析）。

(2)【操作步骤】

步骤1：在命令窗口输入命令"use 会员"，并回车，打开会员表

modify stru && 回车，打开表设计器。

步骤2：按照题目的要求，在索引栏中指定"会员编号"为主索引，索引名和索引表达式均为"会员编号"。指定"年龄"为普通索引，索引名称为nl，索引表达式为"年龄"。在"字段"中年龄字段的有效性规则是"年龄 > = 18"，默认值为20。

（本小题可以参考第8套简单操作题的第2小题）

【易错提示】第1小题的步骤4中分别为子菜单项添加程序段，在程序段中，不要混淆了where、whlie、for的用法；第2小题中在设置年龄字段有效性时候，要先选择好字段"年龄"，然后在"字段有效性"选项中输入相应的值。

【举一反三】第1小题中的题型也出现在：第79(1)套的简单应用题；第2小题中的题型也出现在：第83(1)套的简单应用题。

三、综合应用题

【考点分析】本大题主要考查的知识点是：创建表单［表单设计器］、常用表单控件。

【解题思路】通过表格控件，实现父子表记录的联动显示，首先需要添加用于显示的数据表到表单的数据环境中，然后在两个表格的"生成器"对话中进行相应的设置，实现表格中记录联动的功能。

【操作步骤】

步骤1：在命令窗口中输入命令 CREATE FORM myf 并回车。

步骤2：在表单的属性窗口中修改表单的Caption属性值为"住宿管理"，从"表单控件"工具栏中单击表格控件，在"表单控件"中选中"表格"按钮控件，添加2个表格到新建的表单中。

步骤3：用鼠标右键单击表单，在弹出的菜单中选择"数据环境"命令，在数据环境中添加数据表"宿舍信息"和"学生信息"，系统自动建立好两表的关联。

步骤4：返回表单设计器中，用鼠标右键单击表格Grid1，在弹出的快捷菜单中选择"生成器"命令，弹出"表格生成器"对话框，在"1.表格项"选项卡中选择数据表"宿舍信息"，将表中所有字段添加到选择字段中。

步骤5：用同样的方法设置第2个表格的生成器，在"1.表格项"中选择数据表"学生信息"的所有字段，然后再选择"4.关系"选项卡，把"父表中的关键字段"设置为"宿舍信息. 宿舍"，把"子表中的相关索引"设置为"宿舍"。

步骤6：从"表单控件"工具栏中，向表单添加1个命令按钮，修改命令按钮的Caption属性值为"关闭"，在"关闭"命令按钮的Click事件中输入：Thisform. Release。

步骤7：运行表单，保存表单到考生文件夹下（本大题可以参考第5套综合应用题解析）。

【易错提示】不要忘记了添加"关闭"按钮控件和它的click事件代码。

【举一反三】本题型也出现在：第29套的综合应用题。

第11套 参考答案及解析

一、基本操作题

【考点分析】本大题主要考查的知识点是：将数据库添加到项目中、创建报表[向导]、SQL语句的使用、常用表单控件属性。

【解题思路】本大题主要考查的是通过项目管理器来完成一些数据库及数据库表的操作，数据库添加可以通过项目管理器中的命令按钮，打开相应的设计器直接管理；另外还考查了报表向导的使用及表单控件属性的修改。

【操作步骤】

步骤1：在命令窗口输入命令 modify project my && 回车，打开项目"my"。

步骤2:按照题目的要求,选择"项目管理器"中的"数据"选项卡,选择其中的"数据库"选项,单击"添加"按钮,在弹出的对话框中选择"考生文件夹"下的"成绩"数据库文件,单击"确定"。

(2)选择【工具】→【向导】→【报表】命令,弹出"向导选择"对话框,根据题意要求数据源是一个表,因此选中"报表向导",单击"确定"按钮(本题可以参考第4套简单应用题的第1题的操作步骤)。

步骤1:在弹出的对话框的"数据库和表"下拉列表选择"成绩"数据库中的 stu 表,并把全部的"可用字段"选为"选择字段"。

步骤2:单击"下一步"按钮,使用默认值。

步骤3:单击"下一步"按钮,选择"经营式"样式。

步骤4:单击"下一步"按钮,报表布局列数选择"3"列,方向为"纵向"。

步骤5:单击"下一步"按钮,使用默认值。

步骤6:单击"下一步"按钮,可以在单击"完成"按钮之前单击"预览"按钮来预览生成的报表,最后单击"完成"按钮。以 myre 为文件名,将其保存在考生文件夹中。

(3)在命令窗口中输入命令 UPDATE 积分 SET 学分 =学分 +5 WHERE 学号 =5 && 回车。

系统则自动给学号为"5"的学生学分加上 5 分。

(4)步骤1:在命令窗口输入命令:MODIFY FORM my && 打开表单 my。

步骤2:单击表单上的 Optiongruop1 控件,在其属性窗口中将 ButtonCount 属性值改为"4"。单击工具栏上的"保存"按钮,保存修改。

【易错提示】第2小题中要注意题目的每一步要求;第3小题中的命令只执行一次就可以了,不要重复执行。

【举一反三】第1小题中的题型也出现在:第30(1)、79(1)套的基础操作题;第2小题中的题型也出现在:第86(4)套的基础操作题;第3小题中的题型也出现在:第53(4)、57(3)套的基础操作题;第4小题中的题型也出现在:第93(4)套的基础操作题。

二、简单应用题

【考点分析】本大题主要考查的知识点是:SQL语句的使用、创建表单[表单设计器]。

【解题思路】本大题1小题考查的是SQL的连接查询,设计过程中主要注意两个表之间进行关联的字段。2小题主要考查的是表单中一些基本控件的建立、属性的设置及简单程序的编写,属性设置可以直接在属性面板中进行修改。

(1)【操作步骤】

步骤1:在命令窗口中输入命令 MODIFY COMMAND query1 && 回车,新建程序"query1"打开程序文件编辑器。

步骤2:在编辑器窗口输入如下程序段。

* * * * * * 文件query1.qpr中的程序段 * * * * * *
　　SELECT 姓名,持有数量 *(现钞卖出价 – 现钞买入价) AS 总净赚
　　　FROM hl,个人;
　　　WHERE hl.外币代码 =个人·外币代码;

INTO TABLE new
* *
步骤3:在命令窗口输入命令:DO query1 && 回车,运行程序"query1"。

在命令窗口输入命令:BROWSE && 回车,查看结果。

(2)【操作步骤】

步骤1:在命令窗口中输入如下命令。

CREATE FORM my1 && 新建表单"my1"

打开表单设计器新建表单。

步骤2:按照题目的要求,在窗体上单击鼠标右键,将表"h1"添加到数据环境中,单击"确定"按钮。

步骤3:按照题目的要求,将表单的 Caption 属性值改为"汇率浏览",在"表单控件"工具栏中单击"命令按钮"控件,为表单添加一个命令按钮,将其 Caption 属性值改为"查看"。

步骤4:双击"查看"命令按钮,在其 Click 事件中输入如下代码:

* * * * * *"查看"命令按钮中的程序段 * * * * * *
　　SELECT 外币代码,外币名称,(现钞卖出价 – 现钞买入价) AS 差价
　　　FROM hl
　　　WHERE (现钞卖出价 – 现钞买入价) >5;
　　　INTO TABLE new2
* *
步骤5:保存表单设计,在命令窗口输入命令 DO FORM my1 && 运行表单,查看表单运行结果。

在命令窗口输入命令 BROWSE && 回车,查看结果。

【易错提示】两小题中都用到 SQL 语句,需要规范书写,区分 where、while、for 的用法。

【举一反三】第1小题中的题型也出现在:第50(1)套的简单应用题;第2小题中的题型也出现在:第33(2)套的简单应用题。

三、综合应用题

【考点分析】本大题主要考查的知识点是:创建表单[表单设计器]、常用控件的使用、SQL语句的使用。

【解题思路】通过命令方式新建表单,然后为其添加组合框、标签、表格控件。组合框控件用来显示数据的重要属性是 RowsourceType 和 RowSource,程序部分属于 SQL 的简单连接查询,在显示查询结果时,首先可用一个临时表保存查询结果,然后将表格控件中显示数据的属性值设置为该临时表,用来显示查询结果。

【操作步骤】

步骤1:在命令窗口中输入命令 CREATE FORM myf && 新建表单"myf"。

打开表单设计器新建表单。

步骤2:按照题目的要求,在属性窗口中设置表单的 Caption 属性为"会员购买统计",从"表单控件"工具栏中选择 1 个组合框,1 个标签,1 个表格控件,2 个命令按钮放置在表单上。

步骤3:在属性面板中分别设置两个命令按钮的 Caption 属性为"查询"和"关闭",设置标签的 Caption 属性值为"请

选择会员"。

步骤4:组合框的 RowSourceType 属性为"1.值",Row-Source 属性为"C1,C2,C3,C4,C5,C6,C7",Style 属性为"2.下拉列表框"。

步骤5:双击命令按钮"查询",编写该控件的 Click 事件,程序代码如下。

* * *命令按钮Command1(查询)的Click事件代码* * *
```
    SELECT 会员信息.会员号,姓名,SUM(数量*单价)
      AS 总金额 FROM 会员信息,购买信息;
    WHERE 会员信息.会员号 = 购买信息.会员号;
      AND 会员信息.会员号 = Thisform.combo1.value;
    GROUP BY 会员信息.会员号;
    INTO CURSOR temp
    Thisform.Grid1.RecordSourceType = 1
    Thisform.Grid1.RecordSource = "temp"
```
* *

步骤6:以同样的方法为"关闭"命令按钮编写 Click 事件代码:Thisform.Release。

步骤7:保存表单文件为 myf.scx,将其存入考生文件夹下,运行表单。

【易错提示】步骤4中设置组合框的 RowSource 属性为"C1,C2,C3,C4,C5,C6,C7"时,"C1,C2,C3,C4,C5,C6,C7"之间的连接符号是英文输入状态下的逗号,步骤5 中用到了SQL 语句的应用,注意区分 group by 和 order by 的用法。

【举一反三】本题型也出现在:第31套的综合应用题。

第12套 参考答案及解析

一、基本操作题

【考点分析】本大题主要考查的知识点是:SQL 语句的使用、物理删除表记录、索引的建立。

【解题思路】通过 SQL 语句来实现数据表中记录的查找和删除,直接使用 SQL 的查询和删除语句来完成。浏览表记录前,一定要先打开数据表文件。建立表索引是在表设计器中完成的。

【操作步骤】

(1)在命令窗口中输入命令 SELECT * FROM 销售表WHERE 日期 < = CTOD("12/31/00") INTO TABLE 2001。

在命令窗口中输入命令 USE 2001 && 打开表。

在命令窗口中输入命令 BROWSE && 查看表记录。

(系统将自动查找日期在 2000 年 12 月 31 日前的记录,并复制到一个新表 2001.dbf 中)。

(2)在命令窗口中输入命令 DELETE FROM 销售表WHERE 日期 = <CTOD("12/31/00") && 逻辑删除记录。

在命令窗口中输入命令 PACK && 物理删除记录。

(通过以上两条命令物理删除"销售表"中日期(日期型字段)在 2000 年 12 月 31 日前的记录)。

(3)在命令窗口中输入命令 USE 商品表 && 打开商品表。

在命令窗口中输入命令 BROWSE && 打开表记录浏览窗口。

打开表记录浏览窗口后,选择【文件】→【另存为 HTML(H)…】命令,弹出"另存为 HTML"的对话框中,系统默认以"商品表.htm"作为文件名保存该文件,单击"确定"按钮保存文件。

(4)在命令窗口输入两条命令:USE 商品表 && 打开商品表。

MODIFY STRUCTURE && 打开表设计器。

在"商品表"的表设计器中,选中"商品号"字段,在"索引"下拉列表框中为该字段选择一个排序方式,然后在"索引"选项卡中,修改字段的"索引类型"为主索引,其中索引名已由系统默认为"商品号";以同样的方法为销售表建立普通索引。

【易错提示】第4 小题中,在给销售表建立普通索引时,系统会提示文件正在使用,此时在命令窗口输入命令"销售表"并按回车键。

输入命令,关闭销售表。

输入命令 USE 销售表并按回车键,打开销售表。

MODIFY STRUCTURE 并按回车键,打开表设计器

【举一反三】

第1 小题中的题型也出现在:第81(1)、94(3)套的基础操作题;第2 小题中的题型也出现在:第38(3)、51(2)套的基础操作题;第4 小题中的题型也出现在:第21(3)、22(3)套的基础操作题。

二、简单应用题

【考点分析】本大题主要考查的知识点是:创建视图[视图设计器]、创建表单[表单设计器]、常用控件的使用。

【解题思路】第1 小题利用 SQL 命令定义视图,要注意的是在定义视图之前,首先应该打开相应的数据库文件,因为视图文件是保存在数据库中,在磁盘上找不到该文件。第2 小题主要考查的是表单中一些基本控件的建立、属性的设置及简单程序的编写,属性设置可以直接在属性面板中完成。

(1)【操作步骤】

步骤1:在命令窗口输入命令 MODIFY FILE my && 回车,新建视图"view",打开文本编辑器。

步骤2:在编辑器窗口中输入如下程序段。

* * * * * *文件"my.txt"中的程序段* * * * * * *
```
    OPEN DATABASE zbdb
    CREATE VIEW shitu AS;
    SELECT 员工信息.职工编码,员工信息.姓名,;
      员工信息.夜值班天数,员工信息.昼值班天数,;
      昼值班天数*150 + 夜值班天数*200 AS 总加班费;
    FROM zbdb!员工信息;
    ORDER BY 总加班费
```
* *

步骤3:保存文件,在命令窗口输入命令 DO my.txt,运行程序。

(2)【操作步骤】

步骤1:在命令窗口输入命令 CREATE FORM 登录,弹出

"登录"的表单设计器。

步骤2:单击"表单控件"工具栏中的"命令按钮"控件。在表单上放置一个命令按钮控件,将它的 Caption 属性值改为"确认",单击"标签"控件,用同样的方法在表单上放置两个标签控件和两个文本框控件,将标签的 Caption 属性值分别改为"用户名"和"口令"。

步骤3:选择【表单】→【新建属性】命令,在弹出的"新建属性"对话框中输入新建的属性 num,在"属性窗口"中设置属性"num"的初始值为0。

步骤4:双击"确认"命令按钮,在其 Click 事件中输入如下代码。

```
* * * * * "确认"命令按钮的Click事件代码 * * * * *
    IF Thisform. Text1. Value = "BBS" AND Thisform. Text2.
Value = "1234"
    WAIT" 热烈欢迎使用!" WINDOW TIMEOUT 1
    Thisform. Release
    ELSE
    Thisform. num = Thisform. num + 1
        IF Thisform. num = 3
        WAIT" 用户名与口令不正确,登录失败!" WIN-
DOW TIMEOUT 1
        Thisform. Release
        ELSE
        WAIT" 用户名或口令错误,请重新输入!" WIN-
DOW TIMEOUT 1
        ENDIF
    ENDIF
* * * * * * * * * * * * * * * * * * * * * * * * *
```

在命令窗口输入命令:DO FORM 登录,运行表单,查看表单运行结果。

【易错提示】第1小题采用命令方式新建视图,在前面已经介绍了很多新建视图的例子,就是解决问题的方法不同而已;第2小题的步骤4中的程序段采用选择结构,并且是嵌套语句,很容易混淆。

【举一反三】第2小题中的题型也出现在:第85(1)套的简单应用题。

三、综合应用题

【考点分析】本大题主要考查的知识点是:创建表单[表单设计器]、常用控件的使用、SQL 语句的使用。

【解题思路】对表单常用控件的基本设置,在程序设计部分,可将查询结果存放到一个临时表中,然后通过文本框的 Value 属性值来显示查询结果。

【操作步骤】

步骤1:在命令窗口输入命令 MODIFY FORM myf && 回车,新建视图"myf",打开文本编辑器。

步骤2:在属性窗口中设置表单的 Caption 属性为"宿舍查询",从"表单控件"工具栏中选择3个文本框,两个命令按钮放置在表单上。

步骤3:在属性面板中分别设置两个命令按钮的 Caption

属性为"查询"和"关闭"。

步骤4:双击命令按钮"查询",编写该控件的 Click 事件,程序代码如下:

```
* * * 命令按钮Command1(查询)的Click事件代码 * * *
    SET TALK OFF
    OPEN DATABASE 学生住宿管理
    USE 学生
    GO TOP
    LOCATE FOR 学生. 学号 = = ALLTRIM ( Thisform.
Text1. Value)
    IF 学生. 学号 < > ALLTRIM(Thisform. Text1. Value)
        Thisform. Text2. Value = "该生不存在!"
        Thisform. Text3. Value = ""
    ELSE
        SELECT 学生. 姓名;
            FROM 学生;
            WHERE 学生. 学号 = ALLTRIM ( Thisform. Text1.
Value);
            INTO CURSOR temp
        Thisform. Text2. Value = temp. 姓名
        USE 宿舍
        LOCATE FOR 宿舍. 学号 = = ALLTRIM ( Thisform.
Text1. Value)
        IF 宿舍. 学号 < > ALLTRIM ( Thisform. Text1.
Value)
            Thisform. Text3. Value = "该生不住校!"
        ELSE
            SELECT 学生. 姓名,宿舍. 宿舍;
            FROM 宿舍,学生;
            WHERE 学生. 学号 = ALLTRIM ( Thisform. Text1.
Value) AND 宿舍. 学号 =学生. 学号;
            INTO CURSOR temp
            Thisform. Text2. Value = temp. 姓名
            Thisform. Text3. Value = temp. 宿舍
        ENDIF
    ENDIF
    CLOSE ALL
    SET TALK ON
* * * * * * * * * * * * * * * * * * * * * * * * * * *
```

步骤5:以同样的方法为"关闭"命令按钮编写 Click 事件代码 Thisform. Release。

步骤6:保存表单文件为 myf. scx 到考生文件夹下。

【举一反三】本题型也出现在:第18套的综合应用题。

第13套 参考答案及解析

一、基本操作题

【考点分析】本大题主要考查的知识点是:创建查询[向导]、数据库中删除视图、SQL 插入语句、常用表单控件属性。

【解题思路】数据表建立索引、增加字段和设置有效性规则都是在数据表设计器中完成的,建立数据表之间的关联则是在数据库设计器中完成的。

【操作步骤】

(1)步骤1:按照题目的要求,在工具栏中选择"新建"命令,然后在弹出的对话框选中"查询"单击"向导"按钮,在弹出的"向导提取"对话框中选择"查询向导"选项,单击"确定"按钮。

步骤2:在"字段选择"查询向导界面中,为查询添加数据源,在考生文件夹下选择数据表文件 student,然后选择 student 表的"姓名"、"出生日期"字段为选择字段,连续单击"下一步"按钮,直至"完成"界面。

步骤3:单击"完成"命令按钮,输入查询名称为 query31 并保存。

(2)在命令窗口输入命令 MODIFY DATABASE score,打开数据库设计器,在数据库设计器中的"newview"视图上单击鼠标右键,在弹出的快捷菜单中选择"删除"命令,并在弹出的对话框中单击"移去"按钮。

(3)在命令窗口输入如下命令,为 score1 表增加一条记录。

INSERT INTO score1 (学号,课程号,成绩) VALUES ("993503433","0001",99)

(4)步骤1:在命令窗口输入命令 modify form myform34 && 打开表单设计器。

步骤2:打开表单后,添加表单控件工具栏中的命令按钮到表单,在属性面板中修改该命令按钮的 Caption 属性值为"关闭",双击该按钮,在其 Click 事件中输入代码:Thisform.Release。

【易错提示】第1小题中所添加的选择字段只有姓名、出生日期,不要把所有字段都添加进去;第3小题中 INSERT INTO score1 (学号,课程号,成绩) VALUES ("993503433","0001",99)中"99"不要加冒号,因为成绩是数值型,而不是字符型。

【举一反三】第1小题中的题型也出现在:第76(3)、92(1)套的基础操作题;第3小题中的题型也出现在:第38(2)、51(1)套的基础操作题;第4小题中的题型也出现在:第49(2)套的基础操作题。

二、简单应用题

【考点分析】本大题主要考查的知识点是:通过向导建立查询和简单程序的编写。

【解题思路】本大题1小题考查了利用查询向导创建查询的操作,注意题目筛选字段的操作,以及设定查询去向的方法;2小题中,变量 max,min 分别用来存储最大值和最小值,注意先取第一个数,然后才进入循环。语句 RIGHT(STR(i),2)先将变量"i"转换为字符串,再取字符串中后两个字符。

(1)**【操作步骤】**

步骤1:选择【文件】→【新建】命令,接着选择"查询"选项,单击右面的"向导"按钮,在弹出的对话框里选择"查询向导"。

步骤2:单击"数据库和表"右下方的按钮,双击考生文

件夹下的表"书目";将全部字段添加到选择字段,单击"下一步"按钮。

步骤3:在筛选条件中,第一行字段选择"书目.价格",条件选择">=",输入值"10",单击"下一步"按钮。

步骤4:单击"下一步"按钮。

步骤5:选中"保存查询并在'查询设计器'修改"选项,单击"完成"按钮。

修改查询名称为 bookquery,将其保存在考生文件夹下。

选择【查询】→【查询去向】命令,接着在弹出的对话框里单击"表"按钮,修改表名称为 bookinfo,单击"确定"按钮。保存查询并运行(本题参考第13套简单操作题第1小题)。

(2)**【操作步骤】**

步骤1:MODIFY COMMAND maxprog && 新建程序 maxprog。

步骤2:在程序编辑框里输入如下命令。

* *

```
SET TALK OFF
CLEAR
INPUT "请输入第 1 个数:" TO a
STORE a TO max,min
FOR i = 2 TO 15
INPUT "请输入第" + RIGHT(STR(i),2) + "个数:" TO a
  IF max < a
    max = a
  ENDIF
  IF min > a
    min = a
  ENDIF
ENDFOR
?"最大值",max
?"最小值",min
```

* *

步骤3:按下【Ctrl + W】组合键,保存并关闭窗口,完成设置。

【易错提示】第1小题设置过程中不要为文件设置筛选条件,第一行字段选择"书目.价格",操作符选择"大于或等于",输入值"10"。第2小题中,在步骤2中的程序段设计中,用到循环、判断结构,并且是衔套的,须细心调试。

【举一反三】第1小题中的题型也出现在:第92(1)套的简单应用题;第2小题中的题型也出现在:第81(2)套的简单应用题。

三、综合应用题

【解题思路】本大题考查的是表单设计,在设计控件属性中,不要将控件的标题和名称属性弄混淆,名称属性是该控件的一个内部名称,而标题属性是用来显示的一个标签名称,程序部分属于 SQL 的简单连接查询。

【操作步骤】

步骤1:在命令窗口中输入命令"CREATE FORM super",打开表单设计器。

步骤2:通过"常用工具栏"向表单添加一个表格和两个命令按钮。

步骤3:选中表单,在其属性面板中修改 Name 的属性值为 supper,将 Caption 的属性值改为"零件供应情况",然后在属性面板顶端的下拉列表框中选择 Command1,修改该命令按钮控件的 Caption 属性值为"查询"。

步骤4:以同样的方法为第二个命令按钮设置 Caption 属性值为"退出"。

步骤5:双击命令按钮"查询",编写该控件的 Click 事件,程序代码如下。

＊＊命令按钮 Command1(查询)的 Click 事件代码＊＊

```
SELECT 零件名,颜色,重量
FROM 零件,供应
WHERE 供应. 零件号 = 零件. 零件号 AND 工程号
= 'A1';
INTO TABLE jie
Thisform. Grid1. RecordSourceType = 1
Thisform. Grid1. RecordSource = "jie"
```

＊＊＊＊＊＊＊＊＊＊＊＊＊＊＊＊＊＊＊＊＊＊

步骤6:以同样的方法为"退出"命令按钮编写 Click 事件代码"Thisform. Release"。

步骤7:保存表单完成设计,查看表单运行结果。

第14套 参考答案及解析

一、基本操作题

【考点分析】本大题主要考查的知识点是:建立表间联系、设置参照完整性、表结构的复制和自由表的添加。

【解题思路】对数据表设置关联及设置参照完整性都在数据库设计器中完成。自由表的添加可在项目管理器中完成,表结构的复制运用到数据表的定义语言。

【操作步骤】

(1)步骤1:在命令窗口中输入命令"MODIFY DATABASE 销售 && 回车",打开数据库"销售"。

步骤2:在数据库设计器中,将"客商"表中"索引"下面的"客户号"主索引字段拖到"送货"表中"索引"下面的"客户"索引字段上,建立了两个表之间的永久性联系。

(2)在数据库设计器中,选择[数据库]→[清理数据库]命令,用鼠标右键单击"送货"表和"客商"表之间的关系线,在弹出的快捷菜单中选择"编辑参照完整性"命令,在参照完整性生成器中,根据题意,分别在3个选项卡中设置参照规则。

(3)在命令窗口中输入命令"MODIFY COMMAND query1 && 回车",新建一个程序。

在弹出的程序编辑窗口中输入如下代码。

＊＊＊＊＊＊＊＊query1 代码＊＊＊＊＊＊＊＊

```
USE 客商
COPY STRUCTURE TO cu
```

＊＊＊＊＊＊＊＊＊＊＊＊＊＊＊＊＊＊＊＊＊＊

保存文件,在命令窗口输入如下命令。

DO query1. PRG && 执行文件。

Use cu && 回车,打开表

Modify stru && 回车,打开表设计器

(4)在命令窗口中输入命令 MODIFY project my && 回车,打开项目管理器。

按照题目要求,打开 my 的"项目管理器",单击"数据"选中其中的"自由表",单击"添加"按钮,在弹出的对话框中选择"考生文件夹"下的"cu. dbf"文件,最后单击"确定"即可。

【易错提示】第2小题中设置参照完整性之前一定要清理数据库;第3小题中题目要求只复制表结构,所以设计时不要把表记录也复制过去。

【举一反三】第1小题中的题型也出现在:第28(4)、31(3)套的基础操作题;第2小题中的题型也出现在:第29(4)、31(4)套的基础操作题;第3小题中的题型也出现在:第87(1)套的基础操作题。

二、简单应用题

【考点分析】本大题主要考查的知识点是:SQL 语句的使用、创建查询[查询设计器]。

【解题思路】第1小题注意 SQL 语句中的各关键词的使用;第2小题考查了创建查询的操作,注意查询中的联系两个表的字段、筛选条件及排序字段。

(1)【操作步骤】

步骤1:输入命令"MODIFY COMMAND 程序1 && 回车",打开程序编辑窗口,将代码修改为如下代码。

＊＊＊＊＊＊＊调试前的源程序＊＊＊＊＊＊＊＊

```
SELECT ＊ FROM 员工 ON 籍贯 ="北京"
UPDATE 员工 SET 月薪 WITH 月薪＊1.1
DELETE FROM 员工 WHEN 员工号 ="1011"
```

＊＊＊＊＊＊＊＊＊＊＊＊＊＊＊＊＊＊＊＊＊＊

＊＊＊＊＊＊＊调试后的程序＊＊＊＊＊＊＊＊

```
SELECT ＊ FROM 员工 WHERE 籍贯 ="北京"
UPDATE 员工 SET 月薪 =月薪＊1.1
DELETE FROM 员工 WHERE 员工号 ="1011"
```

＊＊＊＊＊＊＊＊＊＊＊＊＊＊＊＊＊＊＊＊＊＊

步骤2:保存程序修改并运行,命令窗口:do 程序1 && 回车,运行程序"程序1"。

(2)【操作步骤】

步骤1:在命令窗口中输入命令 CREATE QUERY 查询1 && 回车

选中"部门"表,单击"添加"按钮,将"部门"表加入查询,选中"员工"表,单击"添加"按钮,将"员工"表加入查询,这时系统会弹出"联接条件"对话框,单击"确定"按钮。

步骤2:单击"关闭"按钮,关闭"添加表或视图"对话框。

步骤3:在查询设计器中,将"可用字段"列表框的"部门. 部门名称"、"员工. 员工号"、"员工. 姓名"字段添加到"选择字段"列表框中。

步骤4:选择"筛选"选项卡,在"字段名"中选择"员工. 月薪","条件"选择" > =",接着输入"2000"。

步骤5:选择"排序依据"选项卡,将"选择字段"列表框的"员工号"字段添加到"排序条件"列表框中,使用默认的

"升序"设置。

步骤6:选择【文件】→【保存】命令,运行查询。

【易错提示】第1小题中区分 UPDATE 与 REPLACE、WHERE 与 WHEN 的使用;第2小题中题目要求是只添加"部门.部门名称"、"员工.员工号"、"员工.姓名"3个字段。

【举一反三】第1小题中的题型也出现在:第5(1)套的简单应用题;第2小题中的题型也出现在:第36(2)、46(2)套的简单应用题。

三、综合应用题

【考点分析】本大题主要考查的知识点是:创建表单[表单设计器]、常用表单控件、SQL 语句的使用。

【解题思路】对微调控件属性的设置,该控件用来显示数据的重要属性是 SpinnerLowValue、SpinnerHighValue 和 Increment,程序部分属于 SQL 的简单查询,在显示查询结果时,首先可用一个临时表保存查询结果,然后将表格控件中来显示数据的属性值设置为该临时表,用来显示查询结果。

【操作步骤】

步骤1:在命令窗口输入命令"CREATE FORM YEAR && 回车"。

步骤2:在属性窗口中设置表单的 Caption 属性为"部门年度数据查询",Name 属性值改为 Form_one,从"表单控件"工具栏中选择一个标签控件,一个微调控件,一个表格控件和两个命令按钮放置在表单上。

步骤3:在属性面板中分别设置两个命令按钮的 Caption 属性为"查询"和"关闭",标签控件的 Caption 属性值设置为"年度",表格的 RecordSourceType 属性值设置为"4.SQL 说明"。

步骤4:在属性面板中将微调控件的 Value 属性值设置为"2003",Increment 属性值为"1",SpinnerLowValue 属性值为"1999",SpinnerHighValue 属性值为"2010"。

步骤5:双击命令按钮"查询",编写该控件的 Click 事件,程序代码如下。

```
* * 命令按钮 Command1(查询)的 Click 事件代码 * *
Thisform.Grid1.RecordSource = "SELECT * ;
    FROM PT;
    WHERE 年度 = ALLTRIM(STR(Thisform.Spinner1.Value));
    INTO CURSOR temp"
* * * * * * * * * * * * * * * * * * * * * * * *
```

步骤6:以同样的方法为"关闭"命令按钮编写 Click 事件代码"Thisform.Release"。

步骤7:保存表单文件,运行表单。

【易错提示】不要混淆表单的属性 Caption 和 Name 属性。

【举一反三】本题型也出现在:第42套的综合应用题。

第15套 参考答案及解析

一、基本操作题

【考点分析】本大题主要考查的知识点是:将自由表添加到数据库中、SQL 语句的使用、创建报表[向导]、常用函数

[消息函数 messagebox()]。

【解题思路】在数据库设计器中完成数据表的添加,利用 SQL 语句复制表记录,根据报表向导可以建立报表,另外应该熟悉对话框命令语句的功能。

【操作步骤】

(1)步骤1:在命令窗口输入命令 MODIFY DATABASE 课本 && 回车。

步骤2:用鼠标右键单击数据库设计器,在弹出的菜单中选择"添加表"命令,系统弹出"打开"对话框,将考生文件夹下的自由表 shu 添加到数据库"课本"中,如图 3.101 所示。

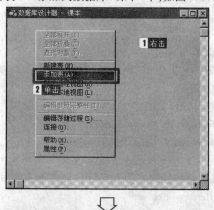

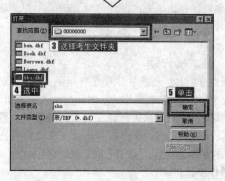

图 3.101

(2)在命令窗口中输入命令"SELECT * FROM shu INTO TABLE ben && 回车",把表 shu 中的记录复制到表 ben 中。

(3)按照题目的要求,通过向导建立报表,如图 3.102 所示。

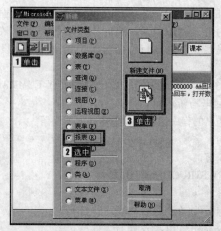

图 3.102

步骤 1：在弹出的对话框的"数据库和表"下拉列表框中，选择"课本"数据库中的 shu 表，并把全部的"可用字段"选为"选择字段"，如图 3.103 所示。

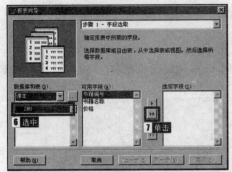

图 3.103

步骤 2：单击"下一步"按钮，采用默认值。

步骤 3：单击"下一步"按钮，选择"简报式"样式，如图 3.104 所示。

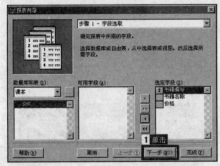

图 3.104

步骤 4：单击"下一步"按钮，报表布局列数选择"2"列，方向为"横向"，如图 3.105 所示。

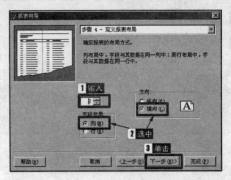

图 3.105

步骤 5：单击"下一步"按钮，在"可用的字段或索引标识"中选择"价格"，把它添加到"选择字段"中，并选择"升序"排序，如图 3.106 所示。

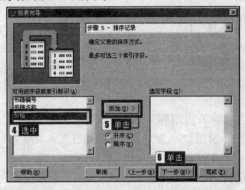

图 3.106

步骤 6：单击"下一步"按钮，把报表标题改为"书籍浏览"，可以在单击"完成"按钮之前单击"预览"按钮来预览生成的报表，最后单击"完成"按钮，如图 3.107 所示。

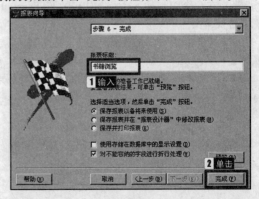

图 3.107

步骤 7：以"my"为文件名，将报表保存在考生文件夹里，如图 3.108 所示。

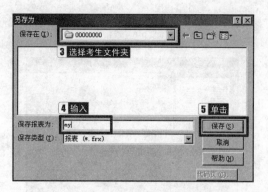

图 3.108

（4）步骤1：在命令窗口输入命令"MODIFY FILE mycom && 回车"，系统弹出文本编辑器。

步骤2：在弹出的文本编辑器中输入如下命令。

MESSAGEBOX（"Hello"）&& 保存文件

步骤3：在命令窗口输入命令 DO mycom.txt，查看运行结果。

【举一反三】第1小题中的题型也出现在：第58（1）、68（1）套的基础操作题；第2小题中的题型也出现在：第81（1）套的基础操作题；第3小题中的题型也出现在：第86（4）套的基础操作题；第4小题中的题型也出现在：第98（4）套的基础操作题。

二、简单应用题

【考点分析】本大题主要考查的知识点是：SQL语句的使用、创建表单[向导]。

【解题思路】第1小题通过命令方式新建文本文件，在文本编辑框中采用SQL语句完成数据库中数据的操作，要注意表间联系的字段以及排序的字段；第2小题采用向导创建表单。

（1）【操作步骤】

步骤1：在命令窗口输入命令 MODIFY FILE mysql && 回车，新建文本文件。

打开文本编辑器，在编辑器中输入如下程序段：

＊＊＊＊＊＊＊文件mysql.txt中的程序段＊＊＊＊＊＊＊

SELECT Student.学号，Student.姓名，Score.课程号，Score.成绩；

　　FROM school! course INNER JOIN school! score；

　　INNER JOIN school! student；

　　ON Score.学号 = Student.学号；

　　ON Course.课程号 = Score.课程号；

ORDER BY Score.课程号，Score.成绩 DESC；

INTO TABLE mytable.dbf；

＊＊＊＊＊＊＊＊＊＊＊＊＊＊＊＊＊＊＊＊＊＊＊

步骤2：保存文件，在命令窗口输入命令 DO mysql.txt && 执行程序。

BROWSE && 查看结果，结果如图3.109所示

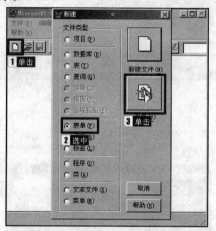

图 3.109

（2）【操作步骤】

步骤1：按照题目的要求，通过向导创建表单，如图3.110所示。

图 3.110

步骤 2：选择数据表 student，并把全部字段选择为右边的"选择字段"，单击"下一步"按钮，如图 3.111 所示。

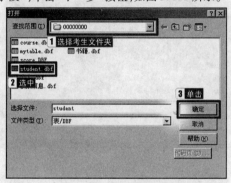

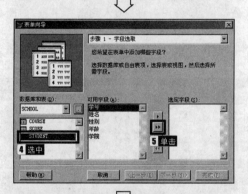

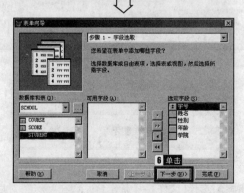

图 3.111

步骤 3：选择表单样式为"阴影式"；按钮类型选中"文本按钮"按钮，单击"下一步"按钮，如图 3.112 所示。

步骤 4：按照题目的要求，排序字段选择"学号"（升序），单击"下一步"按钮，如图 3.113 所示。

步骤 5：修改表单标题为"学生数据维护"，单击"完成"按钮，如图 3.114 所示。

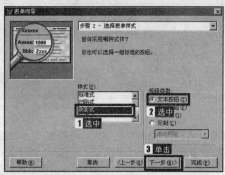

图 3.112

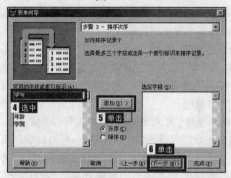

图 3.113

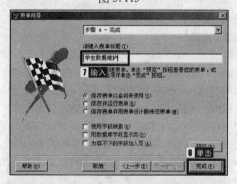

图 3.114

步骤 6：输入表单名 myform，保存在考生文件夹下完成，运行表单（可在命令窗口输入命令：DO FORM myform.scx），如图 3.115 所示。

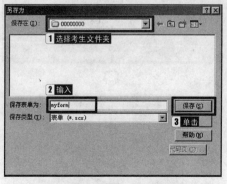

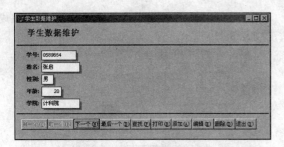

图 3.115

【易错提示】第 1 小题中采用 SQL 连接查询,要注意很多关键字(INNER JOIN)正确的使用,区分 order by 和 group by 的用法;第 2 小题,注意表单要显示的字段及要求表单显示的风格。

【举一反三】第 1 小题中的题型也出现在:第 26(2)、30(1)套的简单应用题;第 2 小题中的题型也出现在:第 55(1)、73(1)套的简单应用题。

三、综合应用题

【考点分析】本大题主要考查的知识点是:创建视图[视图设计器]、创建表单[表单设计器]、常用表单控件的使用、SQL 语句的应用。

【解题思路】首先通过命令方式打开数据库"订货管理",然后在数据库设计器中新建视图;利用表单存取数据库数据的操作,注意在表单中存取数据库数据时,一定要先将相关表或者视图加入表单的数据环境;注意在页框控件的"编辑"状态下,才可以将表或视图拖入,否则表或视图将被拖入表单,而不是页框控件。

【操作步骤】

步骤 1:输入命令 MODIFY DATABASE 订货管理 && 回车。

步骤 2:按照题目的要求,新建视图,这时系统会弹出"选择表或视图"对话框,选中表"订货信息",单击"添加"按钮,将该表加入视图设计器。用同样的方法,加入表"公司信息",这时系统会弹出联接条件对话框,单击"确定"按钮,使用默认的"订货信息.公司编号 = 公司信息.公司编号",如图 3.116 所示。

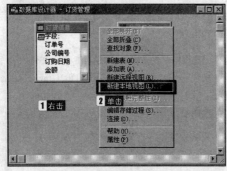

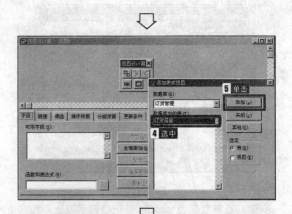

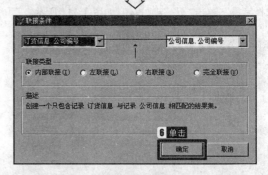

图 3.116

步骤 3:在"字段"选项卡中,将"订货信息"表的全部字段和"公司信息.公司名称"加入到选择字段,如图 3.117 所示。

步骤 4:保存视图,输入视图名"视图 1",如图 3.118 所示。

图 3.117

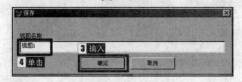

图 3.118

步骤 5:选择【文件】→【新建】命令,在"新建"对话框中选中"表单",单击右面的"新建文件"按钮,进入表单设计器。在表单上单击鼠标右键,在弹出的快捷菜单中选择"属性"命令,在弹出的对话框里找到 Caption 属性,并将其修改为"公司订货"。

步骤 6:在表单上单击鼠标右键,在弹出的快捷菜单中选择"数据环境"命令,这时系统会弹出"选择表或视图"对话框,选中表"公司信息",单击"添加"按钮,将该表加入数据环境;在对话框下部选择"视图",单击"添加"按钮,将"视图1"加入数据环境。

步骤7:单击表单控件工具条上的"页框"控件,然后在表单上单击,创建页框控件,并适当调整其大小及位置。在该页框上单击鼠标右键,在弹出的快捷菜单中选择"编辑"命令,然后在分页1上单击鼠标右键,选择"属性"命令,在属性对话框里找到 Caption 属性,并将其修改为"订货";同样修改分页2的 Caption 属性为"公司信息"。

步骤8:在"页框"控件的"编辑"状态下(即边框为绿色,右击控件,选择"编辑"即可),从数据环境中将"视图1"拖入"视图"分页。

步骤9:用同样的方法,将表"公司信息"加入分页"公司信息"中。

步骤10:单击表单控件工具条上的"命令按钮"控件,然后在表单上单击,创建按钮。在该按钮上单击鼠标右键,在弹出的快捷菜单中选择"属性"命令,在属性对话框里找到"Caption"属性,并将其修改为"退出"。

步骤11:双击"退出"按钮,在其 Click 事件中输入"This-form. Release"命令。

步骤12:选择【文件】→【保存】命令,输入表单名"表单1"。

【易错提示】在步骤8中一定要选中了页框后才拖入(即边框为绿色,鼠标右键控件,选择"编辑"命令即可),否则拖入的表格没有在页框内部。

【举一反三】本题型也出现在:第40套的综合应用题。

第16套 参考答案及解析

一、基本操作题

【考点分析】本大题主要考查的知识点是:将自由表添加到数据库中、数据库中移去表、索引的建立[候选]。

【解题思路】通过数据库设计器完成4个小题,添加和修改数据库中的数据表,建立表索引,数据库表的移去。

【操作步骤】

(1)步骤1:输入命令"MODIFY DATABASE 职工管理. dbc && 回车"。

用鼠标右键单击数据库设计器,选择"添加表"快捷菜单命令,系统弹出"打开"对话框,将考生文件夹下的"职称"自由表添加到数据库"职工管理"中(参考第15套简单操作题第1小题解析)。

(2)按照题目的要求,将数据库中的表"信息"移出,使之变为自由表,如图3.119所示。

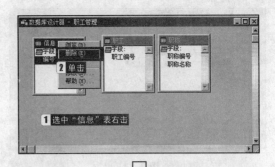

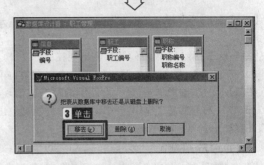

图 3.119

(3)按照题目的要求,从数据库中永久性地删除数据库表"职工",并将其从磁盘上删除,如图3.120所示。

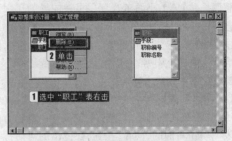

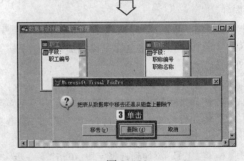

图 3.120

(4)按照题目的要求,为数据库中的表"职称"建立候选索引,索引名称和索引表达式均为"职称编号"如图3.121所示。

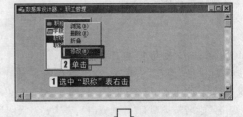

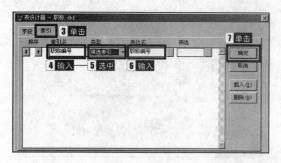

图 3.121

【易错提示】不要混淆了第2小题和第3小题,两者是有区别的。

【举一反三】第1小题中的题型也出现在:第59(1)、69(1)套的基础操作题;第2小题中的题型也出现在:第35(3)、40(3)套的基础操作题;第3小题中的题型也出现在:第27(3)、35(2)套的基础操作题;第4小题中的题型也出现在:第67(4)套的基础操作题。

二、简单应用题

【考点分析】本大题主要考查的知识点是:创建报表[向导]、索引的建立[主索引、普通索引]、表结构修改[设置字段有效性]。

【解题思路】第1小题考查利用报表向导创建报表的操作,注意题目要求的字段及要求显示的格式;第2小题添加索引及默认值时,应注意题目要求的索引类型;输入默认值时,要给默认值加上引号,否则系统视之为变量而不是字符串,在表设计器中完成上述操作。

(1)【操作步骤】

步骤1:按照题目的要求,选择[文件]→[新建]命令,选中"报表",单击右面的"向导"按钮,在弹出的对话框里选择"报表向导"。

步骤2:单击"数据库和表"右下面的按钮,双击考生文件夹下的"出勤情况"表;将全部字段添加到选择字段,单击"下一步"按钮。

步骤3:单击"下一步"按钮。

步骤4:选择报表样式为"帐务式",单击"下一步"按钮。

步骤5:将列数修改为"2",方向改为"横向",单击"下一步"按钮。

步骤6:将"工号"添加到选择字段,单击"下一步"按钮。

步骤7:报表标题不必修改,单击"完成"按钮。

步骤8:修改报表名称为report,保存在考生文件夹下。

(本题参考第15套基础操作题第3题解析)。

(2)【操作步骤】

步骤1:在命令窗口输入 USE 员工信息 && 回车,打开表。

MODIFY stru && 回车,打开表设计器。

步骤2:选择"索引"选项卡,在第一行输入索引名"工号",选择类型为"主索引",输入表达式为"工号"。在第二行输入索引名"姓名",类型为"普通索引",表达式为"姓名"。

步骤3:选择"字段"选项卡,选中字段"岗位",在"字段有效性"区域内的"默认值"文本框里输入""销售员""。单

击"确定"按钮,保存对表结构的修改。

(本小题可以参考第8套基础操作题的第2小题)

【易错提示】第1小题要按题目要求风格来设计报表,最后把新建的报表保存到考生文件夹中。第2小题中在设置"岗位"字段默认值时要加引号,因为该字段的类型是字符型。

【举一反三】第1小题中的题型也出现在:第43(1)、45(2)套的简单应用题;第2小题中的题型也出现在:第83(1)套的简单应用题。

三、综合应用题

【考点分析】本大题主要考查的知识点是:创建查询[查询设计器]、创建表单[表单设计器]、常用表单控件。

【解题思路】通过表格控件显示数据表记录。建立查询文件,需要注意的是在每个表中字段的选择,然后通过表格显示查询结果时,通过表格的 RecordSource 和 RecordSourceType 属性,来决定查询数据源及数据源类型。

【操作步骤】

步骤1:在命令窗口输入命令"CREATE QUERY chaxun && 新建查询",打开查询设计器。

步骤2:系统首先要求选择需要查询的表或视图,将自由表"项目信息"、"零件信息"和"使用零件"添加到查询设计器中,添加3个数据表文件后,系统自动查找每两个数据表中匹配的字段进行内部联接,如图3.122所示。

图 3.122

步骤3:在查询设计器中可以看到"字段"选项卡的"可用字段"列表框中包含了3个数据表中的字段,将"项目信息.项目号"、"项目信息.项目名"、"零件信息.零件名称"和"使用零件.数量"4个字段通过"添加"命令按钮,添加到右边的"选择字段"列表框中,如图3.123所示。

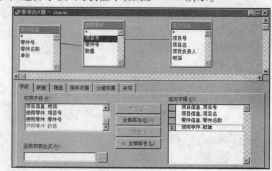

图 3.123

步骤4:接着在"排序依据"选项卡中,将"项目信息.项目号"字段添加到"排序条件"列表框中,选择排序方式为"升序",再将"零件信息.零件名称"字段添加到"排序条件"列表框中,选择排序方式为"降序"。保存查询设计,关闭查询设计器,如图3.124所示。查看运行结果,如图3.125所示。

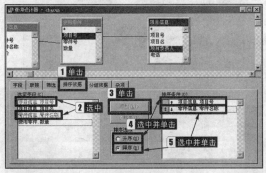

图 3.124

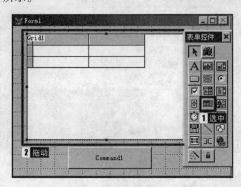

图 3.125

步骤5:在命令窗口中输入"CREATE FORM myform",新建表单,打开表单设计器。

步骤6:从"表单控件工具栏"中,选中表格控件,在表单设计器中拖动鼠标,这样在表单上得到一个表格控件 Grid1,用类似的方法为表单再加入一个命令按钮控件 command1,如图3.126所示。

步骤7:在属性面板中修改各个控件的相关属性值,修改表单 Form1 的 Name 属性值为"myform",命令按钮 Command1 的 Caption 属性值为"退出",表格 Grid1 的 RecordSourceType 属性值为"3 - 查询",RecordSource 属性值为" chaxun",如图3.127所示。

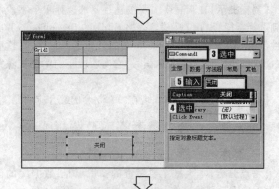

图 3.126

图 3.127

步骤8:双击命令按钮 command1(退出),编写它的 Click 事件代码为"ThisForm. Release"。

步骤9:最后,同时选中命令按钮与表格控件(按住【Shift】键不放),选择【格式】→【大小】→【调整到最宽】命令;再选择【格式】→【对齐】→【左边对齐】命令。

步骤10:运行表单,保存表单设计,如图3.128所示。

图 3.128

【易错提示】在步骤 3 中要按题目要求选择 4 个字段添加到选择字段,步骤 7 中设置表格 Grid1 的 RecordSourceType 属性值为"3 – 查询",RecordSource 属性值为"chaxun",这里的"chaxun"输入时不要加入引号,它实质就是前 4 个步骤完成的查询。

【举一反三】本题型也出现在:第 33 套的综合应用题。

第 17 套 参考答案及解析

一、基本操作题

【考点分析】本大题主要考查的知识点是:数据库的创建、数据库设计器的操作、索引的建立、建立表间关系。

【解题思路】首先通过命令方式建立数据库"xia",添加和修改数据库中的数据表可以通过数据库设计器来完成,建立表索引可以在数据表设计器中完成,对数据表进行连接在数据库设计器中完成。

【操作步骤】

(1)在命令窗口中输入命令 CREATE DATABASE xia && 回车,新建数据库"xia"。

通过 MODIFY DATABASE xia && 回车,打开数据库设计器

按照题目的要求,将自由表 com. dbf 和 bbs. dbf 添加到该数据库中,如图 3.129 所示。

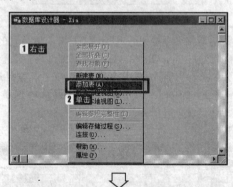

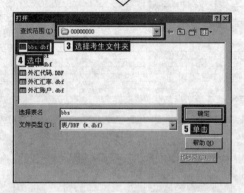

图 3.129

(2)按照题目的要求,为 com. dbf 表建立主索引,索引名称为"bc",索引表达式为"作者编号",如图 3.130 所示。

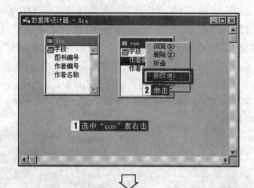

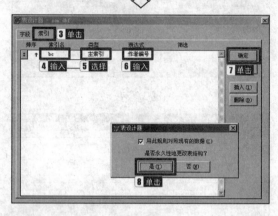

图 3.130

(3)按照题目的要求,为 bbs. dbf 表分别建立两个普通索引:其一,索引名称为"ma",索引表达式为"图书编号";其二,索引名和索引表达式均为"作者编号",如图 3.131 所示。

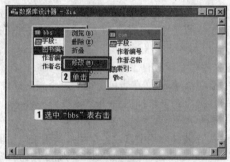

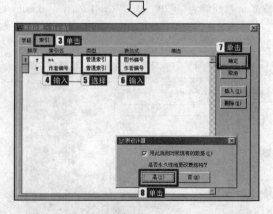

图 3.131

(4)在数据库设计器中,将 com 表中"索引"下面的 bc 主索引字段拖动到 bbs 表中"索引"下面的"作者编号"索引

字段上,建立两个表之间的永久性联系,如图3.132所示。

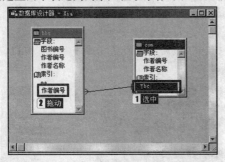

图 3.132

【易错提示】第2、3小题中建立索引时按题目要求填写索引名和表达式;第4小题建立表间联系时,拖动的是 com 表中"索引"下面的 bc,拖到 bbs 表中"索引"下面的"作者编号"位置。

【举一反三】第1小题中的题型也出现在:第61(1)套的基础操作题;第2小题中的题型也出现在:第42(3)、43(2)套的基础操作题;第3小题中的题型也出现在:第46(3)套的基础操作题;第4小题中的题型也出现在:第47(4)套的基础操作题。

二、简单应用题

【考点分析】本大题主要考查的知识点是:创建菜单[菜单设计器]、常用函数的使用、SQL 语句的使用、创建表单[向导]。

【解题思路】第1小题通过命令方式新建菜单;第2小题通过表单向导创建表单的操作。

(1)【操作步骤】

步骤1:在命令窗口中输入命令"CREATE MENU 菜单1 && 回车",创建菜单并打开菜单编辑器。

弹出新建对话框,单击"菜单"按钮,如图3.133所示。

图 3.133

步骤2:输入主菜单名"统计",类型为"子菜单",单击"创建"按钮进入子菜单设计界面,分别输入子菜单名"查询"、"平均"和"退出",类型都是"命令";在每个菜单命令行的文本框中分别输入命令,如图 3.134 所示。

* * * * * * "查询"子菜单命令 * * * * * * * *

SELECT * FROM 订单 ORDER BY 供应商号

* *

* * * * * * * "平均"子菜单命令 * * * * * * * *

SELECT 供应商号,AVG(总金额) FROM 订单 GROUP BY 供应商号

* *

* * * * * * * * "退出"子菜单命令 * * * * * * * *

SET SYSMENU TO DEFAULT

* *

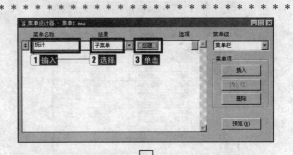

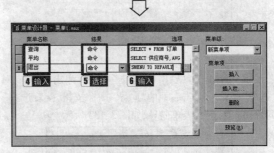

图 3.134

步骤3:保存后,选择"菜单"→"生成"命令,生成一个可执行的菜单文件,如图3.135所示。

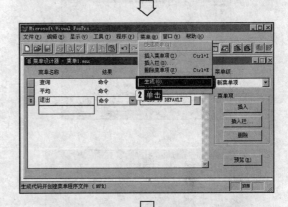

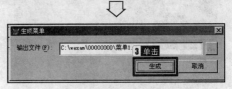

图 3.135

步骤4：在命令窗口中输入命令"DO 菜单 1. mpr && 回车"，运行菜单，结果如图 3.136 所示。

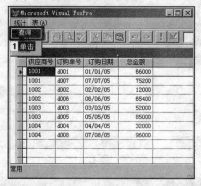

图 3.136

(2)【操作步骤】

步骤1：单击工具栏中的"新建"按钮，弹出"新建"对话框，选中"表单"，单击右面的"向导"图标按钮，接着选择"表单向导"选项，进入表单向导，如图 3.137 所示。

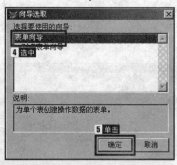

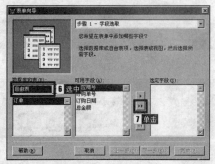

图 3.137

步骤2：选择"订单"表的全部字段添加到右边的"选择字段"，单击"下一步"按钮，如图 3.138 所示。

步骤3：选择表单样式为"边框式"；按钮类型选择"定制"，选择"滚动网格"，单击"下一步"按钮，如图 3.139 所示。

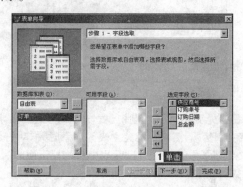

图 3.138

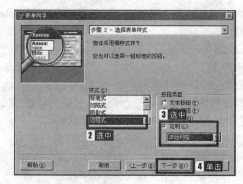

图 3.139

步骤4：选中"总金额"字段，单击"添加"按钮，选择"升序"按钮，单击"下一步"按钮，如图 3.140 所示。

步骤5：修改表单标题为"订购信息浏览"，单击"完成"按钮，如图 3.141 所示。

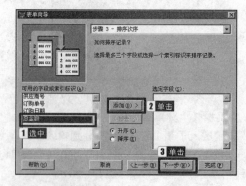

图 3.140

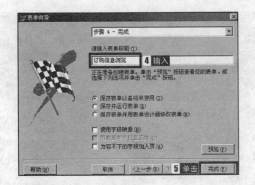

图 3.141

步骤6：输入表单名 subscribe，将其保存在考生文件夹下，如图 3.142 所示。

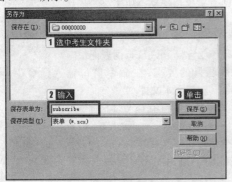

图 3.142

步骤7：在命令窗口输入"DO FORM subscribe.scx"＆＆运行表单，结果如图 3.143 所示。

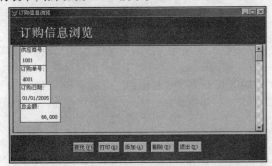

图 3.143

【易错提示】注意区别子菜单和命令菜单，要仔细检查使用的 SQL 语句，注意题目要求显示的字段及要求表单显示的风格。

【举一反三】第1小题中的题型也出现在：第 98(1) 套的简单应用题；第2小题中的题型也出现在：第 77(2) 套的简单应用题。

三、综合应用题

【考点分析】本大题主要考查的知识点是：创建程序、常用函数的使用、SQL 语句的使用。

【解题思路】利用程序存取数据库数据的操作。用到了取子串函数 SUBS()，此函数第二个参数表示位置，第三个参数表示长度。

【操作步骤】

步骤1：在命令窗口中输入命令"MODIFY DATABASE

学生管理"＆＆ 打开数据库设计器。

步骤2：按照题目的要求，为表"宿舍"增加一个字段"楼层"，字段类型为"字符型"，宽度为2，如图 3.144 所示。

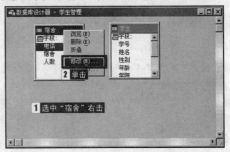

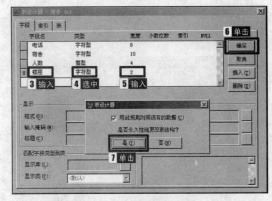

图 3.144

步骤3：在命令窗口输入命令"MODIFY COMMAND myprog"，然后在程序编辑窗口中输入如下命令。

```
＊＊＊＊＊＊文件myprog.prg中的程序段＊＊＊＊＊＊
UPDATE 宿舍 SET 楼层 ＝ SUBS(宿舍,1,1)
SELECT 宿舍.楼层,学生.学号,学生.姓名;
    FROM 宿舍 INNER JOIN 学生;
    ON 宿舍.宿舍 ＝学生.宿舍;
    ORDER BY 宿舍.楼层,学生.学号;
    INTO TABLE mytable
＊＊＊＊＊＊＊＊＊＊＊＊＊＊＊＊＊＊＊＊＊＊
```

步骤4：单击工具栏"保存"按钮，在命令窗口输入命令"DO myprog.prg"，运行程序。然后输入命令"BROWSE"，结果如图 3.145 所示。

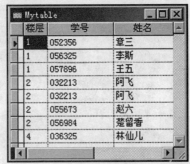

图 3.145

【易错提示】步骤2中添加一个字段"楼层"，不要忘记设置字段类型、长度，步骤3中的程序尤为重要，针对 SQL 语句的正确书写,注意它们之间是有空格的,不要连接起来,否则程序将无法运行。

【举一反三】本题型也出现在:第88套的综合应用题。

第18套 参考答案及解析

一、基本操作题

【考点分析】本大题主要考查的知识点是:数据库设计器的基本操作及SQL语句的应用。

【解题思路】本大题考查的是有关表和表中数据的基本操作。

【操作步骤】

(1) 在命令窗口中输入命令"MODIFY DATABASE 数据库1",并按回车。

按照题目的要求,将考生文件夹下的自由表"纺织品"添加到数据库"数据库1"中,如图3.146所示。

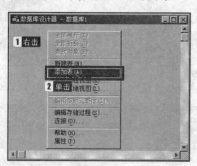

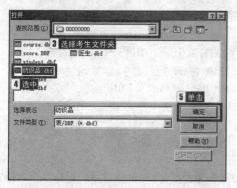

图 3.146

(2) 按照题目的要求,将表"纺织品"的字段"进货价格"从表中删除,如图3.147所示。

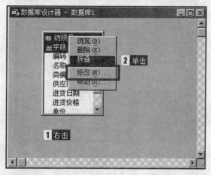

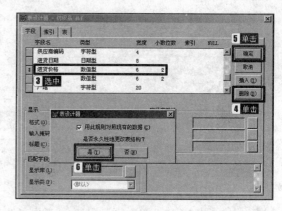

图 3.147

(3) 在命令窗口输入命令"UPDATE 纺织品 SET 单价 = 单价 * 1.1",修改"纺织品"表中的记录。

(4) 在命令窗口输入命令"SELECT * FROM 纺织品 WHERE 产地 = "广东"",查询表记录。

按照题目的要求,在命令窗口输入命令"modify file mysql. txt",新建文本文件。

在文件编辑窗口中输入如下命令语句。

```
* * * * * * * mysql. txt * * * * * * * * * * *
UPDATE 纺织品 SET 单价 = 单价 * 1.1
SELECT * FROM 纺织品 WHERE 产地 = "广东"
* * * * * * * * * * * * * * * * * * * * * * * * *
```

单击工具栏中的"保存"按钮,将 mysql 保存在考生文件夹下。

【易错提示】注意第4小题格式一定要正确,不要漏掉了"*",它表示全部记录,字符串""广东""一定要加上引号,并且是英文输入状态下输入的引号。

【举一反三】第1小题中的题型也出现在:第71(1)、73(1)套的基础操作题;第2小题中的题型也出现在:第80(4)套的基础操作题;第3小题中的题型也出现在:第59(4)套的基础操作题;第4小题中的题型也出现在:第53(1)套的基础操作题。

二、简单应用题

【考点分析】本大题主要考查的知识点是:SQL语句的应用、创建菜单[快捷菜单]、表单控件的属性、方法。

【解题思路】第1小题利用SQL的简单连接查询;第2小题创建快捷菜单,快捷菜单只有弹出式菜单,一般在单击鼠标右键事件中调用,在调用菜单时,同样需要使用菜单扩展名.mpr。

(1)【操作步骤】

步骤1:在命令窗口输入命令"MODIFY COMMAND query1",并按回车键。

在程序文件编辑器窗口中输入如下程序段。

```
* * * * * * * query1. prg文件的程序段 * * * * * *
SELECT 供应.供应商号, 供应.工程号, 供应.数量;
  FROM 供应零件! 零件 INNER JOIN 供应零件! 供应;
  ON 零件.零件号 = 供应.零件号;
  WHERE 零件.颜色 = "红";
  ORDER BY 供应.数量 DESC;
```

INTO TABLE sup_temp. dbf

* *

步骤2:单击工具栏中的"保存"按钮后,在命令窗口执行命令"DO query1",运行程序。

程序将查询结果自动保存到新表sup_temp中,可以在命令窗口输入"BROWSE"命令并按回车键,查看新表sup_temp的记录,如图3.148所示。

图 3.148

(2)【操作步骤】

步骤1:在命令窗口输入命令"CREATE MENU m_quick"回车键,新建菜单。

系统弹出"新建"对话框,在对话框中单击"快捷菜单"图标按钮,进入菜单设计器环境。根据题目要求,首先输入两个主菜单名称"查询"和"修改",在"结果"下拉列表中选择"命令"或"过程",如图3.149所示。选择【菜单】→【生成】命令,生成一个菜单执行文件,如图3.150所示。

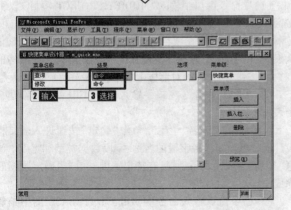

图 3.149

图 3.150

步骤2:在命令窗口输入命令"MODIFY FORM myform"打开表单设计器。

双击表单打开事件编辑窗口,在过程下拉列表框中选择RightClick事件,在事件中编写调用快捷菜单的程序代码"Do m_quick. mpr",保存表单修改,运行表单,如图3.151所示。

图 3.151

【易错提示】第1小题注意两个表之间用来连接的字段，第2小题要区分快捷菜单和普通菜单，在前面的学习中用到的菜单设计都是普通菜单设计，本书仅有这一小题涉及快捷菜单的设计。

【举一反三】第1小题中的题型也出现在：第66(1)套的简单应用题。

三、综合应用题

【考点分析】本大题主要考查的知识点是：通过表单设计器创建表单、常用表单控件的使用、SQL语句的使用。

【解题思路】在程序设计部分，可将查询结果存放到一个数组中，然后通过文本框的 Value 属性显示查询结果。

【操作步骤】

步骤1：在命令窗口中输入命令"CREATE FORM mystock"，并按回车键。

步骤2：通过表单控件工具栏，为表单添加两个文本框（Text1 和 Text2）和两个命令按钮（Command1 和 Command2），在属性面板中，首先修改表单（Form1）的 Caption 属性值为"股票持有情况"，修改 Name 属性值为"mystock"，然后选中命令按钮（Command1），修改 Caption 属性值为"查询"，最后修改第二个命令按钮（Command2）的 Caption 属性值为"退出"，如图3.152所示。

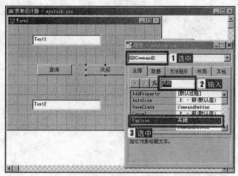

图 3.152

步骤3：双击表单中的第一个命令按钮（查询），在其 Click 事件中编写如下程序段：如图3.153所示。

＊＊命令按钮Command1（查询）的Click事件代码如下＊＊
SELECT stock_sl. 持有数量；
FROM stock_Name INNER JOIN stock! stock_sl；
ON stock_Name. 股票代码 = stock_sl. 股票代码；
WHERE stock_Name. 汉语拼音 = ALLTRIM（ThisForm. Text1. Value）；
INTO ARRAY TEMP
dimension TEMP[1]
if empty（TEMP）= .F.
THISFORM. TEXT2. VALUE = TEMP
ELSE
THISFORM. TEXT2. VALUE = ""
ENDIF

＊＊＊＊＊＊＊＊＊＊＊＊＊＊＊＊＊＊＊＊＊＊＊＊＊

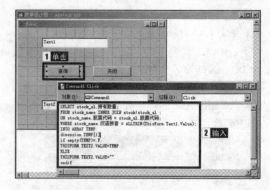

图 3.153

步骤4：同样在第二个命令按钮 command2（退出）的 Click 事件中，输入代码"ThisForm. Release"释放表单，最后单击工具栏中的"保存"按钮。

在命令窗口输入"DO FORM mystock"并按回车键，运行表单，结果如图3.154所示。

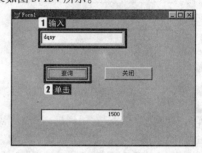

图 3.154

【易错提示】步骤3中用 SQL 连结查询时要正确使用关键字，其中的 ARRAY 是数组。

【举一反三】本题型也出现在：第74套的综合应用题。

第19套　参考答案及解析

一、基本操作题

【考点分析】本大题主要考查的知识点是：移去数据库、建立自由表和添加（删除）表的基本操作。

【解题思路】建表时字段的宽度是容易出错的地方，一定要留心。要区分"移去"一个表和"删除"一个表。

【操作步骤】

(1)在命令窗口中输入"MODIFY PROJECT 项目1"，并按回车键，打开项目管理器。

按照题目要求，在项目管理器中选择"数据"选项卡，依次展开"图书管理"数据库文件并选中该数据库，单击右边的"移去"按钮，在弹出的对话框中单击"移去"命令按钮。

(2)步骤1：在命令窗口中输入命令"CREATE"，新建自由表。

步骤2：输入表名"学生"，单击"确定"按钮进入表结构设计器。依次输入各字段的名称、字段数据类型和宽度。注意"补助"字段是货币型，具有特定宽度。单击"确定"按钮，完成设置。

(3)命令窗口输入命令 MODIFY DATABASE 图书馆管理，打开数据库设计器。

按照题目要求，在数据库设计器窗体的空白处单击鼠标右键,在弹出的快捷菜单中选择"添加表"命令,随即弹出对话框,在该对话框中选择"考生文件夹"下的"学生"自由表,并单击"确定"按钮即可。

(4)按照题目要求,打开"图书管理"数据库设计器,在"借阅清单"上单击鼠标右键,在弹出的快捷菜单中选择"删除"命令,在弹出的对话框中选择"删除"按钮即可。

【易错提示】第1题中只是移去数据库"图书馆管理",而不是从磁盘上删除;第2小题中,注意创建自由表与创建数据库表的不同;第4小题中是彻底删除数据库"图书馆管理"中的数据库表"借阅清单"。

【举一反三】第2小题中的题型也出现在:第94(1)套的基础操作题;第3小题中的题型也出现在:第61(4)套的基础操作题;第4小题中的题型也出现在:第44(1)、58(3)套的基础操作题。

二、简单应用题

【考点分析】本大题主要考查的知识点是:SQL联接查询、创建表单[向导]。

【解题思路】第1小题的设计过程中主要注意两个表之间进行关联的字段;第2小题考查的是根据表单向导生成表单内容。考生应该区分数据源为一个表或多个表时所使用的表单向导。

(1)【操作步骤】

步骤1:在命令窗口中输入命令"MODIFY COMMAND query1",并按回车键。

步骤2:在程序文件编辑器窗口输入如下程序段。

﹡﹡﹡﹡﹡文件query1.prg中的程序段﹡﹡﹡﹡﹡

```
SELECT student.学号,姓名,课程名称,成绩;
    FROM kech,sc,student;
    WHERE student.学号 = sc.学号 and sc.课程号 =
kech.课程号;
    ORDER BY 课程名称 ASC ,成绩 DESC;
    INTO TABLE chengji
```

﹡﹡﹡﹡﹡﹡﹡﹡﹡﹡﹡﹡﹡﹡﹡﹡﹡﹡﹡﹡

步骤3:在工具栏中单击"保存"按钮,保存程序,

在命令窗口输入命令"DO query1"并按回车键,运行程序。

在命令窗口输入命令"BROWSE"并按回车键,查看结果。

(2)【操作步骤】

步骤1:按照题目的要求,在工具栏中选择"新建"命令,然后在弹出的窗体中选中"表单"单击"向导"按钮,在弹出的"向导提取"对话框中选择"表单向导"并单击"确定"按钮。

步骤2:在弹出的对话框中"数据库和表"选项选择"学校"数据库中的"成绩"表,并把全部的"可用字段"选为"选择字段"。

步骤3:单击"下一步"按钮,表单样式选择为"凹陷式",按钮类型选择"文本按钮"。

步骤4:单击"下一步"按钮,在"排序次序"中选择"学号",并选择升序排序。

步骤5:单击"下一步"按钮,把表单标题改为"成绩数据维护",可以在单击"完成"按钮之前单击"预览"按钮来预览生成的表单,最后单击"完成"按钮。

步骤6:以 fenshu 为文件名将其保存在考生文件夹里。

【易错提示】第1小题步骤2中采用SQL连接查询,注意ORDERY BY 和GORUP BY 的区分使用,区分ASC(升)和DESC(降)。

【举一反三】第1小题中的题型也出现在:第76(1)套的简单应用题;第2小题中的题型也出现在:第81(1)套的简单应用题。

三、综合应用题

【考点分析】本大题主要考查的知识点是:创建菜单[菜单设计器]、SQL语句的使用。

【解题思路】通过菜单设计器设计菜单,主要注意"结果"下拉列表框中的选项选择即可,用于编写程序段的菜单命令应该选择"过程",在菜单命令的设计过程中考查的是SQL基本查询语句,其中注意查询结果的排序字段及结果输出语句即可。

【操作步骤】

步骤1:在命令窗口输入命令"CREATE MENU staff_menu",并按回车键,新建菜单,系统弹出"新建菜单"对话框,在对话框中单击"菜单"图形按钮,进入菜单设计器环境。根据题目要求,首先输入两个主菜单名称"计算"和"退出",接着在"计算"菜单行的"结果"下拉列表框中选择"过程"选项(用于编写程序),在"退出"菜单行的"结果"下拉列表框中选择"命令"选项。

步骤2:单击"计算"菜单行中的"编辑"按钮,进入程序设计的编辑窗口,在命令窗口中输入如下程序段。

﹡﹡﹡﹡﹡﹡"计算"菜单命令的程序设计﹡﹡﹡﹡﹡﹡

```
SET TALK OFF
SET SAFETY OFF
OPEN DATABASE staff_10
SELECT 每天加班费 FROM zhiban WHERE 值班时间
="昼" INTO ARRAY zhou
SELECT 每天加班费 FROM zhiban WHERE 值班时间
="夜" INTO ARRAY ye
UPDATE yuangong SET 加班费 = 夜值班天数 * ye + 昼值
班天数 * zhou
SELECT 职工编码,姓名,加班费 FROM yuangong OR-
DER BY 加班费 DESC,职工编码;
INTO TABLE staff_d
CLOSE ALL
SET SAFETY ON
SET TALK ON
```

﹡﹡﹡﹡﹡﹡﹡﹡﹡﹡﹡﹡﹡﹡﹡﹡﹡﹡﹡﹡﹡

步骤3:在"退出"菜单项的"命令"文本框中编写程序代码"SET SYSMENU TO DEFAULT",退出程序。

选择[菜单]→[生成]命令,单击弹出窗体的"生成"按钮,生成一个可执行菜单文件"staff_menu. mpr"。关闭设计窗口,在命令窗口输入命令"DO staff_menu. mpr"运行菜单。

第20套 参考答案及解析

一、基本操作题

【考点分析】本大题主要考查的知识点是:将数据库添加到项目中、删除和移出数据库表、索引的建立[主索引]。

【解题思路】在数据库设计器中一些数据库的基本操作,包括添加数据库,删除和移出数据库表,第(4)题还考察了在表中建立索引的方法,应当注意索引的属性,即是否是主索引。

【操作步骤】

(1)在命令窗口输入命令"MODIFY PROJECT 项目1.pjx",并按回车键。

按照题目要求,在项目管理器中选择"数据"选项卡中的"数据库"选项,单击"添加"按钮,在弹出的对话框中选择"考生文件夹"下的"医院管理.dbc"文件,最后单击"确定"按钮即可。

(2)按照题目要求,在项目管理器中选择"数据"选项卡,依次展开"处方"表并选中该表,单击右边的"移去"按钮,在弹出的对话框中单击"删除"按钮。

(3)按照题目要求,在项目管理器中选择"数据"选项卡,依次展开"医生"表并选中该表,单击右边的"移去"按钮,在弹出的对话框中单击"移去"按钮。

(4)按照题目要求,在项目管理器中选择"数据"选项卡,依次展开"药"表并选中该表,单击右边的"修改"按钮,在弹出的对话框的表设计器窗体中选择"索引"选项卡建立主索引,索引名称为"ybh",索引表达式为"药编号",单击"确定"按钮即可。

【易错提示】第2、3小题一定要注意删除和移出的区别,不能混淆。

【举一反三】第1小题中的题型也出现在:第83(1)套的基础操作题;第2小题中的题型也出现在:第74(2)套的基础操作题;第3小题中的题型也出现在:第42(1)套的基础操作题;第4小题中的题型也出现在:第45(4)套的基础操作题。

二、简单应用题

【考点分析】本大题主要考查的知识点是:创建表单[表单设计器]、常用表单控件。

【解题思路】第1小题通过对表单控件计时器的使用,该控件最重要的一个属性就是 Interval 属性,该属性值的大小,决定表单中变化速度的快慢,为0时,停止动画。第2小题主要考查的是表单背景颜色的设置。

(1)【操作步骤】

步骤1:在命令窗口输入命令"CREATE FORM my"并回车。

步骤2:单击"表单控件"窗口中的"标签"控件,在表单上放置一个标签控件,将其 FontSize 属性值改为20,调整标签的大小,将其 Alignment 属性值改为"2-中央",将其 ForeColor 属性值改为"255,0,0",将其 BackStyle 属性值改为"0-透明"。

步骤3:单击"表单控件"窗口中的"计时器"控件,在表单上放置一个计时器控件,修改其"Interval"属性值为1000(Interval 属性值1000表示1秒)。

步骤4:双击"计时器"控件,在其 Timer 事件中输入以下代码:

```
* * * * *计时器控件的Timer事件代码* * * * *
     Thisform. Label1. Caption = Time( )
* * * * * * * * * * * * * * * * * * * * * * *
```

步骤5:保存表单设计并运行。

(2)【操作步骤】

步骤1:在命令窗口输入命令"MODIFY FORM my",并按回车键。

步骤2:在属性窗口中(注意当前操作对象是"表单form1")修改其 Name 属性值为my,修改其 Caption 属性值为"变色时钟"。

步骤3:单击"表单控件"工具栏中的"命令按钮"控件,在表单上放置3个命令按钮控件,将它们的 Caption 属性值分别改为"蓝色"(Command1)、"绿色"(Command2)和"退出"(Command3)。

步骤4:双击各个命令按钮,在其 Click 事件中输入以下代码。

```
* * *命令按钮Command1(蓝色)的Click事件代码* * *
     Thisform. BackColor = rgb(0,0,255)
* * * * * * * * * * * * * * * * * * * * * * * *
* * *命令按钮Command2(绿色)的Click事件代码* * *
     Thisform. BackColor = rgb(0,255,0)
* * * * * * * * * * * * * * * * * * * * * * * *
* * *命令按钮Command3(退出)的Click事件代码* * *
     Thisform. Release
* * * * * * * * * * * * * * * * * * * * * * * *
```

步骤5:在命令窗口输入命令"DO FORM my"。

【易错提示】记得修改其"Interval"属性值为1000(Interval 属性值1000表示1秒),否则时间就不动。

【举一反三】本大题的题型也出现在:第100套的简单应用题。

三、综合应用题

【考点分析】本大题主要考查的知识点是:创建视图、创建报表[向导]、创建表单[表单设计器]、SQL 语句的使用。

【解题思路】第1小题直接由 SQL 命令定义视图,要注意的是在定义视图之前,首先应该打开相应的数据库文件,因为视图文件保存在数据库中,在磁盘上找不到该文件,报表向导的设计只需注意每个向导界面需要完成的操作即可;第2小题的表单设计注意控件属性的修改和事件的编写即可,该表单的设计为一些基本操作。

【操作步骤】

(1)步骤1:在命令窗口输入命令 MODIFY COMMAND t1 打开程序文件编辑窗口,输入如下程序段:

```
* * * * * * *t1. prg文件的程序段* * * * * * * *
OPEN DATABASE sdb
CREATE VIEW sview AS;
    SELECT sc.学号,姓名,AVG(成绩)AS 平均成绩,MIN
```

（成绩）AS 最低分,；
  COUNT（课程号）AS 选课数；
  FROM sc,student；
  WHERE sc. 学号 = student. 学号；
  GROUP BY student. 学号；
  HAVING COUNT（课程号）>3；
  ORDER BY 平均成绩 DESC
＊＊＊＊＊＊＊＊＊＊＊＊＊＊＊＊＊＊＊

步骤 2：在命令窗口执行命令 DO t1 && 执行程序。

步骤 3：在工具栏中单击"新建"图标按钮,在对话框中选择"报表"选项,单击"向导"图标按钮,在"向导选择"对话框中选择"报表向导",单击"确定"按钮进入报表向导设计界面。根据题意,选中视图文件 sview,单击选项卡中的"全部添加"按钮,将"可用字段"列表框中的所有字段全部添加到"选择字段"列表框中。继续单击"下一步"按钮,依次在"选择报表样式"向导界面的"样式"列表框中选择"随意式",在"排序记录"向导界面中添加"学号"字段到"选择字段"列表框中,在"完成"界面中输入报表标题"学生成绩统计一览表",单击"完成"按钮,将报表以"pstudent"名保存在考生文件夹下（本部分可以参考第 6 套基础操作第 2 小题）。

（2）【操作步骤】

步骤 1：在命令窗口输入命令"CREATE FORM form2",并按回车键。

打开表单设计器,根据题意,通过"表单控件"工具栏,在表单中添加两个命令按钮,在属性面板中,分别修改两个命

令按钮的 Caption 属性值为"浏览"和"打印",如图 3.155 所示。

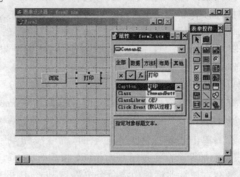

图 3.155

步骤 2：双击"浏览"（Command1）命令按钮,进入事件编辑窗口,在 Click 事件中编写如下代码。

＊＊＊＊"浏览"命令按钮的 Click 事件代码＊＊＊＊
OPEN DATABASE sdb
SELECT ＊ FROM sview
＊＊＊＊＊＊＊＊＊＊＊＊＊＊＊＊＊＊＊＊

步骤 3：以同样的方法为"打印"命令按钮编写 Click 事件代码。

＊＊＊＊"打印"命令按钮的 Click 事件代码＊＊＊＊
REPORT FORM pstudent.frx PREVIEW
＊＊＊＊＊＊＊＊＊＊＊＊＊＊＊＊＊＊＊＊

【举一反三】本题型也出现在：第 51 套的综合应用题。

3.2 达 标 篇

第 21 套 参考答案及解析

一、基本操作题

【解题思路】本大题主要考查的是数据库和数据表之间的联系,以及字段索引的建立。新建数据库可以通过菜单命令、工具栏按钮或直接输入命令来建立,添加或修改数据库表及建立表之间的联系可以通过数据库设计器来完成,建立表索引可以在数据表设计器中完成。

【操作步骤】

（1）在命令窗口输入命令"MODIFY DATABASE ks4",新建一个数据库。

（2）用鼠标右键单击数据库设计器,选择"添加表"快捷菜单命令,系统弹出"打开"对话框,将考生文件夹下的 stud、cour 和 scor3 个自由表分别添加到数据库 ks4 中。

（3）在数据库设计器中,用鼠标右键单击数据库表 stud.dbf,选择"修改"快捷菜单命令,进入 stud. dbf 的数据表设计器界面,在"字段"选项卡中为"学号"字段选择一个索引排序,然后选择"索引"选项卡,此处字段索引名默认为"学号",在"索引"下拉列表框中选择索引类型为"主索引"。根据题意,以同样的方法为数据表 cour 和 scor 建立相应的索引。

（4）在数据库设计器中,将 stud 表中"索引"下面的"学号"主索引字段拖到 scor 表中"索引"下面的"学号"索引字段上,建立 stud 和 scor 两表之间的联系,以同样的方法建立 cour 和 scor 两表间的联系,关联字段为"课程编号",这样就建立了 3 个表之间的联系。

二、简单应用题

【解题思路】本大题 1 小题考查的是多表查询文件的建立及查询去向。在设置查询去向时,应该注意表的选择；2 小题考查的主要是表单中一些基本控件的建立及属性的设置,属性设置可直接在属性面板中修改。

（1）【操作步骤】

步骤 1：直接在命令窗口输入命令"CREATE QUERY query2",打开查询设计器,新建一个查询。

步骤 2：在查询设计器中,分别将 txl 和 jsh 两个数据表文件添加到查询设计器中,系统自动查找两个数据表中匹配的字段进行内部联接,单击"确定"按钮。

步骤 3：在查询设计器中的"字段"选项卡中,将"可用字段"列表框中的"jsh. 姓名"、"jsh. 职称"和"txl. 电话"3 个字段添加到右边的"选择字段"列表框中。

步骤 4：在"筛选"选项卡的"字段名"下拉列表框中选择"txl. 单位"字段,在"条件"下拉列表框中选择" =",在"实

例"文本框中输入"南京大学"。

步骤5:选择【查询】→【查询去向】命令,系统弹出"查询去向"对话框,单击"表"按钮,在"表名"文本框中输入表名query2,单击"确定"按钮。

步骤6:选择【查询】→【运行查询】命令,查询结果将自动保存到 query2 数据表中。

(2)【操作步骤】

步骤1:在命令窗口输入命令 CREATE FORM enterf,打开表单设计器。

步骤2:单击表单控件工具栏上的"命令按钮"控件图标,为表单添加两个命令按钮 Command1 和 Command2。

步骤3:在属性对话框中将命令按钮 Command1 的 Name 属性值修改为 cmdin,将 Caption 属性值修改为"进入",以同样的方法,将第二个命令按钮(Command2)的 Name 属性值修改为 cmdout,将其 Caption 属性值修改为"退出"。保存表单设计,关闭表单设计器。

三、综合应用题

【解题思路】本大题考查的主要是利用 SQL 的嵌套查询来完成两个数据表之间的记录查找,此处应注意运算符 IN 和 NOT IN 的使用;在菜单的设计过程中主要是注意两个菜单命令在"结果"下拉列表框中应选择的类型。

【操作步骤】

步骤1:在命令窗口中输入命令"CREATE MENU zg3",系统弹出"新建菜单"对话框,在对话框中单击"菜单"按钮,进入菜单设计器环境。

步骤2:根据题目要求,首先输入两个主菜单名称"统计"和"退出",接着在"统计"菜单行的"结果"下拉列表框中选择"过程"选项(用于编写程序),在"退出"菜单行的"结果"下拉列表框中选择"命令"选项。

步骤3:单击"统计"菜单行中的"编辑"按钮,进入程序设计的编辑窗口,在命令窗口中输入如下程序段。
* * * * * * * * * * * *"统计"菜单命令的程序设计 * *

```
SET TALK OFF
SET SAFETY OFF
OPEN DATABASE ck3. dbc
USE ck
SELECT * FROM ck WHERE 仓库号 NOT IN
(SELECT 仓库号 FROM zg WHERE 工资 < =1220);
AND 仓库号 IN (SELECT 仓库号 FROM zg)
ORDER BY 面积;
INTO TABLE wh1. dbf
CLOSE ALL
SET SAFETY ON
SET TALK ON
```

* *

步骤4:在"退出"菜单项的"命令"文本框中编写程序代码"SET SYSMENU TO DEFAULT"。

步骤5:选择【菜单】→【生成】命令,生成一个菜单文件 zg3. mpr。关闭设计窗口,在命令窗口输入命令"DO zg3. mpr",看到 Visual FoxPro 的菜单栏被新建的菜单所代替,单

击"退出"命令将恢复系统菜单。

步骤6:执行"统计"菜单命令后,系统自动生成新数据表文件 wh1. dbf 用来保存查询结果。

第22套　参考答案及解析

一、基本操作题

【解题思路】本大题主要考查的是数据库和数据表之间的联系,以及字段索引的建立。新建数据库可以通过菜单命令、工具栏按钮或直接输入命令来建立,添加、新建或修改数据库中的数据表可以通过数据库设计器来完成,建立表索引可以在数据表设计器中完成。

【操作步骤】

(1)在命令窗口输入命令"MODIFY DATABASE ks7",新建数据库,用鼠标右键单击数据库设计器,在弹出的快捷菜单中选择"添加表"命令,将考生文件夹下的 scor. dbf 自由表添加到数据库 ks7 中。

(2)在数据库设计器中单击鼠标右键,在弹出的快捷菜单中选择"新建表"命令,以 stud 为文件名保存在考生文件夹下。根据题意,在表设计器的"字段"选项卡中,依次输入每个字段的字段名、类型和宽度。

(3)在数据库设计器中,用鼠标右键单击数据库表 stud. dbf,在弹出的快捷菜单中选择"修改"命令,进入 stud. dbf 表设计器,在"字段"选项卡中为"学号"字段选择一个索引排序,然后选择"索引"选项卡,在此选项卡中,系统已建立默认的索引名"学号",将"索引"下拉列表框中的索引类型改为"主索引"。以同样的方法为 scor 表建立普通索引。

(4)在数据库设计器中,将 stud 表中"索引"下面的"学号"主索引字段拖动到 scor 表中"索引"下面的"学号"索引字段上,建立 stud 和 scor 两个表之间的永久性联系。

二、简单应用题

【解题思路】本大题1小题考查的是利用 SQL 语句进行多表查询及查询输出,程序设计中应注意数据表之间的关联及查询结果的分组排序;2小题主要考查报表向导的使用,只要根据每个向导界面的提示来完成相应的步骤即可。

(1)【操作步骤】

步骤1:在命令窗口输入命令"MODIFY COMMAND query",打开程序文件编辑器。

步骤2:在程序文件编辑窗口中输入如下程序段。
* * * * * 程序文件 query. prg 程序内容 * * * * * *

```
SELECT student. * , score. 课程号 , course. 课程名;
FROM stsc! student INNER JOIN stsc! score;
INNER JOIN stsc! course ;
  ON score. 课程号 = course. 课程号;
  ON student. 学号 = score. 学号;
WHERE AT("网络工程", course. 课程名) > 0;
ORDER BY student. 学号 DESC;
INTO TABLE netp. dbf
```

* *

步骤3:保存程序文件,在命令窗口输入命令"DO query",完成查询。

(2)【操作步骤】

请按以下步骤完成。

步骤1:选择【文件】→【新建】命令,或从常用工具栏中单击新建按钮,在弹出的"新建"对话框中选择"报表"选项。

步骤2:单击"向导"按钮,系统弹出"向导选择"对话框,在列表框中选择"一对多报表向导",单击"确定"按钮。

步骤3:选择"一对多报表向导"后,系统首先要求选择一对多报表中作为父表的数据表文件。根据题意,选择student表作为父表,从"可用字段"列表框中将"姓名"和"学号"字段添加到右边的"选择字段"列表框中,作为父表的可用字段。

步骤4:单击"下一步"按钮设计子表的可用字段,操作方法与父表选择字段的方法一样,将score表中的"课程号"和"成绩"字段添加到"选择字段"列表框中。

步骤5:单击"下一步"按钮进入"建立表关联"的设计界面,在此处系统已经默认设置好进行关联的字段:父表的"学号"和子表的"学号"字段。

步骤6:单击"下一步"按钮进入"选择排序方式"的设计界面,将"可用字段或索引标识"列表框中的"学号"字段添加到右边的"选择字段"列表框中,并选择"升序"单选项。

步骤7:单击"下一步"按钮进入"选择报表样式"的界面,在"样式"列表框中选择"简报式",在"方向"选项组中选择"纵向"。

步骤8:单击"下一步",按钮进入最后的"完成"设计界面,在"标题"文本框中输入"学生成绩表",为报表添加标题。单击"完成"命令按钮,在系统弹出的"另存为"对话框中,将报表命名为cjb,并保存在考生文件夹下,退出报表设计向导。

三、综合应用题

【解题思路】本大题考查的主要是利用SQL的嵌套查询来完成多个数据表之间的记录查找,此处应注意运算符IN的使用,以及排序短语ORDER BY的使用;在菜单的设计过程中主要是注意两个菜单命令在"结果"下拉列表框中应选择的类型。

【操作步骤】

步骤1:在命令窗口输入命令"CREATE MENU cx3",系统弹出"新建菜单"对话框,在对话框中单击"菜单"按钮,进入菜单设计器环境。

步骤2:根据题目要求,首先输入两个主菜单名称"查询"和"退出",接着在"查询"菜单行的"结果"下拉列表框中选择"过程"选项(用于编写程序),在"退出"菜单行的"结果"下拉列表框中选择"命令"选项。

步骤3:单击"查询"菜单行中的"创建"按钮,进入程序设计的编辑窗口,输入如下程序段。

```
* * * * *"查询"菜单命令的程序设计 * * * * *
    SET TALK OFF
    SET SAFETY OFF
    SELECT * FROM dgd;
    WHERE 职工号 IN (SELECT 职工号 FROM zg
WHERE 工资 >1230);
    AND 供应商号 IN (SELECT 供应商号 FROM gys
WHERE 地址 = "北京");
    ORDER BY 总金额 DESC;
    INTO TABLE order
    SET SAFETY ON
    SET TALK ON
* * * * * * * * * * * * * * * * * * * * * * * * * * *
```

步骤4:在"退出"菜单项的"命令"文本框中编写程序代码"SET SYSMENU TO DEFAULT"。

步骤5:选择【菜单】→【生成】命令,生成一个菜单文件cx3.mpr。关闭设计窗口,在命令窗口输入命令"DO cx3.mpr",看到Visual FoxPro的菜单栏被新建的菜单所代替,单击"退出",命令将恢复系统菜单。

步骤6:执行"查询"菜单命令后,系统自动生成新数据表文件order.dbf用来保存查询结果。

第23套　参考答案及解析

一、基本操作题

【解题思路】本大题主要考查的是通过项目管理器来完成一些数据库及数据库表的操作,项目的建立可以直接在命令窗口输入命令来实现,数据库添加可以通过项目管理器中的命令按钮,打开相应的设计器直接管理。对数据表进行连接需在数据库设计器中完成。

【操作步骤】

(1)启动Visual FoxPro后,在命令窗口输入命令"CRE-ATE PROJECT Student",新建一个项目管理器。

(2)在项目管理器student中,首先在"数据"选项卡中选择"数据库",然后单击选项卡右边的"添加"命令按钮,在系统弹出的"打开"对话框中,将考生文件夹中的数据库std添加到项目管理器中,单击"确定"按钮。

(3)展开"数据库"分支,选中std数据库,然后单击"修改"按钮,打开数据库设计器,用鼠标右键单击数据库设计器,在弹出的菜单中选择"添加表"命令,系统弹出"打开"对话框,将考生文件夹下的tea自由表添加到数据库std中。

在数据库设计器中,用鼠标右键单击数据库表tea,在弹出的快捷菜单中选择"修改"命令,进入tea的数据表设计器界面,在"字段"选项卡中为"教师编号"选择"升序"排序,然后选择"索引"选项卡,此选项卡中的"索引名"和"索引表达式"默认为"教师编号",在"索引类型"的下拉列表框中,选择"主索引",单击"确定"按钮,关闭表设计器。

(4)在数据库设计器中,将ass表中"索引"下面的"班级编号"主索引字段拖动到dent表中"索引"下面的"班级编号"索引字段上,建立了两个表之间的永久性联系。

二、简单应用题

【解题思路】本大题1小题考查了SQL联接查询,设计过程中主要注意两个表之间进行关联的字段。2小题考查的是根据表单向导生成报表内容。

(1)【操作步骤】

步骤1:在命令窗口中输入命令"MODIFY COMMAND QUERY1",打开程序文件编辑器。

步骤2：在程序文件编辑器窗口输入如下程序段。

＊＊＊＊＊＊文件query1.prg中的程序代码＊＊＊＊＊＊＊

SELECT 会员号，购买信息.商品号，商品信息.商品名，购买信息.数量，购买信息.单价，日期

FROM 商品信息，购买信息

WHERE 商品信息.商品号＝购买信息.商品号 and 会员号＝"C3"；

INTO TABLE new

＊＊＊＊＊＊＊＊＊＊＊＊＊＊＊＊＊＊＊＊＊＊

步骤3：在命令窗口输入命令"DO query1"，运行程序，通过"BROWSE"命令可查看结果。

(2)【操作步骤】

步骤1：选择【工具】→【向导】→【报表】命令，弹出"向导选择"对话框，根据题意数据源是一个表，因此选择"报表向导"，单击"确定"按钮。

步骤2：在弹出的对话框中的"数据库和表"选项选择"图书借阅"数据库下的"借阅"数据表，并把全部"可用字段"选为"选择字段"。

步骤3：单击"下一步"按钮，选择系统默认设置。

步骤4：单击"下一步"按钮，报表样式选择为"带区式"。

步骤5：单击"下一步"按钮，在定义报表布局中，设置列数为2，方向为"纵向"。

步骤6：单击"下一步"按钮，在"排序记录"中选择"借书日期"，并选择升序排序。

步骤7：单击"下一步"按钮，把表单标题改为"图书借阅"，可以在单击"完成"按钮之前单击"预览"按钮来预览生成的报表，最后单击"完成"按钮。

步骤8：将报表以 rep 为文件名保存在考生文件夹里。

三、综合应用题

【解题思路】本大题考查的是表单设计，在设计控件属性中，不要将控件的标题和名称属性混淆，名称属性是该控件的一个内部名称，而标题属性是用来显示的一个标签名称，程序部分属于 SQL 的简单连接查询。

【操作步骤】

步骤1：在命令窗口中输入命令：CREATE FORM myf，打开表单设计器。

步骤2：通过"表单控件"工具栏向表单添加 1 个表格和 3 个命令按钮。

步骤3：选中表单，在属性面板中将 Caption 的属性值改为"出勤情况查询"，然后在属性面板顶端的下拉列表框中选择 Command1，修改该命令按钮控件的 Caption 属性值为"未迟到查询"。

步骤4：以同样的方法将第2个、第3个命令按钮的 Caption 属性值分别改为"迟到查询"和"关闭"。

步骤5：双击命令按钮，编写各命令按钮的 Click 事件，程序代码如下。

＊＊命令按钮 Command1(迟到查询)的 Click 事件代码＊＊

SELECT 姓名，出勤天数，(出勤天数－迟到次数) AS 未迟到天数；

FROM 出勤情况；

INTO TABLE table1

Thisform.Grid1.RecordSourceType = 1

Thisform.Grid1.RecordSource = "table1"

＊＊＊＊＊＊＊＊＊＊＊＊＊＊＊＊＊＊＊＊＊＊＊

＊＊命令按钮Command2(迟到查询)的Click事件代码＊＊

SELECT 工号，员工档案.姓名，职位，出勤天数，迟到次数，性别，工资；

FROM 出勤情况，员工档案；

WHERE 迟到次数＞1 AND 员工档案.姓名＝出勤情况.姓名；

INTO TABLE table2

Thisform.Grid1.RecordSourceType = 1

Thisform.Grid1.RecordSource = "table2"

＊＊＊＊＊＊＊＊＊＊＊＊＊＊＊＊＊＊＊＊＊＊＊

步骤6：以同样的方法为"关闭"命令按钮编写 Click 事件代码：Thisform.Release，保存并运行表单。

第24套　参考答案及解析

一、基本操作题

【解题思路】本大题主要考查数据库的添加、视图的建立及有效性规则的建立。数据库添加可以通过项目管理器中的命令按钮，打开相应的设计器直接管理。字段的有效性规则建立可在"字段"选项卡中完成。视图的建立是在项目管理器中的"数据"选项卡中完成的，且视图文件在磁盘中是找不到的，直接保存在数据库中。

【操作步骤】

(1)选择【文件】→【打开】命令，或直接单击工具栏上的"打开"图标，在弹出的对话框中选择要打开的项目文件 my.pjx。在项目管理器 my 中，首先在"数据"选项卡中选择"数据库"，然后单击选项卡右边的"添加"按钮，在系统弹出的"打开"对话框中，将考生文件夹中的数据库 tyw 添加到项目管理器中，单击"确定"按钮。

(2)在"数据"选项卡中，依次展开"数据库"－"tyw"，选中 tyw 分支下的"本地视图"，单击项目管理器右边的"新建"按钮，在弹出的"新建本地视图"对话框中，单击"新建视图"按钮，打开视图设计器，将"出勤"数据表添加到视图设计器中。根据题意，在视图设计器的"字段"选项卡中，将"可用字段"列表框中的字段全部添加到右边的"选择字段"列表框中，在视图设计器的"排序依据"选项卡中，将"选择字段"列表框中的"姓名"字段添加到右边的"排序条件"列表框中，在"排序选项"中选择"升序"，完成视图设计，将视图以 shitu 保存在考生文件夹下。

(3)在项目管理器中，选中"员工"数据表，同时单击右边的"修改"命令按钮，打开表设计器，选中"工资"字段，然后在"规则"文本框中输入"工资＞＝0"，在"信息"文本框中输入""工资必须大于0""。

(4)打开"员工"表设计器，在"字段"选项卡中选中"工资"字段，在字段有效性"默认值"文本框中输入"1000"，为该字段设置默认值。

二、简单应用题

【解题思路】本大题1小题主要考查的是菜单设计器的"结果"下拉列表框中各项的使用功能,例如要建立下级菜单,在"结果"下拉列表框中就必须选择"子菜单"选项,而要执行某条菜单命令,就应该选择"命令"或"过程"选项。2小题考查的是在表单中设定数据环境,通过表单的数据环境快速建立表单控件和数据之间的联系。

(1)【操作步骤】

步骤1:在命令窗口中输入命令 CREATE MENU my,系统弹出"新建"对话框,在对话框中单击"菜单"按钮,进入菜单设计器环境。

步骤2:输入主菜单名称"信息查看",在"结果"下拉列表框中选择"子菜单"选项,接着单击"信息查看"菜单项同一行中的"创建"按钮进入下级菜单的设计界面,此设计窗口与主窗口大致相同,然后编写每个子菜单项的名称"查看学生信息"、"查看课程信息"和"关闭"。

步骤3:在前两个子菜单的"结果"下拉列表框中选择"过程"选项,"关闭"的"结果"下拉列表框中选择"命令"选项。

步骤4:分别单击前两个菜单命令行中的"创建"按钮,进入程序设计的编辑窗口,在命令窗口中输入如下程序段。

＊＊＊＊＊"查看学生信息"菜单命令的程序段＊＊＊＊＊

SELECT ＊ FROM 分数 ORDER BY 学号

＊＊＊＊＊＊＊＊＊＊＊＊＊＊＊＊＊＊＊＊

＊＊．＊＊＊"查看课程信息"菜单命令的程序段＊＊＊＊＊

SELECT ＊ FROM 分数 ORDER BY 课程

＊＊＊＊＊＊＊＊＊＊＊＊＊＊＊＊＊＊＊＊

步骤5:在"退出"菜单项的命令文本框中编写程序代码 SET SYSMENU TO DEFAULT,选择【菜单】→【生成】命令,生成一个菜单文件 my. mpr。

(2)【操作步骤】

步骤1:在命令窗口输入命令 CREATE FORM myf,打开表单设计器新建表单。

步骤2:在表单设计器中,用鼠标右键单击空白表单,在弹出的快捷菜单中选择"数据环境"命令,打开表单的数据环境,将数据表文件"购买情况"添加到数据环境中,将数据环境中的"购买情况"拖放到表单中,可看到在表单中出现一个表格控件,此时实现了"购买情况"表的窗口式输入界面。

步骤3:在"表单控件"工具栏中,选中命令按钮控件添加到表单中,在"属性"面板中修改该命令按钮的 Caption 属性值为"关闭",双击该命令按钮,在 Click 事件中输入代码 Thisform. Release。

步骤4:保存表单设计,在命令窗口输入命令 DO FORM myf。

三、综合应用题

【解题思路】本大题考查的是表单设计,在设计控件属性中,不要将控件的标题和名称属性混淆,名称属性是该控件的一个内部名称,而标题属性是用来显示的一个标签名称,程序部分属于 SQL 的简单联接查询。

【操作步骤】

步骤1:在命令窗口中输入命令 CREATE FORM myf,打开表单设计器。

步骤2:通过"表单控件"工具栏向表单添加3个命令按钮。

步骤3:在属性面板中修改表单的 Caption 属性值为"图书借阅浏览",修改3个命令按钮控件的 Caption 属性值分别为"读者借书查询"、"书籍借出查询"和"关闭"。

步骤4:双击各命令按钮,分别编写各控件的 Click 事件代码如下。

＊＊＊＊＊＊命令按钮 Command1(读者借书查询)的 Click 事件代码＊＊＊＊＊

SELECT 姓名,借阅. 借书证号,loans. 图书登记号;

FROM loans,图书,借阅;

WHERE loans. 图书登记号 ＝ 图书. 图书登记号 AND loans. 借书证号 ＝ 借阅. 借书证号;

AND MONTH(借书日期) ＝3;

AND DAY(借书日期) ＞ ＝10;

AND DAY(借书日期) ＜ ＝20;

INTO TABLE new1

＊＊＊＊＊＊＊＊＊＊＊＊＊＊＊＊＊＊＊＊

＊命令按钮Command2(书籍借出查询)的Click事件代码＊

SELECT 书名,借书证号,借书日期;

FROM loans,图书;

WHERE loans. 图书登记号 ＝ 图书. 图书登记号;

AND 书名 ＝ "数据库原理与应用";

INTO TABLE new2

＊＊＊＊＊＊＊＊＊＊＊＊＊＊＊＊＊＊＊＊

＊＊＊命令按钮Command3(关闭)的Click事件代码＊＊＊

Thisform. Release

＊＊＊＊＊＊＊＊＊＊＊＊＊＊＊＊＊＊＊＊

步骤5:保存表单完成设计,运行表单。

第25套 参考答案及解析

一、基本操作题

【解题思路】本大题考查的是通过项目管理器来完成一些数据库及数据库表的基本操作,项目的建立可以直接在命令窗口输入命令来创建,数据库和数据库表的建立及修改可以通过项目管理器中的命令按钮,打开相应的设计器直接管理。

【操作步骤】

(1)在命令窗口输入命令 CREATE PROJECT sales_m,建立一个新的项目管理器。

(2)在建立好的项目管理器 sales_m 中,选择"数据"选项卡,然后选中列表框中的"数据库",单击选项卡右边的"添加"命令按钮,将考生文件下的 cust_m 数据库文件添加到项目管理器中。

(3)在"数据"选项卡中,单击"数据库"前面的"＋",依次展开"数据库"—"cust_m"—"表",选中数据表文件 cust,然后单击右边的"修改"命令按钮,系统弹出表设计器,在

"字段"选项卡列表框内的"所在地"字段后面,输入新的字段名"联系电话",选择"类型"为"字符型","宽度"为12,选择"NULL"按钮。

(4)选中数据表文件 order1,单击右边的"修改"按钮,打开 order1 表设计器,在表设计器中选中"送货方式"字段,接着在"字段有效性"区域的"默认值"文本框中输入""铁路"",为该字段设置默认值,保存退出。

二、简单应用题

【解题思路】本大题 1 小题考查了 SQL 连接查询,设计过程中主要注意两个表之间进行关联的字段。2 小题考查的是在表单中设定数据环境,通过表单的数据环境快速建立表单控件和数据之间的联系。

(1)【操作步骤】

步骤1:在命令窗口中输入命令 MODIFY FILE my.txt,在文本编辑器窗口输入如下程序段。

****** 文件my.txt中的程序段 ******

SELECT 医生信息.职工号,医生信息.姓名,医生信息.职称,医生信息.部门,医生信息.年龄;

FROM 医生信息,处方信息,药信息;

WHERE 医生信息.职工号 = 处方信息.职工号;

AND 处方信息.药编号 = 药信息.药编号

药信息.药名 = "银翘片";

****

步骤2:在命令窗口输入命令 DO my.txt 运行程序。

(2)【操作步骤】

步骤1:选择【文件】→【新建】命令,或直接单击工具栏上的"新建"按钮,在弹出的对话框中选择"表单"文件类型,单击对话框右边的"新建文件"按钮,弹出了 Form1 的表单设计器。

步骤2:单击工具栏上的"保存"图标,以 ys 为文件名,将表单保存在考生文件夹下。

步骤3:在表单设计器中,用鼠标右键单击空白表单,在弹出的快捷菜单中选择"数据环境"命令,打开表单的数据环境,将数据表文件"医生信息"添加到数据环境中。

步骤4:将数据环境中的"医生信息"表拖放到表单中,可看到在表单中出现一个表格控件,此时进入"医生信息"表的窗口式输入界面。

步骤5:在"表单控件"工具栏中,选择命令按钮控件添加到表单中,在"属性"对话框修改该命令按钮的 Caption 属性值为"关闭"。

步骤6:双击"关闭"命令按钮,在其 Click 事件中输入如下程序。

*** 命令按钮Command1(关闭)的Click事件代码 ***

Thisform.Release

****

在命令窗口输入命令:DO FORM ys。

步骤7:运行表单。

三、综合应用题

【解题思路】本大题考查了菜单的设计,主要注意"结果"下拉列表框中的选项选择即可,用于编写程序段的菜单

命令应该选择"过程"选项,在菜单命令的过程设计中,注意正确使用 SQL 数据定义(新增字段)和数据更新(插入记录)语句,利用 DO 循环来执行每条记录的新工资字段内容的插入。

【操作步骤】

步骤1:在命令窗口输入命令:CREATE MENU staff_m,系统弹出"新建菜单"对话框,在对话框中单击"菜单"按钮,进入菜单设计器环境。

步骤2:根据题目要求,首先输入两个主菜单名称"计算"和"退出",接着在"计算"菜单行的"结果"下拉列表框中选择"过程"选项(用于编写程序),在"退出"菜单行的"结果"下拉列表框中选择"命令"选项。

步骤3:单击"计算"菜单行中的"编辑"按钮,进入程序设计的编辑窗口,在命令窗口中输入如下程序段。

***** "计算"菜单命令的程序设计 ******

```
SET TALK OFF
USE zhicheng IN 2
USE yuangong IN 1
ALTER TABLE yuangong ADD 新工资 N(10,2)
SELECT 2
DO WHILE NOT EOF( ) && 遍历 zhicheng 表中的每一条记录
    SELECT 1
    UPDATE yuangong SET 新工资 = 工资 * (1 + (zhicheng.增加百分比/100));
        WHERE yuangong.职称代码 = zhicheng.职称代码
    SELECT 2
    SKIP
ENDDO
SET TALK ON
```

****

步骤4:在"退出"菜单项的"命令"文本框中编写程序代码 SET SYSMENU TO DEFAULT。

步骤5:选择【菜单】→【生成】命令,生成一个可执行菜单文件 staff_m.mpr。

关闭设计窗口,在命令窗口输入命令 DO staff_m.mpr,看到 Visual FoxPro 的菜单栏被新建的菜单所代替,选择"退出"命令将恢复系统菜单。

步骤6:选择"计算"命令后,系统生成一个新的字段,并将计算结果自动保存到新字段中。

第26套 参考答案及解析

一、基本操作题

【解题思路】本大题考查的是通过项目管理器来完成一些数据库及数据库表的基本操作,项目的建立可以直接在命令窗口输入命令建立,数据库和数据库表的建立和修改,可以通过项目管理器中的命令按钮,打开相应的设计器进行管理。

【操作步骤】

(1)在命令窗口直接输入命令 CREATE PROJECT market,建立一个新的项目管理器。

(2)在项目管理器中,选择"数据"选项卡,选中列表框中的"数据库",单击选项卡右边的"新建"命令按钮,在系统弹出的对话框中单击"新建数据库"按钮,系统弹出"创建"对话框,在数据库名文本框内输入新的数据库名称 prod_m,将数据库保存到考生文件夹下。

(3)用鼠标右键单击数据库设计器,在弹出的快捷菜单中选择"添加表"命令,在弹出的"打开"对话框中,将考生文件夹下的 category 和 products 两个自由表分别添加到数据库 prod_m 中。

(4)在"数据"选项卡中,选中新加的数据表文件 category,然后单击右边的"修改"命令按钮,系统弹出表设计器,在"字段"选项卡中为"分类编码"字段选择一个索引排序,然后选择"索引"选项卡,在此选项卡中,字段索引名默认的为"分类编码",将索引名修改为 primarykey,在"索引"下拉列表框中选择索引类型为"主索引",以相同的方法为 products 表建立普通索引。

二、简单应用题

【解题思路】本大题 1 小题考查的是根据表单向导生成联系多表的表单内容,利用向导时应注意父表和子表的选择;2 小题中考查的是 SQL 语句的应用,注意 ORDER BY 和 GROUP BY 之间的差别。

(1)【操作步骤】

步骤 1:启动 Visual FoxPro,选择【工具】→【向导】→【表单】命令,弹出"向导选择"对话框,根据题意数据源是多个表,因此选择"一对多表单向导",选项单击"确定"按钮。

步骤 2:单击"下一步"按钮,在弹出的对话框中的"数据库和表"选项选择父表 de,并把全部的"可用字段"选为"选择字段"。

步骤 3:单击"下一步"按钮,选择子表 pt,并把全部的"可用字段"选为"选择字段"。

步骤 4:单击"下一步"按钮,系统自动通过"部门编号"建立两表之间的关系。

步骤 5:单击"下一步"按钮,表单样式选择为"阴影式",按钮类型选择"图片按钮"。

步骤 6:单击"下一步"按钮,在"排序次序"中选择"部门编号",并选择升序排序。

步骤 7:单击"下一步"按钮,把表单标题改为"数据维护",可以在单击"完成"按钮之前单击"预览"按钮来预览生成的表单,最后单击"完成"按钮。

步骤 8:将表单以 sell 为文件名保存在考生文件夹下。

(2)【操作步骤】

步骤 1:在命令窗口中输入命令 MODIFY COMMAND asp. prg,打开程序文件编辑窗口。

步骤 2:在程序编辑窗口中显示如下程序段。

* * * * * * 文件中asp. prg程序段如下 * * * * * *

*下面的程序在第 5 行、第 6 行、第 8 行和第 9 行有错误,请直接在错误处修改。

*修改时,不可改变 SQL 语句的结构和短语的顺序,不允许增加或合并行。

OPEN DATABASE SALEDB

SELECT PT. 部门编号,部门名称,年度,

一季度销售额 + 二季度销售额 + 三季度销售额 + 四季度销售额 AS 全年销售额,

一季度利润 + 二季度利润 + 三季度利润 + 四季度利润 AS 全年利润,

一季度利润 + 二季度利润 + 三季度利润 + 四季度利润／一季度销售额 + 二季度销售额 + 三季度销售额 + 四季度销售额 AS 利润率

FROM PT DE

WHERE PT. 部门编号 = DE. 部门编号

GROUP BY 年度 利润率 DESC;

INTO LI

* *

步骤 3:根据源程序提供的错误,修改后的程序段如下。

* * * * * * 修改后的文件内容 * * * * * * * * *

OPEN DATABASE SALEDB

SELECT PT. 部门编号,DE. 部门名称,PT. 年度,;

PT. 一季度销售 + PT. 二季度销售 + PT. 三季度销售;

 + PT. 四季度销售 AS 全年销售额,;

一季度利润 + 二季度利润 + 三季度利润 + 四季度利润 AS 全年利润,;

((一季度利润 + 二季度利润 + 三季度利润 + 四季度利润)／(一季度销售 + 二季度销售 + 三季度销售 + 四季度销售)) AS 利润率;

FROM PT,DE;

WHERE PT. 部门编号 = DE. 部门编号;

ORDER BY 利润率 DESC;

INTO TABLE LI

* *

三、综合应用题

【解题思路】本大题考查的是表单设计,在本题中需要注意的地方是选项按钮组控件中改变单选按钮的属性是 ButtonCount,修改选项组中每个单选按钮的属性,可以通过属性面板中顶端的下拉列表框的控件名来选择,也可以用鼠标右键单击该控件,在弹出的快捷菜单中选择"编辑"命令,在编辑状态下单个选择控件;程序设计中的查询语句为基本 SQL 查询,在显示查询结果时,首先可用一个临时表保存查询结果,然后将表格控件中来显示数据的属性值设置为该临时表,用来显示查询结果。

【操作步骤】

步骤 1:在命令窗口中输入命令 CREATE FORM myf,打开表单设计器。

步骤 2:通过"表单控件"工具栏向表单添加 1 个表格、1 个选项按钮组和 1 个命令按钮。

步骤 3:选中表单(Form1),在属性面板中修改其 Caption 属性值为"学籍浏览",在属性面板顶端的下拉列表框中选择 Command1,修改该命令按钮控件的 Caption 属性值为"关闭",在属性面板顶端的下拉列表框中选择(Optiongroup1),将其 ButtonCount 属性值改为 3。

步骤4:用鼠标右键单击选项按钮组,在弹出的快捷菜单中选择"编辑"命令,在此状态下(编辑状态下,控件四周出现蓝色框线),分别修改3个单选项的 Caption 属性值为"学生"、"课程"和"选课"。

步骤5:用鼠标右键单击选项按钮组,在弹出的快捷菜单中选择"编辑"命令,在此状态下(编辑状态下,控件四周出现蓝色框线),分别双击各单选按钮,编写各个控件的 Valid 事件,程序代码如下。

* * * * 单选按钮Option1(学生)的Valid事件代码 * * * *
SELECT * ;
　　FROM 学生信息;
　　INTO CURSOR temp
Thisform. Grid1. RecordSourceType = 1
Thisform. Grid1. RecordSource = "temp"
* * * * * * * * * * * * * * * * * * * *
* * * * 单选按钮Option2(课程)的Valid事件代码 * * * *
SELECT 课程名称
　　FROM 课程信息;
　　INTO CURSOR temp
Thisform. Grid1. RecordSourceType = 1
Thisform. Grid1. RecordSource = "temp"
* * * * * * * * * * * * * * * * * * * *
* * * * 单选按钮Option3(选课)的Valid事件代码 * * * *
SELECT 课程信息. 课程号,课程名称,成绩;
　　FROM 课程信息,选课信息;
　　　　WHERE 课程信息. 课程号 = 选课信息. 课程号
AND 成绩 > = 60;
　　　　INTO CURSOR temp
Thisform. Grid1. RecordSourceType = 1
Thisform. Grid1. RecordSource = "temp"
* * * * * * * * * * * * * * * * * * * *

步骤6:双击"关闭"命令按钮,在其 Click 事件中编辑代码 Thisform. Release。

步骤7:保存表单完成设计。

第27套　参考答案及解析

一、基本操作题

【解题思路】本大题主要考查的是通过项目管理器来完成一些数据库及数据库表的操作,项目的建立可以直接在命令窗口输入命令来实现,数据库添加可以通过项目管理器中的命令按钮,打开相应的设计器直接管理,数据库表的移出,应在数据库设计器中完成。此外,还考查了表单属性的修改。

【操作步骤】

(1)启动 Visual FoxPro 后,在命令窗口输入命令 CRE-ATE PROJECT my,新建一个项目管理器。

(2)在项目管理器 my 中,首先在"数据"选项卡中选择"数据库",然后单击选项卡右边的"添加"命令按钮,在系统弹出的"打开"对话框中,将考生文件夹中的数据库 stu 添加到项目管理器中,单击"确定"按钮。

(3)在项目管理器中,选中 stu 数据库,单击右边的"修改"命令按钮,在 stu 数据库设计器中,用鼠标右键单击"学生"数据表文件,在弹出的快捷菜单中选择"删除"命令,系统弹出对话框,在对话框中单击"删除"命令按钮,将"学生"表从数据库中永久删除。

(4)在命令窗口中输入命令 MODIFY FORM wen,打开表单设计器,在其属性窗口中将表单的 Name 属性值改为 my,单击工具栏中的"保存"按钮,保存表单修改。

二、简单应用题

【解题思路】本大题两个小题主要考查的是 SQL 语句的应用,而且还考查了函数的应用,考生应该熟悉各个函数的功能,以及数据表之间的联系。

(1)【操作步骤】

步骤1:在命令窗口中输入命令 MODIFY FILE sql 打开程序文件编辑编辑器。

步骤2:在文本编辑器窗口输入如下程序段。
* * * * * * * 文件sql. txt中的程序段 * * * * * * *
SELECT 分类名称,商品名称,进货日期;
　　FROM 商品,分类;
　　WHERE 分类. 分类编码 = 商品. 分类编码;
　　　AND YEAR(进货日期) < 2001;
　　TO FILE infor;
　ORDER BY 进货日期
* * * * * * * * * * * * * * * * * * * *
步骤3:在命令窗口输入命令 DO sql. txt,运行程序。

(2)【操作步骤】

步骤1:在命令窗口中输入命令 MODIFY FILE update,打开程序文件编辑。

步骤2:在文本编辑器窗口输入如下程序段。
* * * * * * 文件update. txt中的程序段 * * * * * *
UPDATE 商品 SET 销售价格 = 进货价格 * 1. 2268;
　　WHERE LEFT(商品编码,1) = '3'
* * * * * * * * * * * * * * * * * * * *
步骤3:在命令窗口输入命令 DO update. txt,运行程序。
步骤4:通过 BROWSE 命令可直接查看修改结果。

三、综合应用题

【解题思路】本大题考查了表单设计,在设计控件属性时,不要将控件的标题和名称属性弄混淆了;程序部分考查了 MAX 函数的应用,考生应该熟悉各种函数的应用及 GROUP BY 与 ORDER BY 的区别。

【操作步骤】

步骤1:在命令窗口中输入命令 CREATE FORM my,打开表单设计器。

步骤2:通过"表单控件"工具栏向表单添加两个命令按钮。

步骤3:选中表单,在属性面板中修改其 Caption 的属性值为"成绩查询",在属性面板顶端的下拉列表框中选择 Command1,修改该命令按钮控件的 Caption 属性值为"查询",选择 Command2,修改该命令按钮控件的 Caption 属性值为"关闭"。

步骤4:双击"查询"按钮,在 Click 事件中编写程序命令。

＊＊＊命令按钮Command1(查询)的Click事件代码＊＊＊

SELECT 课程名,MAX(分数) AS 最高分;

　　FROM 课程,分数

　　WHERE 课程.课程号＝分数.课程号;

　　GROUP BY 课程.课程号;

　　INTO TABLE myt

＊＊＊＊＊＊＊＊＊＊＊＊＊＊＊＊＊＊＊＊＊

步骤5:最后双击"关闭"按钮,在 Click 事件中编写程序命令 Thisform. Release。

步骤6:保存并运行表单。通过 BROWSE 命令可查看查询结果。

第28套 参考答案及解析

一、基本操作题

【解题思路】本大题主要考查的是通过项目管理器来完成一些数据库及数据库表的操作,项目的建立可以直接在命令窗口输入命令来实现,数据库添加可以通过项目管理器中的命令按钮,打开相应的设计器直接管理,建立索引可以在数据表设计器中完成。对数据表进行连接及设置参照完整性都是在数据库设计器中完成的。

【操作步骤】

(1)启动 Visual FoxPro 后,在命令窗口输入命令 CRE-ATE PROJECT my,新建一个项目管理器。

(2)在项目管理器 my 中,首先在"数据"选项卡中选择"数据库",然后单击选项卡右边的"添加"按钮,在系统弹出的"打开"对话框中,将考生文件夹中的数据库"课本"添加到项目管理器中,单击"确定"按钮。

(3)在项目管理器中,依次展开"数据库"分支,选中"作者"表,然后单击右边的"修改"命令,进入"作者"的数据表设计器界面,然后选择"索引"选项卡,将此选项卡中的"索引名"和"索引表达式"改为"作者编号",在"索引类型"的下拉列表框中选择"主索引"。用相同的方法为数据表"书籍"建立普通索引。

(4)在项目管理器中,选中"课本"数据库,然后单击右边的"修改"按钮,在数据库设计器中,将"作者"表中"索引"下面的"作者编号"主索引字段拖到"书籍"表中"索引"下面的"作者编号"索引字段上,建立了两个表之间的永久性联系。

二、简单应用题

【解题思路】本大题1小题考查的是利用 SQL 查询语句进行查询,其中注意每两个表之间的关联及字段的选择即可;2小题利用报表向导完成报表设计,只要注意每个向导界面的设计内容即可。

(1)【操作步骤】

步骤1:在命令窗口输入命令 MODIFY COMMAND que-ry,在程序编辑窗口中输入如下程序段。

＊＊＊＊＊＊文件query. prg中的程序段＊＊＊＊＊＊

SELECT student. ＊, score. 课程号, course. 课程名;

　　FROM stsc！ student INNER JOIN stsc！ score;

　　INNER JOIN stsc！ course ;

　　　ON score. 课程号 ＝ course. 课程号;

　　　ON student. 学号 ＝ score. 学号;

　　WHERE AT("C ++", course. 课程名) ＞0;

　　ORDER BY student. 学号;

　　INTO TABLE cplus. dbf

＊＊＊＊＊＊＊＊＊＊＊＊＊＊＊＊＊＊＊＊＊＊＊

步骤2:保存设计结果,在命令窗口输入命令 DO query,系统将查询结果自动保存到新表中。

(2)【操作步骤】

步骤1:单击常用工具栏中的"新建"按钮,弹出"新建"对话框。

步骤2:在"新建"对话框中选择"报表"选项,再单击"向导"按钮,系统弹出"向导选择"对话框,在列表框中选择"报表向导",单击"确定"按钮。

步骤3:选择"报表向导"后,进入报表向导设计界面,首先进行字段选择,选择 stsc 数据库作为报表的数据源。选中数据表 student,通过"全部添加"按钮,将"可用字段"列表框中的所有字段添加到"选择字段"列表框中。

步骤4:单击"下一步"按钮进入"分组记录"设计界面,跳过此步骤,单击"下一步"命令按钮,进入"选择报表样式"设计界面,在"样式"列表框中选择"经营式"。

步骤5:单击"下一步"命令按钮,进入"定义报表布局"设计界面,设置"列数"为1,"方向"为纵向,"字段布局"为列。

步骤6:单击"下一步"进入"排序记录"设计界面,将"可用字段或索引标识"列表框中的"学号"字段添加到右边的"选择字段"列表框中,并选择"升序"选项。

步骤7:单击"下一步",进入最后的"完成"设计界面,在"标题"文本框中输入"学生基本情况一览表"为报表添加标题,单击"完成"命令按钮,在系统弹出的"另存为"对话框中,将报表以 p1 为文件名保存在考生目录下,退出报表设计向导。

三、综合应用题

【解题思路】本大题考查的是表单设计,在设计控件属性中,不要将控件的标题和名称属性弄混淆,名称属性是该控件的一个内部名称,而标题属性是用来显示的一个标签名称。程序部分属于 SQL 的简单连接查询。

【操作步骤】

步骤1:在命令窗口中输入命令 CREATE FORM myf,打开表单设计器。

步骤2:通过"表单控件"工具栏向表单添加两个命令按钮。

步骤3:在属性面板中修改两个命令按钮控件的 Caption 属性值分别为"计算"和"关闭"。

步骤4:双击命令按钮"计算",编写该控件的 Click 事件,程序代码如下。

＊＊＊命令按钮Command1(计算)的Click事件代码＊＊＊

SELECT 客户号,定货. 订单号,SUM(单价＊数量) AS

总金额;

　　　　FROM 客户,定货;

　　　　WHERE 客户.订单号＝定货.订单号;

　　　　ORDER BY 客户号;

　　　　GROUP BY 定货.订单号;

　　　　INTO TABLE newt

＊＊＊＊＊＊＊＊＊＊＊＊＊＊＊＊＊＊＊＊＊＊

　　步骤5:以同样的方法为"关闭"命令按钮编写 Click 事件代码 Thisform. Release。

　　步骤6:保存表单完成设计,最后运行表单,查看结果。

第29套　参考答案及解析

一、基本操作题

【解题思路】本大题考查的是有关数据库及数据库表之间的基本操作,注意每个小题完成操作的环境,添加表和建立表之间的连接及设置参照完整性,都是在数据库环境中完成的,建立索引是在表设计器中完成。

【操作步骤】

(1)在命令窗口输入命令 MODIFY DATABASE 订货管理,打开数据库设计器,用鼠标右键单击数据库设计器,在弹出的快捷菜单中选择"添加表"命令,系统弹出"打开"对话框,将考生文件夹下的 order_list、order_detail 和 customer 3 个数据表依次添加到数据库中。

(2)在数据库设计器中,用鼠标右键单击数据表 order_list,在弹出的快捷菜单中选择"修改"命令,系统弹出表设计器,在表设计器中选择"订单号"字段,然后在后面的"索引"下拉列表框中为该字段选择一个排序,最后在"索引"选项卡中,将索引类型选择为"主索引"。

(3)在数据库设计器中,将 order_list 表中"索引"下面的"订单号"主索引字段拖到 order_detail 表中"索引"下面的"订单号"索引字段上,建立两个表之间的永久性联系。

(4)在数据库设计器中,选择【数据库】→【清理数据库】命令。然后用鼠标右键单击表 order_list 和表 order_detail 之间的关系线,在弹出的快捷菜单中选择"编辑参照性关系"命令,根据题意,在 3 个选项卡中分别设置参照规则。

二、简单应用题

【解题思路】本大题 1 小题考查了连接查询,设计过程中主要注意两个表之间进行关联的字段。2 小题考查的是 SQL 语句的语法,考生应该熟悉各种 SQL 语句。

(1)【操作步骤】

步骤1:直接在命令窗口输入 CREATE QUERY myquery,打开查询设计器,新建一个查询。

步骤2:在查询设计器中,分别将"股票"和"数量"两个数据表文件添加到查询设计器中,系统自动查找两个数据表中匹配的字段进行内部联接,单击"确定"按钮。

步骤3:在查询设计器中的"字段"选项卡中,将"可用字段"列表框中的"股票.股票代码"、"股票.股票简称"、"数量.买入价"、"数量.现价"和"数量.持有数量"字段添加到右边的"选择字段"列表框中,在左下方的"函数和表达式"中输入"现价＊持有数量 AS 总金额"。并添加到"选择字段"。

步骤4:在"排序依据"选项卡中,选择"现价＊持有数量 AS 总金额"降序排序。选择【查询】→【运行查询】命令,查看查询结果。

(2)【操作步骤】

步骤1:在命令窗口中输入命令 MODIFY COMMAND myprog. prg,打开程序文件编辑窗口,文件中程序段如下。

＊＊＊＊文件 myprog . prg 修改前的源程序＊＊＊＊

SELECT ＊ FROM 股票 FOR 股票代码＝"600008"

UPDATE 数量 SET 现价 WITH 现价＊1.1

SELECT 股票代码,现价＊持有数量 LIKE 总金额 FROM 数量

＊＊＊＊＊＊＊＊＊＊＊＊＊＊＊＊＊＊＊＊＊＊＊

　　根据源程序提供的错误,修改后的程序段如下所示

＊＊＊＊＊文件 myprog. prg 修改后的程序段＊＊＊＊＊

SELECT ＊ FROM 股票 where 股票代码＝"600008"

UPDATE 数量 SET 现价＝现价＊1.1

SELECT 股票代码,现价＊持有数量 as 总金额 from 数量

＊＊＊＊＊＊＊＊＊＊＊＊＊＊＊＊＊＊＊＊＊＊＊

步骤2:在命令窗口输入命令 DO myprog,运行程序查看结果。

三、综合应用题

【解题思路】本大题考查的主要是通过表格控件,实现父子表记录的联动显示,首先需要添加用于显示的数据表到表单的数据环境中,然后在两个表格的"生成器"对话中,进行相应的设置,实现表格中记录联动的功能。

【操作步骤】

步骤1:在命令窗口中输入命令 CREATE FORM myf,打开表单设计器窗口。

步骤2:从"表单控件"工具栏中单击表格控件,添加两个表格到新建的表单中,用鼠标右键单击表单,在弹出的快捷菜单中选择"数据环境"命令,在数据环境中添加数据表"作者"和"图书",系统自动建立好两表的关联。

步骤3:返回表单设计器中,用鼠标右键单击表格 Grid1,在弹出的快捷菜单中选择"生成器"命令,弹出表格生成器对话框,在"1.表格项"中选择数据表"作者",将表中所有字段添加到选择字段中。

步骤4:以同样的方法设置第二个表格的生成器,然后再选择"4.关系"选项卡,把"父表中的关键字段"设置为"作者.作者编号",把"子表中的相关索引"设置为"作者编号"。

步骤5:从表单控件工具栏中,向表单添加 1 个命令按钮,修改命令按钮的 Caption 属性值为"关闭",在"关闭"命令按钮的 Click 事件中输入 Thisform. Release。

步骤6:运行表单,保存表单设计到考生文件夹下。

第30套　参考答案及解析

一、基本操作题

【解题思路】本大题主要考查的是索引的建立,数据表之间的联系及参照完整性和有效性规则的建立。建立索引表

可以在数据表设计器中完成。对数据表进行连接及设置参照完整性都是在数据库设计器中完成。字段的有效性规则建立可在"字段"选项卡中完成。

【操作步骤】

（1）在命令窗口输入命令 MODIFY STRUCTURE，在弹出的"打开"对话框中，选择 stu 数据表，单击"确定"按钮，进入 stu 的数据表设计器界面，然后选择"索引"选项卡，将此选项卡中的"索引名"和"索引表达式"改为"学号"，在"索引类型"的下拉列表框中，选择"主索引"。

（2）在命令窗口输入命令 MODIFY DATABASE score，打开数据库设计器，在数据库设计器中，将 stu 表中"索引"下面的"学号"主索引字段拖动到 fenshu 表中"索引"下面的"学号"索引字段上，建立了两个表之间的永久性联系。

（3）在数据库设计器中，选择【数据库】→【清理数据库】命令，用鼠标右键单击 stu 表和 fenshu 表之间的关系线，在弹出的快捷菜单中选择"编辑参照完整性"命令，在参照完整性生成器中，根据题意，分别在 3 个选项卡中设置参照规则。

（4）在数据库设计器中，用鼠标右键单击 keb 数据表，在弹出的快捷菜单中选择"修改"命令，打开表设计器，在"字段"选项卡中选中"学分"字段，在"字段有效性"默认值文本框中输入"60"，为该字段设置默认值。

二、简单应用题

【解题思路】本大题 1 小题考查的是 SQL 连接查询，设计过程中主要注意两个表之间进行关联的字段。2 小题考查的是根据表单向导生成表单内容。考生应该区别数据源为一个表或多个表时所运用的表单向导。

（1）**【操作步骤】**

步骤 1：在命令窗口中输入命令 MODIFY FILE cha，在文本编辑器窗口输入如下程序段。

* * * * * * 文件 cha. txt 中的程序段 * * * * * * *
SELECT DISTINCT(姓名)；
　　FROM 选课，学生；
　　WHERE 学生. 学号 = 选课. 学号 AND 成绩 > =70；
　　ORDER BY 学生. 学号 ASC；
INTO TABLE cheng

* *

步骤 2：在命令窗口中输入命令 DO cha. txt，运行程序。

（2）**【操作步骤】**

步骤 1：启动 Visual FoxPro，选择【工具】→【向导】→【表单】命令，系统弹出"向导选择"对话框，根据题意可知，数据源是一个表，因此选择"表单向导"，单击"确定"按钮。

步骤 2：在弹出的对话框中的"数据库和表"选项选择"学生"数据表，并把全部的"可用字段"选为"选择字段"。

步骤 3：单击"下一步"按钮，将表单样式选择为"彩色式"，按钮类型选择"文本按钮"。

步骤 4：单击"下一步"按钮，在"排序次序"中选择"学号"，并选择升序排序。

步骤 5：单击"下一步"按钮，把表单标题改为"学生浏览"，可以在单击"完成"按钮之前单击"预览"按钮来预览生成的表单，最后单击"完成"按钮。

步骤 6：单击"下一步"按钮，将表单以文件名称为 my 保存在考生文件夹里。

三、综合应用题

【解题思路】本大题 1 小题主要是考查 SQL 的查询、定义和更新语句，在更新数据表中的记录时，可利用 DO 循环对表中的记录进行逐条更新；2 小题为表单的基本设计，在命令按钮中调用程序的命令，直接通过 DO 命令来实现。

（1）**【操作步骤】**

步骤 1：在命令窗口输入命令 MODIFY COMMAND change_c，打开程序编辑器。

步骤 2：在程序编辑器中，编写如下程序段

* * * * * * change_c. prg 文件中的程序段 * * * * * *
SET TALK OFF
SET SAFETY OFF
SELECT * FROM salarys INTO TABLE baksals
USE c_salary1
DO WHILE NOT EOF( )
　　UPDATE salarys SET 工资 = c_salary1. 工资；
　　WHERE 雇员号 = c_salary1. 雇员号
　　SKIP
ENDDO
SELECT * FROM SALARYS INTO TABLE od_new
CLOSE ALL
SET TALK ON
SET SAFETY ON
* *

步骤 3：保存文件，在命令窗口输入命令 DO change_c，运行该文件。

（2）**【操作步骤】**

步骤 1：在命令窗口输入命令 CREATE FORM form2，打开表单设计器。

步骤 2：根据题意，通过"表单控件"工具栏，在表单中添加两个命令按钮，在属性面板中，分别修改两个命令按钮的 Caption 属性值为"调整"和"退出"。

步骤 3：双击"调整"（Command1）命令按钮，进入事件编辑窗口，在其 Click 事件中编写如下代码。

* * 命令按钮 Command1（调整）的 Click 事件代码 * *
　　DO change_c

* *

步骤 4：同样的方法为"退出"命令按钮编写 Click 事件代码。

* * 命令按钮 Command2（退出）的 Click 事件代码 * *
　　Thisform. Release

* *

步骤 5：保存并运行表单，完成设计。

第31套　参考答案及解析

一、基本操作题

【解题思路】本大题主要考查的是数据库和数据表之间的联系，数据库添加可以通过项目管理器中的命令按钮，对

数据表的连接、字段索引、参照完整性的建立。建立索引表可以在数据表设计器中完成。对数据表进行连接及设置参照完整性都是在数据库设计器中完成。

【操作步骤】

（1）在命令窗口输入命令 MODIFY PROJECT my,打开项目管理器。在项目管理器 my 中,首先在"数据"选项卡中选择"数据库",然后单击选项卡右边的"添加"按钮,在系统弹出的"打开"对话框中,将考生文件夹中的数据库"学生"添加到项目管理器中,单击"确定"按钮。

（2）依次展开数据库的分支,选择"表",单击项目管理器中的"添加"命令按钮,系统弹出"打开"对话框,将考生文件夹下的 kecheng 自由表添加到数据库"学生"中。

（3）选择"学生"数据库,单击"修改"命令按钮,在数据库设计器中,将"课程"表中"索引"下面的"课程编号"主索引字段拖到"选修"表中"索引"下面的"课程编号"索引字段上,建立了两个表之间的永久性联系。

（4）在数据库设计器中,选择"数据库"-"清理数据库"命令,用鼠标右键单击"课程"表和"选修"表之间的关系线,在弹出的快捷菜单中选择"编辑参照完整性"命令,在参照完整性生成器中,根据题意,分别在 3 个选项卡中设置参照规则。

二、简单应用题

【解题思路】本大题 1 小题考查了 SQL 的基本查询语句,在此处需要注意的是当表建立了主索引或候选索引时,向表中追加记录必须用 SQL 的插入语句,而不能使用 AP-PEND 语句,为避免出现重复记录,可加入短语 DISTINCT;2 小题表单控件的程序改错中,应注意常用属性和方法的设置,例如,关闭表单控件不是通过 CLOSE,而是利用 Release,对于文本框控件的属性,比较重要的一个文本输出属性为 PasswordChar,控制输出显示的字符。

（1）**【操作步骤】**

步骤 1:在命令窗口输入命令 MODIFY COMMAND query1,打开程序文件编辑器。

步骤 2:在程序文件编辑器窗口中输入如下程序段。

```
＊＊＊＊＊ 文件 query1.prg 的中程序段 ＊＊＊＊＊
SET TALK OFF
CLOSE ALL
USE customer
ZAP
USE customer1
DO WHILE ! EOF( )
    SCATTER TO arr1
    INSERT INTO customer FROM ARRAY arr1
    SKIP
ENDDO
SELECT DISTINCT customer. ＊;
    FROM 订货管理! customer INNER JOIN 订货管理!
order_list ;
        ON customer. 客户号 = order_list. 客户号;
        ORDER BY customer. 客户号;
```

```
    INTO TABLE results. dbf
＊＊＊＊＊＊＊＊＊＊＊＊＊＊＊＊＊＊＊＊＊＊＊＊
```

步骤 3:在命令窗口输入命令 DO query1,程序将查询结果自动保存到新表 results 中。

（2）**【操作步骤】**

步骤 1:在命令窗口输入命令 MODIFY FORM form1,打开表单 form1. scx。

步骤 2:双击表单中的"确定"按钮,进入命令按钮的事件编辑窗口,在 Click 事件中的程序段如下。

```
＊＊＊＊"确定"命令按钮 Click 事件的源程序 ＊＊＊＊
    && 功能:如果用户输入的用户名和口令一致,则在提示
信息后关闭该表单
    && 否则重新输入用户名和口令。
If Thisform. Text1 = Thisform. Text2    && ＊＊＊＊
＊＊＊＊＊ Error ＊＊＊＊＊＊＊＊＊＊＊＊＊＊＊＊＊＊
＊＊＊＊
    WAIT "欢迎使用……" WINDOW TIMEOUT /1
    Thisform. Close    && ＊＊＊＊＊＊＊＊＊ Error ＊
＊＊＊＊＊＊＊＊＊＊＊＊＊＊＊＊＊＊＊＊＊＊
Else
    WAIT "用户名或口令不对,请重新输入……" WIN-
DOW TIMEOUT 1
Endif
```

```
＊＊＊＊＊＊＊＊＊＊＊＊＊＊＊＊＊＊＊＊＊＊＊＊
```

修改程序中的错误,正确的程序如下。

```
＊＊＊"确定"命令按钮 Click 事件修改后的程序 ＊＊＊
    If Thisform. Text1. Text = Thisform. Text2. Text  && 缺少
属性 Text
    WAIT "欢迎使用……" WINDOW TIMEOUT 1
    Thisform. Release    && 语法错误,关闭表单应该
为 Release
    Else
    WAIT "用户名或口令不对,请重新输入……" WIN-
DOW TIMEOUT 1
    Endif
```

```
＊＊＊＊＊＊＊＊＊＊＊＊＊＊＊＊＊＊＊＊＊＊＊＊
```

步骤 3:选中表单中的第二个文本框控件(Text2),在其属性面板中修改该控件的 PasswordChar 属性值为"＊",保存修改结果。

三、综合应用题

【解题思路】本大题考查的是表单设计,在本题中需要注意的地方是选项按钮组控件中改变单选按钮的属性是 But-tonCount,修改选项组中每个单选按钮的属性,可以通过属性面板中顶端的下拉列表框的控件名来选择,也可以用鼠标右键单击该控件,在弹出的快捷菜单中"编辑"命令,在编辑状态下单个选择控件;程序设计中,查询语句为基本 SQL 查询,在程序控制上可以通过分支语句 DO CASE - ENDCASE 语句来进行判断选项组中选择的单选按钮,并执行相应的命令,选项组中当前选择的单选按钮,可通过 Case Thisform. Option-group1. Value = 1,2,3,…语句来判断。

【操作步骤】

步骤1:在命令窗口中输入命令 CREATE FORM myf,打开表单设计器。

步骤2:通过"表单控件"工具栏向表单添加1个表格、1个选项按钮组和2个命令按钮。

步骤3:选中表单,在属性面板顶端的下拉列表框中选择Command1,修改该命令按钮控件的 Caption 属性值为"浏览",以同样的方法将第二个命令按钮设置 Caption 属性值改为"关闭",在属性面板顶端的下拉列表框中选择 Optiongroup1,将其 ButtonCount 属性值改为3。

步骤4:用鼠标右键单击选项按钮组,在弹出的快捷菜单中选择"编辑"命令,在此状态下(编辑状态下,控件四周出现蓝色框线)分别修改3个单选项的 Caption 属性值为"药查询"、"处方查询"和"综合查询"。

步骤5:双击命令按钮"浏览",编写该控件的 Click 事件,程序代码如下。

＊＊＊命令按钮Command1(浏览)的Click事件代码＊＊＊

```
DO CASE
  CASE Thisform. Optiongroup1. Value = 1
    SELECT  * ;
    FROM 药信息;
    INTO CURSOR temp
    Thisform. Grid1. RecordSourceType = 1
    Thisform. Grid1. RecordSource = "temp"
  CASE Thisform. Optiongroup1. Value = 2
    SELECT 处方号,药编号;
    FROM 处方信息;
    INTO CURSOR temp
    Thisform. Grid1. RecordSourceType = 1
    Thisform. Grid1. RecordSource = "temp"
  CASE Thisform. Optiongroup1. Value = 3
    SELECT 处方号,药名,医生. 姓名;
    FROM 医生,处方信息,药信息;
    WHERE 医生. 职工号 = 处方信息. 职工号;
      AND 处方信息. 药编号 = 药信息. 药编号;
      AND 药信息. 药编号 = 5;
    INTO CURSOR temp
    Thisform. Grid1. RecordSourceType = 1
    Thisform. Grid1. RecordSource = "temp"
ENDCASE
```

＊＊＊＊＊＊＊＊＊＊＊＊＊＊＊＊＊＊＊＊＊＊＊

步骤6:以同样的方法为"关闭"命令按钮编写 Click 事件代码 Thisform. Release。

步骤7:保存表单,完成设计。

第32套　参考答案及解析

一、基本操作题

【解题思路】本大题主要考查的是通过项目管理器来完成一些数据库及数据库表的操作,项目的建立可以直接在命令窗口输入命令来实现,数据库添加可以通过项目管理器中的命令按钮,打开相应的设计器直接管理。此外,还考查了索引和参照完整性的建立,建立索引表可以在数据表设计器中完成。设置参照完整性都是在数据库设计器中完成。

【操作步骤】

(1)启动 Visual FoxPro 后,在命令窗口输入命令 CREATE PROJECT my,新建一个项目管理器。

(2)在项目管理器 my 中,首先在"数据"选项卡中选择"数据库",然后单击选项卡右边的"添加"按钮,在系统弹出的"打开"对话框中,将考生文件夹中的数据库"职工"添加到项目管理器中,单击"确定"按钮。

(3)在项目管理器中,依次展开"数据库"分支,选择"员工"数据表,然后单击右边的"修改"命令按钮,进入"员工"的数据表设计器界面,在"索引"选项卡中,把"索引名"和"索引表达式"均改为"员工编码",在"索引类型"下拉列表框中,选择"候选索引"。单击"确定"按钮,保存表结构设计。

(4)根据3小题操作,为"职称"表建立一个"员工编码"的主索引。打开"职工"数据库设计环境,将"职称"表中"索引"下面的"员工编码"主索引字段拖到"员工"表中"索引"下面的"员工编码"索引字段上,建立了两个表之间的永久性联系。清理数据库,然后按题目要求编辑完整性约束。

二、简单应用题

【解题思路】本大题1小题主要考查的是菜单设计器的"结果"下拉列表框中各项的使用功能。例如,要建立下级菜单,在"结果"下拉列表框中就必须选择"子菜单"选项,而要执行某条菜单命令,就应该选择"命令"或"过程"选项。2小题考查了连接查询,设计过程中主要注意两个表之间进行关联的字段。

(1)【操作步骤】

步骤1:在命令窗口中输入命令 CREATE MENU my,系统弹出"新建"对话框,在对话框中单击"菜单"按钮,进入菜单设计器环境。

步骤2:根据题目要求,首先输入两个主菜单名称"文件"和"返回"。

步骤3:在"文件"的"结果"下拉列表框中选择"子菜单"选项,在"返回"的"结果"下拉列表框中选择"命令"选项。

步骤4:在"返回"菜单项的命令文本框中编写程序代码 SET SYSMENU TO DEFAULT。

步骤5:单击"文件"菜单项同一行中的"创建"按钮进入下级菜单的设计界面,此设计窗口与主窗口大致相同,然后编写每个子菜单项的名称"打开"和"新建"。

步骤6:根据题意,系统不再要求设计下级菜单,因此在两个子菜单的"结果"下拉列表框中选择"过程"或"命令"选项。

步骤7:选择【菜单】→【生成】命令,生成一个菜单文件 my. mpr。

(2)【操作步骤】

步骤1:直接在命令窗口输入 CREATE QUERY myq,打开查询设计器,新建一个查询。

步骤2:在查询设计器中,分别将"宿舍情况"和"学生信息"两个数据表文件添加到查询设计器中,系统自动查找两个数据表中匹配的字段进行内部联接,单击"确定"按钮。

步骤3:在查询设计器中的"字段"选项卡中,将"可用字段"列表框中的"学生信息.学号"、"学生信息.姓名"和"宿舍情况.宿舍"和"宿舍情况.电话"4个字段添加到右边的"选择字段"列表框中。

步骤4:在"排序依据"选项卡中,选择"学生信息.学号"升序排序。

步骤5:选择【查询】→【运行查询】命令,查看查询结果。

三、综合应用题

【解题思路】本大题主要考查的是表单中组合框的设置,该控件用来显示数据的重要属性是 RowsourceType 和 RowSource,在程序设计中,利用 SQL 语句在数据表中查找与选中条目相符的字段值。

【操作步骤】

步骤1:选择【文件】→【新建】命令,在类型选择框中选择"表单"选项,单击"新建文件"按钮,打开表单设计器。

步骤2:在属性窗口中设置表单的 Caption 属性为"工资发放额统计",Name 属性值改为 myf。

步骤3:从"表单控件"工具栏中选择一个组合框,两个文本框,一个命令按钮放置在表单上。

步骤4:在属性面板中设置命令按钮的 Caption 属性为"关闭",组合框的 RowSourceType 属性为"1 – 值",RowSource 属性为"01,02,03,04,05",Style 属性为"2 – 下拉列表框"。

步骤5:双击组合框,在其 Valid 事件中输入以下代码。

* * * * *组合框Combo1的Valid事件代码* * * * * *

SELECT 部门名 FROM 部门信息 WHERE 部门号 = Thisform.combo1.value INTO ARRAY temp

Thisform.Text1.Value = temp(1)

SELECT sum(工资) FROM 工资 WHERE 部门号 = Thisform.combo1.value INTO ARRAY temp2

Thisform.Text2.Value = temp2(1)

* *

步骤6:用同样的方法为"关闭"命令按钮编写 Click 事件代码 Thisform.Release。

步骤7:保存表单文件为 myf.scx 到考生文件夹下。

第33套 参考答案及解析

一、基本操作题

【解题思路】本大题主要考查的是通过项目管理器来完成一些数据库及数据库表的操作,项目的建立可以直接在命令窗口输入命令来实现,数据库添加可以通过项目管理器中的命令按钮,打开相应的设计器直接管理,添加数据表可以通过数据库设计器来完成,此外,还考查了表单的属性的修改。

【操作步骤】

(1)启动 Visual FoxPro 后,在命令窗口输入命令 CREATE PROJECT myp,新建一个项目管理器。

(2)在项目管理器 myp 中,首先在"数据"选项卡中选择

"数据库",然后单击选项卡右边的"添加"按钮,在系统弹出的"打开"对话框中,将考生文件夹中的数据库"学生"添加到项目管理器中,单击"确定"按钮。

(3)在项目管理器 my 中,首先在"数据"选项卡中选择"自由表",然后单击选项卡右边的"新建"按钮,在系统弹出的"新建表"对话框中,单击"新建表"按钮,将其命名称为 myt,保存在考生文件夹中。在弹出的 myt 表设计器的"字段"选项卡中,根据题意依次输入每个字段的字段名、类型和宽度。单击表设计器右边的"确定"按钮。

(4)选择【文件】→【打开】命令,或直接单击工具栏上的"打开"按钮,在弹出的对话框中选择要打开的表单文件 my.scx。单击表单空白处,在其属性面板中将其 Caption 属性值改为"信息查询"。单击工具栏上的"保存"按钮,保存修改。

二、简单应用题

【解题思路】本大题1小题考查了视图的建立,利用 SQL 命令定义视图,要注意的是在定义视图之前,首先应该打开相应的数据库文件,因为视图文件保存在数据库中,在磁盘上找不到该文件;2小题中考查的是在表单中设定数据环境,通过表单的数据环境快速建立表单控件和数据之间的联系,控制表中数据显示的属性是 RecordSource。

(1)【操作步骤】

步骤1:在命令窗口输入命令 MODIFY COMMAND,打开程序编辑器,编写如下程序段。

* * * * * *"程序1.prg"文件中的程序段* * * * * *

OPEN DATABASE salarydb

CREATE VIEW sview AS ;

　　SELECT 部门号,雇员号,姓名,工资,补贴,奖励,失业保险,医疗统筹,

　　工资 + 补贴 + 奖励 – 失业保险 – 医疗统筹 AS 实发工资

　　FROM salarys ORDER BY 部门号 DESC;

* *

步骤2:单击常用工具栏中的"运行"按钮,系统弹出"另存为"对话框,输入文件名 t1 保存在考生文件夹下。

(2)【操作步骤】

步骤1:选择【文件】→【新建】命令,或单击常用工具栏的"新建"按钮,打开"新建"对话框,选择"表单"单选项,然后单击"新建文件"按钮,打开表单设计器。

步骤2:在表单设计器中,用鼠标右键单击空白表单,在弹出的快捷菜单中选择"数据环境"命令,打开表单的数据环境,然后在"打开"对话框中选择数据表文件 salarys,添加到表单的数据环境中。

步骤3:关闭对话框,为表单添加一个表格控件和一个命令按钮控件。

步骤4:选中表格控件,在属性面板中修改控件的 Name 属性值为 grdsalarys,选择 RecordSource 属性值为 salarys,选择 RecordSourceType 的属性值为"0 – 表"。以同样的方法修改命令按钮的 Caption 属性值为"退出浏览"。

步骤5:最后双击命令按钮 Command1,在 Click 事件中编写命令 Thisform.Release,用来关闭表单。

步骤6:单击常用工具栏中的"运行"按钮,系统首先要求保存该表单文件,在弹出的"另存为"对话框中输入表单文件名form1,保存在考生文件夹下,关闭对话框。

三、综合应用题

【解题思路】本大题考查的是表单设计,在设计控件属性中,不要将控件的标题(Caption)和名称(Name)属性混淆了,名称属性是该控件的一个内部名称,而标题属性是用来显示的一个标签名称。程序部分属于SQL的简单连接查询,在显示查询结果时,首先可用一个临时表保存查询结果,然后将表格控件中来显示数据的属性值设置为该临时表,用来显示查询结果。

【操作步骤】

步骤1:在命令窗口输入命令 CREATE FORM mysupply,打开表单设计器。

步骤2:通过"常用"工具栏向表单添加一个表格和两个命令按钮。

步骤3:选中表单(Form1),在属性面板中修改其Name的属性值为mysupply,将Caption的属性值改为"零件供应情况",然后在属性面板顶端的下拉列表框中选择Command1,修改该命令按钮控件的Caption属性值为"查询",以同样的方法将第二个命令按钮的Caption属性值改为"退出"。

步骤4:双击命令按钮Command1(查询),编写该控件的Click事件,程序代码如下。

＊＊＊命令按钮Command1(查询)的Click事件代码＊＊＊

```
SELECT 零件.零件名, 零件.颜色, 零件.重量;
    FROM 供应零件! 零件 INNER JOIN 供应零件!
供应;
        ON 零件.零件号 = 供应.零件号;
    WHERE 供应.工程号 = "J4";
INTO CURSOR temp
Thisform.Grid1.RecordSourceType = 1
Thisform.Grid1.RecordSource = "temp"
```

＊＊＊＊＊＊＊＊＊＊＊＊＊＊＊＊＊＊＊＊＊＊＊

步骤5:以同样的方法为"退出"命令按钮编写Click事件代码如下。

＊＊命令按钮Command2(退出)的Click事件代码＊＊

```
    Thisform.Release
```

＊＊＊＊＊＊＊＊＊＊＊＊＊＊＊＊＊＊＊＊＊＊＊

步骤6:保存表单完成设计。

第34套 参考答案及解析

一、基本操作题

【解题思路】本大题考查的是通过项目管理器来完成一些数据库及数据库表的基本操作,项目的建立可以直接在命令窗口输入命令来实现,数据库添加及数据库表结构的修改可以通过项目管理器中的命令按钮,打开相应的设计器直接管理,数据库表的永久性联系,应在数据库设计器中完成。

【操作步骤】

(1)在命令窗口输入命令 CREATE PROJECT 供应,建立一个新的项目管理器。

(2)在建立好的项目管理器中,选择"数据"选项卡,然后选中列表中的"数据库",单击选项卡右边的"添加"按钮,将考生文件下的"供应零件"数据库文件添加到项目管理器中。

(3)在数据库设计器中,用鼠标右键单击"零件"表,在弹出的快捷菜单中选择"修改"命令,打开表设计器,为"零件"表的"零件号"字段建立主索引,同样为"供应"表建立普通索引。返回数据库设计器,将零件表中"索引"下面的"零件号"主索引字段拖到供应表中"索引"下面的"零件号"索引字段上,建立了零件和供应两个表之间的永久性联系。

(4)选中数据表文件"供应",单击右边的"修改"按钮,打开表设计器,在表设计器中选中"数量"字段,在"规则"文本框中输入的内容为"数量>0. and. 数量<9999",在"信息"文本框内输入""数量超范围""。

二、简单应用题

【解题思路】本大题1小题主要考查的是视图的建立,需要注意的是新建视图文件时,首先应该打开相应的数据库,且视图文件在磁盘中是找不到的,直接保存在数据库中。2小题考查的是在表单中设定数据环境,通过表单的数据环境快速建立表单控件和视图之间的联系。

(1)**【操作步骤】**

步骤1:选择【文件】→【打开】命令,或直接单击工具栏上的"打开"按钮,在弹出的对话框中选择要打开的数据库文件"员工信息管理.dbc"。

步骤2:在"数据库设计器"工具栏中,单击"新建本地视图"按钮,在弹出的"新建本地视图"对话框中,单击"新建视图"按钮,打开视图设计器,将"员工"数据表和"职称"数据表添加到视图设计器中,系统自动建立联接条件。

步骤3:根据题意,在视图设计器的"字段"选项卡中,将"可用字段"列表框中的字段"员工.职工编号"、"员工.姓名"、"员工.职称编号"和"职称.职称名称"添加到右边的"选择字段"列表框里中;

步骤4:在"筛选"选项卡中,字段名选择"职称.职称名称",条件选择"=",实例选项中输入""副教授""。完成视图设计,将视图以myview为文件名保存在考生文件夹下。

(2)**【操作步骤】**

步骤1:选择【文件】→【新建】命令,或直接单击工具栏上的"新建"图标,在弹出的对话框中文件类型选择"表单",单击对话框右边的"新建文件"按钮,弹出了Form1的表单设计器。

步骤2:单击工具栏上的"保存"按钮,以myfm为文件,将其名保存在考生文件夹下。

步骤3:在表单设计器中,用鼠标右键单击空白表单,在弹出的快捷菜单中选择"数据环境"命令,打开表单的数据环境。

步骤4:在"选择"单选框中选择"视图",将视图文件myview添加到数据环境中,将数据环境中的视图文件myview拖动到表单中,可看到在表单中出现一个表格控件,此时进入视图文件myview的窗口式输入界面。

步骤5:将表单的Caption属性值改为"视图查看"。最后在"表单控件工具栏"中,选中命令按钮控件添加到表单中,在属性对话框中修改该命令按钮的 Caption 属性值为"关闭"。

步骤 6:双击该命令按钮,在其 Click 事件中输入程序 Thisform. Release。

步骤 7:在命令窗口输入命令 DO FORM myfm,查看表单运行结果。

三、综合应用题

【解题思路】本大题主要考查的是视图的建立,需要注意的是新建视图文件时,首先应该打开相应的数据库,且视图文件在磁盘中是找不到的,直接保存在数据库中。另外考查的是在表单中设定数据环境,通过表单的数据环境快速建立表单控件和视图之间的联系。使用 MESSAGEBOX( ) 函数,可弹出信息对话框。

【操作步骤】

步骤 1:选择【文件】→【打开】命令,或直接单击工具栏上的"打开"按钮,在弹出的对话框中选择要打开的数据库文件"学籍管理.dbc"。

步骤 2:在数据库设计器中,单击"新建本地视图"按钮,在弹出的"新建本地视图"对话框中,单击"新建视图"按钮,打开视图设计器,将"课程信息"数据表、"学生信息"数据表和"选课信息"数据表添加到视图设计器中,系统自动建立联接条件。

步骤 3:根据题意,在视图设计器的"字段"选项卡中,将"可用字段"列表框中的字段"学生信息.学号"、"学生信息.姓名"、"课程信息.课程名称"和"选课信息.成绩"添加到右边的"选择字段"列表框里中;

步骤 4:在"排序依据"选项卡中,依次选择"学生信息.学号"和"课程信息.课程名称"作为排序条件,并选择升序排序。

步骤 5:完成视图设计,将视图以 myv 文件名保存在考生文件夹下。

步骤 6:选择【文件】→【新建】命令,或直接单击工具栏上的"新建"按钮,在弹出的对话框中文件类型选择"表单",单击对话框右边的"新建文件"按钮,弹出了 Form1 的表单设计器,单击工具栏上的"保存"按钮,以 myf 为文件名,将其保存在考生文件夹下。

步骤 7:在表单设计器中,用鼠标右键单击空白表单,在弹出的快捷菜单中"数据环境"命令,打开表单的数据环境,在"选择"单选框中选择"视图",将视图文件 myv 添加到数据环境中,将数据环境中的视图文件 myv 拖放到表单中,可看到在表单中出现一个表格控件,此时进入视图文件"myv"的窗口式输入界面。

步骤 8:将表单的 Caption 属性值改为"学籍查询"。最后在"表单控件"工具栏中,选中命令按钮控件添加到表单中,在属性对话框中修改该命令按钮的 Caption 属性值为"关闭"。

步骤 9:双击该命令按钮,在 Click 事件中输入程序:

* * * 命令按钮Command1(关闭)的Click事件代码 * * *

giveup = MESSAGEBOX("是否退出?",36,"信息窗口")

IF giveup = 6 && 选择"是"按钮,关闭表单
　Thisform. Release
ENDIF

* *

运行表单,查看运行结果。

第35套　参考答案及解析

一、基本操作题

【解题思路】本大题主要考查的是数据库和数据表之间的联系,数据库添加可以通过项目管理器中的命令按钮,数据表的删除、移去可在数据库设计器中完成,建立索引可以在数据表设计器中完成。

【操作步骤】

(1)在命令窗口输入命令 MODIFY PROJECT my,打开项目管理器。在项目管理器 my 中,首先在"数据"选项卡中选择"数据库",然后单击选项卡右边的"添加"命令按钮,在系统弹出的"打开"对话框中,将考生文件夹中的数据库"成绩"添加到项目管理器中,单击"确定"按钮。

(2)在项目管理器中,选中"成绩"数据库,单击右边的"修改"按钮,在"成绩"数据库设计器中,用鼠标右键单击"选修"数据表文件,在弹出的快捷菜单中选择"删除"命令,系统弹出对话框,在对话框中单击"删除"按钮,将"选修"表从数据库中永久删除。

(3)在项目管理器中,选中"成绩"数据库,单击右边的"修改"命令按钮,在"成绩"数据库设计器中,用鼠标右键单击"积分"数据表文件,在弹出的快捷菜单中选择"删除"命令,系统弹出对话框,在对话框中单击"移去"按钮,将"积分"表变为自由表。

(4)在项目管理器中,依次展开"数据库"分支,选择"学生"数据表,然后单击右边的"修改"按钮,进入"学生"的数据表设计器界面,在"索引"选项卡中,把"索引名"和"索引表达式"均改为"学号",在"索引类型"下拉列表框中,选择"主索引"。单击"确定"按钮,保存表结构设计。

二、简单应用题

【解题思路】本大题 1 小题主要考查的是菜单设计器的"结果"下拉列表框中各项的使用功能,例如,要建立下级菜单,在"结果"下拉列表框中就必须选择"子菜单"选项,而要执行某条菜单命令,就应该选择"命令"或"过程"选项。2 小题考查了 SQL 连接查询,设计过程中主要注意两个表之间进行关联的字段。

(1)【操作步骤】

步骤 1:在命令窗口中输入命令 CREATE MENU my,系统弹出"新建"对话框,在对话框中单击"菜单"按钮,进入菜单设计器环境。

步骤 2:根据题目要求,首先输入两个主菜单名称"日期"和"退出"。在"日期"的"结果"下拉列表框中选择"子菜单"选项,在"退出"的"结果"下拉列表框中选择"命令"选项。

步骤 3:在"退出"菜单项的命令文本框中编写程序代码 SET SYSMENU TO DEFAULT。

步骤4:接着单击"日期"菜单项同一行中的"创建"按钮,进入下级菜单的设计界面,此设计窗口与主窗口大致相同,然后编写每个子菜单项的名称"月份"和"年份"。

步骤5:根据题意,系统不再要求设计下级菜单,因此在两个子菜单的"结果"下拉列表框中选择"过程"或"命令"选项。

步骤6:选择【菜单】→【生成】命令,生成一个菜单文件my. mpr。

(2)【操作步骤】

步骤1:在命令窗口中输入命令 MODIFY COMMAND query1。

打开程序文件编辑器,在程序文件编辑器窗口输入如下程序段。

＊＊＊＊＊文件query1. prg中的程序段＊＊＊＊＊＊

SELECT 姓名,电话号码;

FROM 宿舍信息,学生信息;

WHERE 宿舍信息. 宿舍 ＝学生信息. 宿舍;

INTO TABLE my

＊＊＊＊＊＊＊＊＊＊＊＊＊＊＊＊＊＊＊＊＊＊＊＊＊

步骤2:保存文件,在命令窗口输入命令 DO query1,运行程序,通过 BROWSE 命令可查看结果。

三、综合应用题

【解题思路】本大题主要考查的是 SQL 语句的应用,设计过程中可利用临时表来存放查询结果,通过"订单号"建立两个表之间的联系,再利用 DO 循环语句对表中的记录逐条更新。

【操作步骤】

步骤1:在命令窗口中输入命令 MODIFY COMMAND myp,打开程序文件编辑器。

步骤2:在程序文件编辑器窗口输入如下程序段。

＊＊＊＊＊＊文件myp. prg中的程序段＊＊＊＊＊＊＊

&& 查找错误记录

SELECT 订单号,SUM(单价＊数量) AS 总金额;

　FROM 货物信息;

　GROUP BY 订单号;

　INTO CURSOR atemp

SELECT 定货信息. ＊;

　FROM atemp,定货信息;

　WHERE atemp. 订单号 ＝定货信息. 订单号;

　　AND atemp. 总金额 ＜＞定货信息. 总金额;

　INTO TABLE 修正

SELECT 订单号,SUM(单价＊数量) AS 总金额;

　FROM 货物信息;

　GROUP BY 订单号;

　INTO CURSOR atemp

DO WHILE NOT EOF( )

　UPDATE 修正 SET 总金额 ＝atemp. 总金额;

　　WHERE 修正. 订单号 ＝atemp. 订单号

SKIP

ENDDO

＊＊＊＊＊＊＊＊＊＊＊＊＊＊＊＊＊＊＊＊＊＊＊＊＊

步骤3:在命令窗口执行命令 DO myp,运行程序。

第36套　参考答案及解析

一、基本操作题

【解题思路】本大题考查的主要是数据库和数据库表的一些基本操作,添加数据表是在数据库设计器中完成的,为数据表建立索引、设置字段有效性规则都是在数据表设计器中完成的,表单控件中,决定控件是否可用的一个重要属性为 Enabled。

【操作步骤】

(1)在命令窗口输入命令 MODIFY DATABASE rate,打开数据库。用鼠标右键单击数据库,在弹出的快捷菜单中选择"添加表"命令,在弹出的"打开"对话框中,将考生文件夹下的 rate_exchange 和 currency_sl 两个自由表分别添加到数据库 rate 中。

(2)在数据库设计器中,用鼠标右键单击 rate_exchange 数据表,在弹出的快捷菜单中选择"修改"命令,打开表设计器,在"字段"选项卡中为"外币代码"字段选择一个索引排序,然后选择"索引"选项卡,在"索引"下拉列表框中选择索引类型为"主索引"。以同样的方法为 currency_sl 表的"外币代码"字段建立一个普通索引。

(3)在数据库设计器中,用鼠标右键单击 currency_sl 数据表,在弹出的快捷菜单中选择"修改"命令,系统弹出表设计器,选中"持有数量"字段,在"字段有效性"区域内,在"规则"文本框中输入的内容为"持有数量 ＞0",在"信息"文本框内输入""持有数量不能为0"",默认值为"100"。

(4)在命令窗口输入命令 MODIFY FORM test_form,打开表单设计器,选中"登录"按钮,将其 Enabled 属性值改为". T."。

二、简单应用题

【解题思路】本大题1小题考查了 SQL 连接查询,设计过程中主要注意两个表之间进行关联的字段,将一个表的记录向数据库表插入时,可通过数组进行插入;2小题考查的是多表查询文件的建立及查询去向。在设置查询去向时,应该注意表的选择。

(1)【操作步骤】

步骤1:在命令窗口中输入命令 MODIFY COMMAND 汇率情况。

步骤2:打开程序文件编辑器,在程序文件编辑器窗口输入如下程序段。

＊＊＊＊＊文件"汇率情况"中的程序段＊＊＊＊＊＊

SELECT 外汇代码. 外币代码, 外汇代码_a. 外币代码, 外汇汇率. 买入价, 外汇汇率. 卖出价;

FROM 外汇! 外币代码 INNER JOIN 外汇! 外汇汇率;

　INNER JOIN 外汇! 外币代码 外币代码_a ;

　　ON 外汇汇率. 币种2 ＝ 外币代码_a. 外币名称 ;

　　ON 外币代码. 外币名称 ＝ 外汇汇率. 币种1;

　INTO CURSOR atemp

&& 写入数据表 rate 中

```
GO TOP
DO WHILE NOT EOF( )
    SCATTER TO arr
    INSERT INTO rate FROM ARRAY arr
    SKIP
ENDDO
```

＊＊＊＊＊＊＊＊＊＊＊＊＊＊＊＊＊＊＊＊

步骤3：在命令窗口输入命令 DO 汇率情况，运行程序，通过 BROWSE 命令可查看结果。

（2）【操作步骤】

步骤1：在命令窗口输入命令 CREATE QUERY qx，打开查询设计器，新建一个查询。

步骤2：在查询设计器中，分别将"外汇帐户"和"外汇代码"两个数据表文件添加到查询设计器中，系统自动查找两个数据表中匹配的字段进行内部联接，单击"确定"按钮。

步骤3：在查询设计器中的"字段"选项卡中，将"可用字段"列表框中的"外汇代码.外币名称"、"外汇帐户.钞汇标志"和"外汇帐户.金额"3 个字段添加到右边的"选择字段"列表框中。

步骤4：在"筛选"选项卡的"字段名"下拉列表框中选择"外汇代码.外币名称"，在"条件"下拉列表框中选择"＝"，在实例文本框中输入"日元"，在"逻辑"下拉列表框中选择"OR"，在下一条件的"字段名"下拉列表框中选择"外汇代码.外币名称"，在"条件"下拉列表框中选择"＝"，在实例文本框中输入"欧元"。

步骤5：在"排序依据"选项卡的"选择字段"选择"外汇代码.外币名称"为"排序条件"并选择"升序"排序，选择"外汇帐户.金额"并选择为"降序"排序。选择【查询】→【查询去向】命令，系统弹出"查询去向"对话框，单击"表"按钮，在"表名"文本框中输入表名 wb，单击"确定"按钮退出。。

步骤6：选择【查询】→【运行查询】命令，查询结果将自动保存到 wb 数据表中。

三、综合应用题

【解题思路】本大题考查了表单设计，在设计控件属性时，不要将控件的标题和名称属性混淆；程序部分考查了MAX，MIN 函数的应用，考生应该熟悉各种函数的应用以及GROUP BY 与 ORDER BY 的区别。

【操作步骤】

步骤1：在命令窗口中输入命令 CREATE FORM my，打开表单设计器。

步骤2：通过"表单控件"工具栏向表单添加 3 个命令按钮。

步骤3：选中表单，在属性面板中修改其 Caption 的属性值为"成绩查询"，在属性面板顶端的下拉列表框中选择Command1，修改该命令按钮控件的 Caption 属性值为"查询最高分"，选择 Command2，修改该命令按钮控件的 Caption 属性值为"查询最低分"，选择 Command3，修改该命令按钮控件的 Caption 属性值为"关闭"。

步骤4：分别编写各个命令按钮的 Click 事件。

＊ 命令按钮Command1（查询最高分）的Click事件代码 ＊

```
SELECT 姓名,课程名称,MAX(成绩) AS 最高分;
    FROM 课程信息,成绩信息,学生信息;
    WHERE 课程信息.课程号 = 成绩信息.课程号;
        AND 学生信息.学号 = 成绩信息.学号;
    GROUP BY 课程信息.课程号
```

＊＊＊＊＊＊＊＊＊＊＊＊＊＊＊＊＊＊＊＊

＊ 命令按钮Command2（查询最低分）的Click事件代码 ＊

```
SELECT 姓名,课程名称,MIN(成绩) AS 最低分;
    FROM 课程信息,成绩信息,学生信息;
    WHERE 课程信息.课程号 = 成绩信息.课程号;
        AND 学生信息.学号 = 成绩信息.学号;
    GROUP BY 课程信息.课程号
```

＊＊＊＊＊＊＊＊＊＊＊＊＊＊＊＊＊＊＊＊

步骤5：最后双击"关闭"按钮，在 Click 事件中编写程序命令 Thisform.Release。

步骤6：保存并运行表单。

第37套 参考答案及解析

一、基本操作题

【解题思路】本大题主要考查的是通过项目管理器来完成一些数据库及数据库表的操作，项目的建立可以直接在命令窗口输入命令来实现，数据库添加可以通过项目管理器中的命令按钮，打开相应的设计器直接管理。此外，还考查了表单的属性的修改。

【操作步骤】

（1）启动 Visual FoxPro 后，在命令窗口输入命令 CREATE PROJECT myp，新建一个项目管理器。

（2）在项目管理器 myp 中，首先在"数据"选项卡中选择"数据库"，然后单击选项卡右边的"新建"按钮，在系统弹出的"新建数据库"对话框中，单击"新建数据库"按钮，在弹出的"创建"对话框中，以 myd 命名新建的数据库，单击"保存"按钮。

（3）选择【文件】→【打开】命令，或直接单击工具栏上的"打开"图标，在弹出的对话框中选择要打开的表单文件 my.scx。选中表单上的命令按钮，将其 Caption 属性值改为"查看"。单击工具栏上的"保存"按钮，保存修改。

（4）在项目管理器 myp 中，首先在"文档"选项卡中选择"表单"，然后单击选项卡右边的"添加"按钮，在系统弹出的"打开"对话框中，将考生文件夹中的表单 my 添加到项目管理器中，单击"确定"按钮。

二、简单应用题

【解题思路】本大题 1 小题考查了视图的建立，利用 SQL 命令定义视图，要注意的是在定义视图之前，首先应该打开相应的数据库文件，因为视图文件是保存在数据库中，在磁盘上找不到该文件。2 小题考查的是根据表单向导生成联系多表的报表内容，利用向导时应注意父表和子表的选择。

（1）【操作步骤】

步骤1：在命令窗口输入命令 MODIFY FILE my，打开文本编辑器。

步骤2：在编辑器中输入以下程序段。

＊＊＊＊＊＊＊文件my. txt中的程序段＊＊＊＊＊＊＊

OPEN DATABASE 送货管理. dbc

CREATE VIEW shitu AS;

SELECT 订单号,器件号,器件名,价格,数量,价格＊数量 AS 总金额;

FROM 送货;

ORDER BY 总金额 DESC

＊＊＊＊＊＊＊＊＊＊＊＊＊＊＊＊＊＊＊＊＊＊＊

步骤3:在命令窗口输入命令 DO my. txt,运行程序。

(2)【操作步骤】

步骤1:选择【工具】→【向导】→【报表】命令,出现"向导选择"对话框,根据题意数据源是多个表,因此选择"一对多报表向导"。单击"确定"。

步骤2:在弹出的对话框中"数据库和表"选项选择父表"产品信息",并把全部"可用字段"选为"选择字段"。

步骤3:单击"下一步"按钮,选择子表"外型信息",并把全部"可用字段"选为"选择字段"。

步骤4:单击"下一步"按钮,系统自动以"产品编号"建立两表之间的关系。

步骤5:单击"下一步"按钮,在"排序记录"中选择"产品编号",并选择升序排序。

步骤6:单击"下一步"按钮报表样式选择为"随意式",方向为"纵向"。

步骤7:单击"下一步"按钮把表单标题改为"送货浏览",可以在单击"完成"按钮之前单击"预览"按钮来预览生成的报表,最后单击"完成"按钮。

步骤8:将报表以 myr 为文件名保存在考生文件夹中。

三、综合应用题

【解题思路】本大题主要考查的是表单中组合框的设置,该控件用来显示数据的重要属性是 RowSourceType 属性和 RowSource 属性,在程序设计中,利用 SQL 语句在数据表中查找与选中条目相符的字段值进行统计,属于简单查询,可将查询结果保存到一个数组中,然后通过文本框的 Value 属性将结果在文本框中显示。

【操作步骤】

步骤1:选择【文件】→【新建】命令,在类型选择框中选择"表单",单击"新建文件"按钮,打开表单设计器。

步骤2:在属性窗口中设置表单 form1 的 Name 属性为 form_item,Caption 属性为"使用零件情况统计"。

步骤3:从表单控件工具栏中选择一个组合框、两个按钮和一个文本框放置在表单上。

步骤4:在属性面板中设置组合框的 RowSourceType 属性为"1 - 值",RowSource 属性为"s1,s2,s3",Style 属性为"2 - 下拉列表框"。设置按钮 Command1 的 Caption 属性为"统计",Command2 的 Caption 属性为"退出"。

步骤5:双击命令按钮 Command1,在其 Click 事件中编写如下代码。

＊＊＊命令按钮Command1(统计)的Click事件＊＊＊＊

SELECT SUM(零件信息. 单价＊使用零件. 数量);

　　FROM 零件信息 INNER JOIN 使用零件;

　　INNER JOIN 项目信息;

　　ON 使用零件. 项目号 ＝ 项目信息. 项目号;

　　ON 零件信息. 零件号 ＝ 使用零件. 零件号;

　　WHERE 使用零件. 项目号 ＝ ALLTRIM（Thisform. COMBO1. VALUE）;

　　GROUP BY 项目信息. 项目号;

　　INTO ARRAY TEMP

　　Thisform. TEXT1. VALUE ＝ TEMP

＊＊＊＊＊＊＊＊＊＊＊＊＊＊＊＊＊＊＊＊＊＊＊＊

步骤6:同样在 Command2 的 Click 事件中编写代码 Thisform. Release。

步骤7:保存表单文件为 form_item 到考生文件下。

第38套　参考答案及解析

一、基本操作题

【解题思路】本大题主要考查了 SQL 的操作功能,包括数据的插入（INSERT）、更新（UPDATE）、查询（SELECT）和删除（DELETE）。

【操作步骤】

在命令窗口中输入命令 MODIFY FILE my,打开文本编辑器,在编辑器中,依次输入以下4条语句。

＊＊＊＊＊＊文件my. txt中的程序段＊＊＊＊＊＊＊

SELECT ＊ FROM 学生 WHERE 楼层数 ＝3;

INSERT INTO 学生 VALUES(138,"刘云","男",23,5)

DELETE FROM 学生 WHERE 学号 ＝200;

UPDATE 学生 SET 年龄 ＝ 年龄 +1;

＊＊＊＊＊＊＊＊＊＊＊＊＊＊＊＊＊＊＊＊＊＊＊＊

保存文件,在命令窗口执行命令 DO my. txt,运行各条语句。

二、简单应用题

【解题思路】本大题1小题考查的是 SQL 多表联接查询,只需要注意每个表中字段的选择,以及每两个表之间进行关联的字段即可;2 小题主要考查报表向导的使用,只要根据每个向导界面的提示来完成相应的步骤即可。

(1)【操作步骤】

步骤1:在命令窗口输入命令:MODIFY FILE rate. txt,打开程序编辑器。

步骤2:在程序编辑器中,编写如下程序段。

＊＊＊＊＊＊＊文件rate. txt中的程序段＊＊＊＊＊＊＊

SELECT rate _ exchange. 外币名称, currency _ sl. 持有数量;

　　FROM currency_sl INNER JOIN rate_exchange ;

　　ON currency_sl. 外币代码 ＝ rate_exchange. 外币代码;

WHERE currency_sl. 姓名 ＝"林诗因";

ORDER BY currency_sl. 持有数量;

INTO TABLE rate_temp. dbf

＊＊＊＊＊＊＊＊＊＊＊＊＊＊＊＊＊＊＊＊＊＊＊＊

步骤3:在命令窗口输入命令 DO rate. txt,执行程序。

（2）【操作步骤】

步骤1：选择【文件】→【新建】命令，或从常用工具栏中单击"新建"按钮，在弹出的"新建"对话框中选择"报表"选项，再单击"向导"按钮，系统弹出"向导选择"对话框，在列表框中选择"一对多报表向导"，单击"确定"按钮。选择"一对多报表向导"后，系统首先要求选择一对多报表中作为父表的数据表文件。

步骤2：根据题意，选择 rate_exchange 表作为父表。从"可用字段"列表框中将"rate_exchange.外币名称"字段添加到右边的"选择字段"列表框中，用做父表的可用字段。

步骤3：单击"下一步"按钮，设计子表的可用字段，操作方法与父表选择字段的方法一样，将 currency_sl 表中的所有字段添加到"选择字段"列表框中。

步骤4：单击"下一步"按钮，进入"建立表关联"的设计界面，在此处系统已经默认设置好进行关联的字段：父表的"外币代码"和子表的"外币代码"字段。

步骤5：单击"下一步"按钮，进入"选择排序方式"的设计界面，将"可用字段或索引标识"列表框中的"外币代码"字段添加到右边的"选择字段"列表框中，并选择"降序"选项。

步骤6：单击"下一步"按钮，进入"选择报表样式"的界面，在"样式"列表框中选择"经营式"，在"方向"选项组中选择"横向"。

步骤7：单击"下一步"按钮，进入最后的"完成"设计界面，在"标题"文本框中输入"外币持有情况"为报表添加标题，单击"完成"命令按钮，在系统弹出的"另存为"对话框中，将报表以 currency_report 文件名保存在考生文件夹下，退出报表设计向导。

三、综合应用题

【解题思路】本大题主要考查的是 SQL 语句的应用，程序部分属于 SQL 的简单连接查询，在显示查询结果时，首先可用一个临时表保存查询结果，然后将表格控件中来显示数据的属性值设置为该临时表，用来显示查询结果。

【操作步骤】

步骤1：选择【文件】→【新建】命令，在类型选择框中选择"表单"，单击"新建文件"按钮，打开表单设计器。

步骤2：在属性窗口中设置表单的 Caption 属性为"仓库管理"，从"表单控件"工具栏中选择一个文本框，一个标签，一个表格控件，两个命令按钮放置在表单上。

步骤3：在属性面板中分别设置两个命令按钮的 Caption 属性分别为"查询"和"关闭"，设置标签的 Caption 属性值为"请输入订购单号"。

步骤4：双击命令按钮"查询"，编写该控件的 Click 事件，程序代码如下。

* * * 命令按钮Command1（查询）的Click事件代码 * * *
```
SELECT 供应商名,订购单.职工号,仓库号,订购日期;
  FROM 订购单,供应商,职工;
  WHERE 订购单.供应商号=供应商.供应商号;
    AND 职工.职工号=订购单.职工号;
  AND 订购单号=ALLTRIM(Thisform.Text1.value);
```

```
  INTO CURSOR temp
Thisform.Grid1.RecordSourceType=1
Thisform.Grid1.RecordSource="temp"
```
* *

步骤5：以同样的方法为"关闭"命令按钮编写 Click 事件代码 Thisform.Release。

步骤6：将表单以 myf.scx 为文件名,保存到考生文件夹下。

第39套　参考答案及解析

一、基本操作题

【解题思路】本大题考查的是有关修改数据库表结构的基本操作，包括添加字段、设置字段的完整性约束。同时需要掌握在已有的表中插入记录的方法，以及使用 SELECT 语句查询满足条件的记录。

【操作步骤】

（1）选择【文件】→【打开】命令，或直接单击工具栏上的"打开"按钮，在弹出的对话框中选择要打开的数据库文件 mydb。

在数据库设计器中，用鼠标右键单击数据库表"积分"，在弹出的快捷菜单中选择"修改"命令，进入"积分"的数据表设计器界面，在"字段"选项卡中，单击表设计器右边的"插入"按钮，输入新的字段名"地址"，根据题意，依次输入类型、宽度。

（2）在数据库设计器中，用鼠标右键单击数据库表"积分"，在弹出的快捷菜单中选择"修改"命令，进入"积分"的数据表设计器界面，在"字段"选项卡中，首先选中"积分"字段，然后在规则文本框中输入"积分>=400"，在信息文本框中输入""输入的积分值太少""，单击"确定"按钮，保存表设计结果。

（3）在数据库设计器中，用鼠标右键单击"积分"数据表，在弹出的快捷菜单中选择"修改"命令，打开表设计器，在"字段"选项卡中选中"地址"字段，然后在"字段有效性"的"默认值"文本框中输入""北京市中关村""。

（4）在命令窗口输入 MODIFY FILE my，在弹出的文本编辑器中输入如下命令。

```
INSERT INTO 积分 VALUES("张良",1800,"服装公司","北京市中关村")
SELECT * FROM 积分 WHERE 积分>=1500;
```

保存文件。在命令窗口输入 DO my.txt 命令可查看运行结果。

二、简单应用题

【解题思路】本大题第1小题考查的是索引的建立，字段有效性的建立。建立表索引及有效性规则的设置可以在数据表设计器中完成；第2小题考查了 SQL 连接查询，设计过程中主要注意两个表之间进行关联的字段。

（1）【操作步骤】

步骤1：在命令窗口输入命令 USE student 和 MODIFY STRUCTURE。

步骤2：打开 student 的数据表设计器界面，在"索引"选项卡的"索引名"和"索引表达式"中输入"学号",在"类型"的下拉列表框中选择"主索引"。

步骤3:用同样的方法,在"索引"选项卡第二行的"索引名"和"索引表达式"中输入"系号",在"类型"的下拉列表框中选择"普通索引"。

步骤4:在"字段"选项卡中,首先选中"年龄"字段,然后在规则文本框中输入"年龄 > = 15. AND. 年龄 < = 30",在默认值文本框中输入"18"。

步骤5:单击"确定"按钮,关闭表设计器,保存数据表修改。

（2）【操作步骤】

步骤1:在命令窗口中输入命令 MODIFY COMMAND query1。

步骤2:打开程序文件中编辑,在程序文件编辑器窗口输入如下程序段。

＊＊＊＊＊文件query1. prg中的程序段＊＊＊＊＊＊

　　SELECT order_detail.订单编号,器件号,器件名,价格,数量

　　FROM customer1,order_detail,order_list

　　WHERE customer1.客户号 = order_list.客户号;

　　　AND order_list.订单编号 = order_detail.订单编号;

　　　AND customer1.客户名 = "飞腾贸易公司";

　　ORDER BY order_detail.订单编号 ASC ,价格 DESC;

　　INTO TABLE res

＊＊＊＊＊＊＊＊＊＊＊＊＊＊＊＊＊＊＊＊＊

步骤3:在命令窗口输入命令 DO query1,运行程序,查询结果自动保存到 res 表中,通过 BROWSE 命令可查看结果。

三、综合应用题

【解题思路】本大题考查的主要是通过表格控件,实现父子表记录的联动显示,首先需要添加用于显示的数据表到表单的数据环境中,然后在两个表格的"生成器"对话框中,进行相应的设置,实现表格中记录联动的功能,调用菜单文件,一般是在表单的 Load 事件中完成。

【操作步骤】

步骤1:在命令窗口输入命令 CREATE FORM myform,打开表单设计器窗口。

步骤2:从常用工具栏中单击"表格"按钮,添加两个表格到新建的表单中,用鼠标右键单击表单,在弹出的快捷菜单中选择"数据环境"命令,在数据环境中添加表 customer 和 order,系统自动建立好两表的关联。

步骤3:返回表单设计器中,用鼠标右键单击表格 grid1,在弹出的快捷菜单中选择"生成器"命令,弹出"表格生成器"对话框,在"1. 表格项"中选择 customer,将表中所有字段添加到选择字段中。

步骤4:以同样的方法将 order 表中的所有字段添加到选择字段中,选择"4. 关系"选项卡,把"父表中的关键字段"设置为"customer. 客户编号",把"子表中的相关索引"设置为"客户编号"。

步骤5:双击表单,编写表单的 Load 事件代码 DO my-menu. mpr,保存表单,关闭表单设计器窗口。

步骤6:在命令窗口输入命令 CREATE MENU mymenu,在弹出的"菜单设计器"中的"菜单名称"文本框中输入"退出",结果为"过程",相关代码如下所示。

myform. Release

SET SYSMENU TO DEFAULT

步骤7:选择【菜单】→【生成】命令,生成可执行菜单文件,保存菜单,关闭菜单设计器。

步骤8:在命令窗口执行命令 DO form myform,运行程序。

第40套　参考答案及解析

一、基本操作题

【解题思路】本大题主要考查的是通过项目管理器来完成一些数据库及数据库表的操作,项目的建立可以直接在命令窗口输入命令来实现,数据库添加可以通过项目管理器中的命令按钮,打开相应的设计器直接管理,数据库表的移去,应在数据库设计器中完成。此外,还考查了表单的属性的修改。

【操作步骤】

（1）启动 Visual FoxPro 后,在命令窗口输入命令 CRE-ATE PROJECT my,新建一个项目管理器。

（2）在项目管理器 my 中,首先在"数据"选项卡中选择"数据库",然后单击选项卡右边的"添加"命令按钮,在系统弹出的"打开"对话框中,将考生文件夹中的数据库"客商"添加到项目管理器中,单击"确定"按钮。

（3）选择"客商"数据库,单击项目管理器中的"修改"命令按钮,打开数据库设计器。在数据库设计器中,用鼠标右键单击"价格"数据表文件,在弹出的快捷菜单中选择"删除"命令,系统弹出对话框,在对话框中单击"移去"按钮,将"价格"表从数据库中移出。

（4）选择【文件】→【打开】命令,或直接单击工具栏上的"打开"图标,在弹出的对话框中选择要打开的表单文件my. scx。

在表单的属性栏里找到 BackColor 属性,将其属性值设置为"0,0,255",系统自动将表单的背景颜色设置为蓝色。

二、简单应用题

【解题思路】本大题第1小题考查了视图的建立,利用SQL 命令定义视图,要注意的是在定义视图之前,首先应该打开相应的数据库文件,因为视图文件是保存在数据库中,在磁盘上找不到该文件。第2小题考查的是在表单中设定数据环境,通过表单的数据环境快速建立表单控件和数据之间的联系。

（1）【操作步骤】

步骤1:在命令窗口首先输入命令 OPEN DATABASE sal-ary,打开数据库文件。

步骤2:在命令窗口输入命令 MODIFY COMMAND gz,打开程序编辑器。

步骤3:在程序编辑器中,编写如下程序段。

＊＊＊＊＊＊文件gz. prg中的程序段＊＊＊＊＊＊＊

CREATE VIEW myview AS;

SELECT gz. 部门编号, gz. 雇员编号, gz. 姓名, gz. 工资,

      gz. 补贴, gz. 奖励, gz. 失业保险, gz. 医疗统筹,

      gz. 工资 + gz. 补贴 + gz. 奖励 – gz. 医疗统筹 – gz. 失业保险 AS 实发工资;

    FROM salary! gz;

    ORDER BY gz. 部门编号 DESC

* *

步骤4：在命令窗口首先输入命令 DO gz，运行程序。

（2）【操作步骤】

步骤1：选择【文件】→【新建】命令，或直接单击工具栏上的"新建"按钮，在弹出的对话框中文件类型选择"表单"，单击对话框右边的"新建文件"按钮，弹出了 Form1 的表单设计器。

步骤2：单击工具栏上的"保存"按钮，以"my1"为文件名，将其保存在考生文件夹下。

步骤3：在表单设计器中，用鼠标右键单击空白表单，在弹出的快捷菜单中选择"数据环境"命令，打开表单的数据环境。

步骤4：将数据表文件 gz 添加到数据环境中，将数据环境中的 gz 表拖放到表单中（应选中数据表的标题栏进行拖放），可看到在表单中出现一个表格控件，此时进入 gz 表的窗口式输入界面。

步骤5：将表单的 Caption 属性值改为"工资浏览"。

步骤6：在"表单控件工具栏"中，选中命令按钮控件添加到表单中，在属性对话框修改该命令按钮的 Caption 属性值为"关闭"，双击该命令按钮，在 Click 事件中输入程序 Thisform. Release。

步骤7：在命令窗口输入命令 DO FORM my1，查看表单运行结果。

三、综合应用题

【解题思路】本大题考查的是表单设计，在本题中需要注意的地方是选项按钮组控件中改变单选按钮的属性是 ButtonCount，页框控件中改变页面的属性是 PageCount，对页框中单个页面进行编辑设计时，应使页框处于"编辑"状态下，才可以对页框中所包含的控件进行编辑，利用表格显示数据表中的内容，主要是通过 RecordSourceType 和 RecordSource 两个属性来实现，需要注意的是在为表格选择数据表时，首先应该将该表添加到表单的数据环境中。

【操作步骤】

步骤1：在命令窗口中输入命令 CREATE FORM myf，打开表单设计器。

步骤2：通过"常用工具栏"向表单添加一个页框控件，一个选项按钮组和一个命令按钮。

步骤3：在常用工具栏中打开表单数据环境，将数据表文件"课程信息"，"选课信息"和"学生信息"添加到数据环境中。

步骤4：选择页框，修改 PageCount 属性值为3，增加1个页面。

步骤5：用鼠标右键单击页框控件，在弹出的快捷菜单中

选择"编辑"菜单命令，可以看到页框四周出现蓝色边框，表示处于编辑状态下，选择页面（Page1），修改页面标题的 Caption 属性值为"学生"。添加一个表格控件，设置表格控件 Grid1 的 RecordSourceType 属性值为"0 – 表"（用来指定显示表中的数据），RecordSource 属性值为"学生信息"。

步骤6：在页框编辑状态下，以同样的方法设置第二个页面，RecordSource 属性值为"课程信息"，设置第3个页面，RecordSource 属性值为"选课信息"。

步骤7：在属性面板顶端的下拉列表框中选择 Optiongroup1，将其 ButtonCount 属性值改为3，用鼠标右键单击选项按钮组，在弹出的快捷菜单中选择"编辑"命令，在此状态下（编辑状态下，控件四周出现蓝色框线），分别修改3个单选项的 Caption 属性为"学生"、"课程"和"选课"，在属性面板顶端的下拉列表框中选择 Command1，将其 Caption 属性值改为"关闭"。

步骤8：用鼠标右键单击选项按钮组，在弹出的快捷菜单中选择"编辑"命令，在此状态下（编辑状态下，控件四周出现蓝色框线），双击"学生"选项。编写该控件的 Valid 事件，程序代码如下。

Thisform. Pageframe1. ActivePage = 1

步骤9：在选项按钮级编辑状态下，用同样的方法编写第二个事件代码如下。

Thisform. Pageframe1. ActivePage = 2

以同样的方法编写第3个事件代码如下：

Thisform. Pageframe1. ActivePage = 3

步骤10：双击"关闭"按钮，在 Click 事件中编写程序命令 Thisform. Release，保存并运行表单。

第41套 参考答案及解析

一、基本操作题

【解题思路】本大题主要考查的是通过项目管理器来完成一些数据库的操作，项目的建立可以直接在命令窗口输入命令来实现，数据库添加可以通过项目管理器中的命令按钮，打开相应的设计器直接管理，此外，还考查了表单的属性的修改以及表单的添加。

【操作步骤】

（1）启动 Visual FoxPro 后，在命令窗口输入命令 CREATE PROJECT my，新建一个项目管理器。

（2）在项目管理器 my 中，首先在"数据"选项卡中选择"数据库"，然后单击选项卡右边的"添加"命令按钮，在系统弹出的"打开"对话框中，将考生文件夹中的数据库 nba 添加到项目管理器中，单击"确定"按钮。

（3）选择【文件】→【打开】命令，或直接单击工具栏上的"打开"按钮，在弹出的对话框中选择要打开的表单文件 my. scx。选中表单上的命令按钮，按下【DELETE】键，把该按钮删除。单击工具栏上的"保存"按钮，保存修改。

（4）在项目管理器 my 中，首先在"文档"选项卡中选择"表单"，然后单击选项卡右边的"添加"命令按钮，在系统弹出的"打开"对话框中，将考生文件夹中的表单 my. scx 添加到项目管理器中，单击"确定"按钮。

二、简单应用题

【解题思路】本大第题 1 小题主要是考查表单向导的使用,本题利用已经存在的表来快速生成表单,同时掌握表单的外观设置;第 2 小题主要是考查表中各种索引的使用,需要注意的是一个表中只能有一个主索引,而普通索引、唯一索引和候选索引可以有多个。同时,在指定字段或表达式中不允许出现重复值的索引,否则 Visual FoxPro 将产生错误信息,一定要引起注意。

(1)【操作步骤】

步骤 1:启动 Visual FoxPro,选择【工具】→【向导】→【表单】命令,弹出"向导选择"对话框,根据题意可知数据源是一个表,因此选择"表单向导",单击"确定"按钮。

步骤 2:在弹出的对话框中"数据库和表"选项中选择 sc 数据表,并把全部的"可用字段"选为"选择字段"。

步骤 3:单击"下一步"按钮,表单样式选择为"阴影式",按钮类型选择"图片按钮"。

步骤 4:单击"下一步"按钮,在"排序次序"中选择"学号",并选择升序排序。

步骤 5:单击"下一步"按钮,把表单标题改为"成绩查看",可以在单击"完成"按钮之前单击"预览"按钮来预览生成的表单,最后单击"完成"按钮。

步骤 6:将表单以 form1 为文件名保存在考生文件夹里。

(2)【操作步骤】

步骤 1:选择【文件】→【打开】命令,或直接单击工具栏上的"打开"图标,在弹出的对话框中选择要打开的数据库文件 rate。

步骤 2:在数据库设计器中,用鼠标右键单击数据库表 hl,在弹出的快捷菜单中选择"修改"命令,进入 hl 的数据表设计器界面,选择"索引"选项卡,把此选项卡中的"索引名"和"索引表达式"都改为"外币代码",在"索引类型"的下拉列表框中,选择"主索引"。

步骤 3:插入一个普通索引,在索引名中输入字段"外币名称",类型为普通索引,表达式为"外币名称"。单击"确定"按钮完成索引设置。

三、综合应用题

【解题思路】本大题主要考查的是视图的建立,需要注意的是新建视图文件时,首先应该打开相应的数据库,且视图文件在磁盘中是找不到的,它直接保存在数据库中。另外考查了在表单中设定数据环境,通过表单的数据环境快速建立表单控件和视图之间的联系。

【操作步骤】

步骤 1:选择【文件】→【打开】命令,或直接单击工具栏上的"打开"按钮,在弹出的对话框中选择要打开的数据库文件"学生管理.dbc"。

步骤 2:在数据库设计器中,单击"新建本地视图"按钮,在弹出的"新建本地视图"对话框中,单击"新建视图"按钮,打开视图设计器,将"宿舍信息"数据表和"学生信息"数据表添加到视图设计器中,系统自动建立联接条件。

步骤 3:根据题意,在视图设计器的"字段"选项卡中,将"可用字段"列表框中的字段"学生信息.姓名"、"学生信息.

学号"、"学生信息.系"、"学生信息.宿舍"和"宿舍信息.电话"添加到右边的"选择字段"列表框中。

步骤 4:在"排序依据"选项卡中,字段名选择"学生信息.学号",并选择升序排序,将视图以 myv 文件名保存在考生文件夹下。

步骤 5:选择【文件】→【新建】命令,或直接单击工具栏上的"新建"按钮,在弹出的对话框中文件类型选择"表单",单击对话框右边的"新建文件"按钮,弹出了 Form1 的表单设计器,单击工具栏上的"保存"按钮,以 myf 命名保存在考生文件夹下。

步骤 6:在表单设计器中,用鼠标右键单击空白表单,在弹出的快捷菜单中选择"数据环境"命令,打开表单的数据环境,在"选择"单选框中选择"视图",将视图文件 myv 添加到数据环境中,将数据环境中的视图文件 myv 拖放到表单中,可看到在表单中出现一个表格控件,此时进入视图文件 myv 的窗口式输入界面。

步骤 7:最后在"表单控件"工具栏中,选中命令按钮控件添加到表单中,在属性对话框修改该命令按钮的 Caption 属性值为"关闭",双击该命令按钮,在 Click 事件中输入程序 Thisform. Release。

步骤 8:保存表单设计结果到考生文件夹中,运行表单。

第 42 套　参考答案及解析

一、基本操作题

【解题思路】本大题主要考查的是数据库和数据库表之间的关系。添加和移出数据表,都是在数据库中进行,在移出数据库表时需要注意的是,如果仅将表移出数据库,则选择移出,若要从磁盘上彻底删除该表,则应选择"删除"。建立表索引和字段有效性规则,可以在表设计器中完成。

【操作步骤】

(1)在命令窗口输入命令 MODIFY DATABASE stock,打开数据库设计器,用鼠标右键单击数据库设计器中的 stock_fk 表,在弹出的快捷菜单中选择"删除"命令,在弹出的对话框中单击"移去"按钮,将表 stock_fk 从数据库 stock 中移出。

(2)用鼠标右键单击 stock 数据库设计器的空白处,在弹出的快捷菜单中选择"添加表"命令,在弹出的"打开"对话框中,将考生文件夹下的 stock_Name 表添加到"stock"数据库中。

(3)用鼠标右键单击数据库设计器中的表 stock_sl,在弹出的快捷菜单中选择"修改"命令,弹出表设计器,选择表设计器的"索引"选项卡,在索引名列中填入"股票代码",在索引类型列中选择"主索引",在索引表达式列中填入"股票代码",单击"确定"按钮,保存表结构。

(4)根据第 3 小题操作步骤,打开 stock_Name 的表设计器,选中"股票代码"字段,并在"字段有效性"的"规则"文本框中输入:left(股票代码,1) = "6",在"信息"文本框中输入"股票代码的第一位必须是6"(双引号不可少),单击"确定"按钮来保存对表结构的修改。

二、简单应用题

【解题思路】本大题两个小题主要考查的是 SQL 语句的

应用,第1小题主要考查的是SQL连接查询语句,第2小体题考查的是SQL分组计算查询,注意GROUP BY短语的使用。

(1)【操作步骤】

步骤1:在命令窗口中输入命令MODIFY COMMAND mypro.prg,打开程序文件编辑窗口。

步骤2:文件中程序段如下。

＊＊＊＊＊＊文件mypro.prg中的源程序段＊＊＊＊＊＊

SELECT.ALL,student.姓名

FROM sc INNER JOIN student IN sc.学号 = student.学号;

FOR sc.课程号 = "c1"

＊＊＊＊＊＊＊＊＊＊＊＊＊＊＊＊＊＊＊＊＊

根据题意提供的3处错误,修改后的程序段如下所示:

＊＊＊＊＊＊修改后的程序段＊＊＊＊＊＊＊＊

SELECT sc.＊,student.姓名;

FROM sc INNER JOIN student ON sc.学号 = student.学号;

WHERE sc.课程编号 = "c1"

＊＊＊＊＊＊＊＊＊＊＊＊＊＊＊＊＊＊＊＊＊

步骤3:保存文件修改,在命令窗口中输入命令DO mypro,查看运行结果。

(2)【操作步骤】

步骤1:在命令窗口中输入命令MODIFY COMMAND 平均成绩.prg,打开程序文件编辑窗口。

步骤2:文件中程序段如下。

＊＊＊＊＊文件"平均成绩.prg"中的程序代码＊＊＊＊＊

SELECT 课程编号,AVG(成绩) AS 平均成绩;

　　FROM sc;

　　GROUP BY 课程编号;

　　INTO TABLE myt

＊＊＊＊＊＊＊＊＊＊＊＊＊＊＊＊＊＊＊＊＊

步骤3:保存文件,在命令窗口输入命令DO 平均成绩,运行程序,查询结果。

三、综合应用题

【解题思路】本大题考查的主要是通过表格控件,实现父子表记录的联动显示,首先需要添加用于显示的数据表到表单的数据环境中,然后在两个表格的"生成器"对话框中,进行相应的设置,实现表格中记录联动的功能。

【操作步骤】

步骤1:在命令窗口中输入命令CREATE FORM my,打开表单设计器窗口。

步骤2:从"表单控件"工具栏中选择表格控件,添加2个表格到新建的表单中。

步骤3:用鼠标右键单击表单,在弹出的快捷菜单中选择"数据环境"命令,在数据环境中添加数据表dj和xs,系统自动建立好两表的关联。

步骤4:返回表单设计器中,用鼠标右键单击表格Grid1,在弹出的快捷菜单中选择"生成器"命令,弹出表格生成器对话框,在"1.表格项"选择数据表dj,将表中所有字段添加到选择字段中。

步骤5:用同样的方法将order表中的所有字段添加到选择字段中,然后再选择"4.关系"选项卡,把"父表中的关键字段"设置为"dj.商品号",把"子表中的相关索引"设置为"商品号"。

步骤6:从"表单控件"工具栏中,向表单添加一个命令按钮,修改命令按钮的Caption属性值为"关闭",在"关闭"命令按钮的Click事件中输入Thisform.Release。

步骤7:运行表单,保存表单设计到考生文件夹下。

第43套　参考答案及解析

一、基本操作题

【解题思路】本大题主要考查的是数据库和数据表之间的联系,对数据表的连接、字段索引、参照完整性的建立。建立索引表可以在数据表设计器中完成。对数据表进行连接及设置参照完整性都是在数据库设计器中完成。

【操作步骤】

(1)选择【文件】→【打开】命令,或直接单击工具栏上的"打开"图标,在弹出的对话框中选择要打开的数据库文件 sal.dbc。

用鼠标右键单击数据库设计器,在弹出的快捷菜单中选择"新建表"命令,在弹出的"新建表"对话框中,单击"新建表"按钮,以"部门信息"为文件名,将表保存在考生文件夹下。根据题意,在表设计器的"字段"选项卡中,依次输入每个字段的字段名、类型和宽度,单击表设计器右边的"确定"按钮,系统弹出"现在输入数据记录吗"对话框,单击"是"按钮,在表浏览器中,根据题意依次输入5条记录。

(2)在数据库设计器中,用鼠标右键单击数据库表"部门信息",在弹出的快捷菜单中选择"修改"命令,进入"部门信息"的数据表设计器界面,在"字段"选项卡中为"部门编号"选择"升序"排序,然后选择"索引"选项卡,此选项卡中的"索引名"和"索引表达式"默认"部门编号",把"索引名"改为bumen,在"索引类型"的下拉列表框中,选择"主索引"。

(3)在数据库设计器中,将"部门信息"表中"索引"下面的bumen主索引字段拖到sal表中"索引"下面的"部门编号"索引字段上,建立了两个表之间的永久性联系。

(4)在数据库设计器中,选择【数据库】→【清理数据库】命令,用鼠标右键单击"部门信息"表和"sal"表之间的关系线,在弹出的快捷菜单中选择"编辑参照完整性"命令,在参照完整性生成器中,根据题意,分别在3个选项卡中设置参照规则。

二、简单应用题

【解题思路】本大题第1小题使用报表向导完成报表设计,只要注意每个向导界面的设计内容即可。第2小题中利用SQL的定义功能,生成一个视图文件,在视图中要生成新字段名,需要通过短语AS指定。

(1)【操作步骤】

步骤1:单击"常用"工具栏中的"新建"按钮,在"新建"对话框中选择"报表"选项,再单击"向导"按钮,系统弹出

"向导选择"对话框,在列表框中选择"报表向导",单击"确定"按钮。

步骤2:选择"报表向导"后,进入报表向导设计界面,首先进行字段选择,选择 Ecommerce 数据库作为报表的数据源。

步骤3:选中数据表 Customer,通过"全部添加"按钮,将"可用字段"列表框中的所有字段添加到"选择字段"列表框中。

步骤4:单击"下一步"按钮进入"分组记录"设计界面,跳过此步骤,单击"下一步"命令按钮,进入"选择报表样式"设计界面,在"样式"列表框中选择"随意式"。

步骤5:单击"下一步"命令按钮,进入"定义报表布局"设计界面,设置"列数"为1,"方向"为"纵向","字段布局"为"列"。

步骤6:单击"下一步"按钮,进入"排序记录"的设计界面,将"可用字段或索引标识"列表框中的"会员号"字段添加到右边的"选择字段"列表框中,并选择"升序"选项。

步骤7:单击"下一步"按钮,进入最后的"完成"设计界面,在"标题"文本框中输入"客户信息一览表",为报表添加标题,单击"完成"按钮,在系统弹出的"另存为"对话框中,将报表以 myreport 文件名保存在考生文件夹下,退出报表设计向导。

(2)【操作步骤】

步骤1:在命令窗口输入命令 MODIFY COMMAND pview,打开文件编辑器。

步骤2:在程序编辑器中,编写如下程序段。

* * * * * * 文件pview. prg中的程序段 * * * * * * *

```
CREATE VIEW sb_view AS;
    SELECT Customer. 会员号, Customer. 姓名, Article. 商品名, Orderitem. 单价,;
    Orderitem. 数量, OrderItem. 单价 * OrderItem. 数量 AS 金额;
    FROM ecommerce! customer INNER JOIN Ecommerce! Orderitem;
    INNER JOIN Ecommerce! Article ;
        ON Article. 商品号 = Orderitem. 商品号 ;
        ON Customer. 会员号 = Orderitem. 会员号;
    ORDER BY Customer. 会员号
```

* * * * * * * * * * * * * * * * * * * *

步骤3:在命令窗口执行命令 DO pview,系统将自动生成一个视图文件。

三、综合应用题

【考点分析】本大题主要考查的知识点是:创建表单[表单设计器]、常用控件属性、事件、SQL 语句的使用。

【解题思路】本大题为基本表单设计,注意在属性面板中设置相应的控件属性,控件的程序代码设计,考查的也是基本的 SQL 查询语句,在调用视图文件前,注意先打开存放该视图的数据库文件。

【操作步骤】

步骤1:在命令窗口中输入命令 CREAT FORM myform,创建表单。

步骤2:通过表单控件工具栏,向表单添加 4 个命令按钮,在属性面板中修改表单(Form1)的 Name 属性值为 myform,Caption 属性值为"客户基本信息"。

步骤3:适当调整命令按钮的大小和位置,并分别修改 4 个命令按钮 Command1、Command2、Command3 和 Command4 的 Caption 属性值为"女客户信息"、"客户购买商品情况"、"输出客户信息"和"退出",如图 3.156 所示。

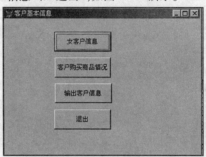

图 3.156

步骤4:双击每个命令按钮,在 Click 事件中分别输入如下代码。

* * * 命令按钮Command1的Click事件代码如下 * * *

```
SELECT * FROM Customer WHERE 性别 = "女"
```

* * * * * * * * * * * * * * * * * * * *

* * * 命令按钮Command2的Click事件代码如下 * * *

```
OPEN DATABASE Ecommerce
SELECT * FROM sb_view
```

* * * * * * * * * * * * * * * * * * * *

* * * 命令按钮Command3的Click事件代码如下 * * *

```
REPORT FORM myreport PREVIEW
```

* * * * * * * * * * * * * * * * * * * *

* * * 命令按钮Command4的Click事件代码如下 * * *

```
Thisform. Release
```

* * * * * * * * * * * * * * * * * * * *

步骤5:运行表单,保存表单设计到考生文件夹下。

【易错提示】不要将标题属性 Caption 和控件内部名称 Name 属性弄混淆了。

【举一反三】本题型也出现在:第27套的综合应用题。

第44套 参考答案及解析

一、基本操作题

【解题思路】本大题主要考查数据库中数据的完整性规则,例如,为表设置默认值,这属于域完整性规则。字段的有效性规则建立以及字段的新增,可在"字段"选项卡中完成。

【操作步骤】

(1)在命令窗口输入命令 MODIFY DATABASE 学生管理,打开数据库设计器。在数据库设计器中,用鼠标右键单击"cou"数据表文件,在弹出的快捷菜单中选择"删除"命令,系统弹出一个对话框,在对话框中单击"删除"命令按钮,将"cou"表从数据库中永久删除。

(2)在数据库设计器中,用鼠标右键单击"成绩"数据表,在弹出的快捷菜单中选择"修改"命令,打开表设计器,在"字段"选项卡中选中"分数"字段,然后在"字段有效性"的"默认值"文本框中输入"0",设置"分数"字段的默认值。

(3)在"成绩"数据表的表设计器中,选中"分数"字段,然后在"规则"文本框中输入"分数 > = 0. AND. 分数 < = 100",在"信息"文本框中输入"考试成绩输入有误"。

(4)在数据库设计器中,用鼠标右键单击 stu 数据表在弹出的快捷菜单中选择"修改"命令,打开表设计器,在字段名最后的空白文本框中输入一个新的字段名"备注",同时,设置"类型"为"字符型","宽度"为"8",单击"确定"按钮,保存表结构修改。

二、简单应用题

【解题思路】本大题第 1 小题主要考查的是视图的建立,以及表单与视图的连接。需要注意的是新建视图文件时,首先应该打开相应的数据库,且视图文件在磁盘中是找不到的,直接保存在数据库中;在表单中设定数据环境,通过表单的数据环境快速建立表单控件和视图之间的联系。第 2 小题考查的是根据表单向导生成表单内容。考生应该区别数据源为一个表或多个表时所运用的表单向导。

(1)【操作步骤】

步骤 1:选择【文件】→【打开】命令,或直接单击工具栏上的"打开"按钮,在弹出的对话框中选择要打开的数据库文件"图书借阅信息. dbc"。

步骤 2:在"数据库设计器"工具栏中,单击"新建本地视图"按钮,在弹出的"新建本地视图"对话框中,单击"新建视图"按钮,打开视图设计器,将 book 和 loans 数据表添加到视图设计器中,系统将自动建立联接。

步骤 3:根据题意,在视图设计器的"字段"选项卡中,将"可用字段"列表框中的字段"loans. 借书证编号"、"loans. 借书日期"和"book. 书籍名称"添加到右边的"选择字段"列表框中。

步骤 4:在"筛选"选项卡中,字段名选择"book. 书籍名称",条件选择" = ",在实例选项中输入"数据库原理与应用",完成视图设计,将视图以 shitu 文件名保存在考生文件夹下。

步骤 5:在命令窗口中输入命令 CREATE FORM biao,打开表单设计器新建表单。

步骤 6:在表单设计器中,用鼠标右键单击空白表单,在弹出的快捷菜单中选择"数据环境"命令,打开表单的数据环境,在"选择"单选按钮框中选择"视图",将视图文件 shitu 添加到数据环境中,将数据环境中的视图文件 shitu 拖放到表单中,可看到在表单中出现一个表格控件,此时实现了视图文件 shitu 的窗口式输入界面。

步骤 7:保存表单,在命令窗口输入 DO FORM biao,运行表单。

(2)【操作步骤】

步骤 1:选择【工具】→【向导】→【表单】命令,弹出"向导选择"对话框,根据题意数据源是一个表,因此选择"表单向导",单击"确定"按钮。

步骤 2:在弹出的对话框中"数据库和表"选项选择"图

书借阅信息"数据库中的 borrows 表,并把全部的"可用字段"选为"选择字段"。

步骤 3:单击"下一步"按钮,表单样式选择为"阴影式",按钮类型选择"图片按钮"。

步骤 4:单击"下一步"按钮,在"排序次序"中选择"姓名",并选择"升序"排序。

步骤 5:单击"下一步"按钮,把表单标题改为"读者阅读信息",可以在单击"完成"按钮之前单击"预览"按钮来预览生成的表单,最后单击"完成"按钮。

将表单以文件名称为 jieyue 保存在考生文件夹中。运行表单查看结果。

三、综合应用题

【解题思路】本大题考查了表单设计,在设计控件属性时,不要将控件的标题和名称属性混淆;程序部分可利用 DO CASE 的分支语句,每个分支语句包含一个相应的 SQL 查询语句,根据选项组中单选项的内容,查找相应的数据记录存入新表中。

【操作步骤】

步骤 1:在命令窗口中输入命令 CREATE FORM my,打开表单设计器,新建表单。

步骤 2:从表单控件工具栏中,向表单添加两个命令按钮(Command1 和 Command2)和一个选项按钮组(Optiongroup1)。

步骤 3:根据题意,在属性面板中,修改表单的 Caption 属性值为"学习情况浏览",修改命令按钮 Command1 的 Caption 属性值为"成绩查询",修改命令按钮 Command2 的 Caption 属性值为"关闭",修改选项按钮组(Optiongroup1)的 Name 属性值为"myop"。

步骤 4:用鼠标右键单击该选项组,弹出的快捷菜单中选择"编辑"命令,在此状态下(编辑状态下,控件四周出现蓝色框线),分别修改两个单选项的 Caption 属性值为"升序"和"降序"。

步骤 5:双击"成绩查询"命令按钮,编写 Click 事件代码如下。

```
* * * * 命令按钮Command1的Click事件代码 * * * *
DO CASE
    CASE Thisform. myop. Value = 1
    SELECT 学号,成绩;
        FROM 课程,选课;
        WHERE 课程. 课程号 = 选课. 课程号 AND 课程名称 = "数据结构";
        ORDER BY 成绩;
        INTO TABLE new1
    CASE Thisform. myop. Value = 2
    SELECT 学号,成绩;
        FROM 课程,选课;
        WHERE 课程. 课程号 = 选课. 课程号 AND 课程名称 = "数据结构";
        ORDER BY 成绩 DESC;
        INTO TABLE new2
```

ENDCASE

* *

步骤6:同样在"关闭"命令按钮的 Click 事件中输入 Thisform. Release。

步骤7:运行表单,保存表单设计到考生文件夹下。

第45套 参考答案及解析

一、基本操作题

【解题思路】本大题主要考查的是通过项目管理器来完成一些数据库及数据库表的操作,项目的建立可以直接在命令窗口输入命令来实现,数据库新增可以通过项目管理器中的命令按钮,打开相应的设计器直接管理,建立索引表可以在数据表设计器中完成。

【操作步骤】

(1)启动 Visual FoxPro 后,在命令窗口输入命令 CREATE PROJECT my,新建一个项目管理器。

(2)在项目管理器 my 中,首先在"数据"选项卡中选择"数据库",然后单击选项卡右边的"新建"命令按钮,在系统弹出的"新建数据库"对话框中,单击"新建数据库"图标,将其命名称为"学生"并保存在考生文件夹中。

(3)在数据库设计器中单击鼠标右键,在弹出的快捷菜单中选择"新建表"命令,在弹出的"新建表"对话框中,单击"新建表"按钮,以 stu 为文件名保存在考生文件夹下。根据题意,在表设计器的"字段"选项卡中,依次输入每个字段的字段名、类型。单击表设计器右边的"确定"按钮,保存表结构。

(4)在项目管理器中选中新建的数据库表 stu,单击"修改"命令按钮,进入 stu 的数据表设计器界面,单击"索引"选项卡,把此选项卡中的"索引名"和"索引表达式"都设置为"学号",在"索引类型"的下拉列表框中,选择"主索引"。单击"确定"按钮退出。

二、简单应用题

【解题思路】本大题第 1 小题主要考查的是菜单设计器的"结果"下拉列表框中各项的使用功能,例如要建立下级菜单,在"结果"下拉列表框中就必须选择"子菜单"选项,而要执行某条菜单命令,就应该选择"命令"或"过程"选项。第 2 小题考查的是依据表单向导生成联系多表的报表内容,利用向导时应注意父表和子表的选择。

(1)【操作步骤】

步骤1:在命令窗口中输入命令 CREATE MENU mymenu,系统弹出"新建"对话框,在对话框中单击"菜单"按钮,进入菜单设计器环境。

步骤2:输入主菜单名称"信息统计",在"结果"下拉列表框中选择"子菜单"选项,接着单击"信息统计"菜单项同一行中的"创建"按钮,进入下级菜单的设计界面,此设计窗口与主窗口大致相同。

步骤3:编写每个子菜单项的名称"按出版单位"、"按作者编号"和"关闭",在前两个子菜单的"结果"下拉列表框中选择"过程"选项,"关闭"的"结果"下拉列表框中选择"命令"选项。

步骤4:分别单击前两个菜单命令行中的"创建"按钮,进入程序设计的编辑窗口,在命令窗口中输入如下程序段。

* * * *"按出版单位"菜单命令的程序段 * * * * *

SELECT * FROM 图书 ORDER BY 出版单位

* *

* * * * *"按作者编号"菜单命令的程序段 * * * * *

SELECT * FROM 图书 ORDER BY 作者编号

* *

步骤5:在"关闭"菜单项的命令文本框中编写程序代码 SET SYSMENU TO DEFAULT。选择【菜单】→【生成】命令,生成一个菜单文件"mymenu. mpr"。

(2)【操作步骤】

步骤1:选择【工具】→【向导】→【报表】命令,单击"报表"按钮,弹出"向导选择"对话框,依据题意数据源是多个表,因此选择"一对多报表向导",单击"确定"按钮。

步骤2:在弹出的对话框中"数据库和表"选项选择父表"作者",并把"可用字段"的"作者编号"、"作者姓名"和"所在城市"选为"选择字段"。

步骤3:单击"下一步"按钮,选择子表"图书",并把全部"可用字段"选为"选择字段"。

步骤4:单击"下一步"按钮,系统自动以"作者编号"建立两表之间的关系。

步骤5:单击"下一步"按钮,在"排序记录"中选择"作者姓名",并选择"升序"排序。

步骤6:单击"下一步"按钮,报表样式选择"账务式",方向为"纵向"。

步骤7:单击"下一步"按钮,把表单标题改为"书籍信息",可以在单击"完成"按钮之前单击"预览"按钮来预览生成的报表,最后单击"完成"按钮。

步骤8:将报表以"rep"为文件名保存在考生的文件夹中。

三、综合应用题

【解题思路】本大题考查的是表单设计,在设计控件属性中,不要将控件的标题和名称属性弄混淆,名称属性是该控件的一个内部名称,而标题属性是用来显示的一个标签名称。程序部分属于 SQL 的简单连接查询,在显示查询结果时,首先可用一个临时表保存查询结果,然后将表格控件中用来显示数据的属性值设置为该临时表,以显示查询结果。

【操作步骤】

步骤1:在命令窗口中输入命令 CREATE FORM supply,打开表单设计器。

步骤2:通过"表单控件"工具栏向表单添加一个表格和两个命令按钮。

步骤3:选中表单,在属性面板中修改其 Name 属性值为 supply,将 Caption 的属性值改为"零件供应情况",然后在属性面板顶端的下拉列表框中选择 Command1,修改该命令按钮控件的 Caption 属性值为"查询",以同样的方法将第二个命令按钮的 Caption 属性值改为"关闭"。

步骤4:双击命令按钮"查询",编写该控件的 Click 事件,程序代码如下。

* * * * *命令按钮Command1的Click事件代码 * * * * *

SELECT 零件名,颜色,重量;
　　FROM 零件信息,供应信息;
　　WHERE 供应信息.零件号 = 零件信息.零件号 AND
工程号 = 'J4';
　　INTO CURSOR temp
Thisform. Grid1. RecordSourceType = 1
Thisform. Grid1. RecordSource = "temp"

* *

步骤5:用同样的方法为"关闭"命令按钮编写 Click 事件代码 Thisform. Release。

步骤6:保存表单完成设计。运行表单,查看运行结果。

第46套　参考答案及解析

一、基本操作题

【解题思路】本大题主要考查的是数据库和数据表之间的联系,以及字段索引的建立。新建数据库可以通过菜单命令、工具栏按钮或直接输入命令来建立,添加和修改数据库中的数据表可以通过数据库设计器来完成,建立表索引可以在数据表设计器中完成。

【操作步骤】

(1)在命令窗口中输入命令 CREATE DATABASE kehu,新建一个数据库。

(2)在命令窗口中输入命令 MODIFY DATABASE kehu,打开数据库设计器。用鼠标右键单击数据库设计器,在弹出的快捷菜单中选择"添加表"命令,系统弹出"打开"对话框,将考生文件夹下的 ke 和 ding 两个自由表分别添加到数据库 kehu 中。

(3)在数据库设计器中,用鼠标右键单击数据库表 ke,在弹出的快捷菜单中选择"修改"命令,进入 ke 的数据表设计器界面,在"索引"选项卡的"索引名"和"索引表达式"文本框中输入"客户号",在"类型"的下拉列表框中选择"普通索引"。

(4)在数据库设计器中,用鼠标右键单击数据库表 ding,在弹出的快捷菜单中选择"修改"命令,进入 ding 的数据表设计器界面,在"索引"选项卡的"索引名"中输入 can,"索引表达式"中输入"订单号",在"类型"下拉列表框中选择"候选索引"。

二、简单应用题

【解题思路】本大题第 1 小题考查了视图的建立,利用 SQL 命令定义视图,要注意的是在定义视图之前,首先应该打开相应的数据库文件,因为视图文件是保存在数据库中,在磁盘上找不到该文件。第 2 小题考查了连接查询,设计过程中主要注意两个表之间进行关联的字段。

(1)【操作步骤】

步骤1:在命令窗口输入命令 MODIFY FILE mycha,打开文本编辑器。

步骤2:在编辑器窗口中输入如下程序段。

* * * * * * *文件mycha. txt中的程序段 * * * * * * * *

OPEN DATABASE student
CREATE VIEW my AS;

SELECT *, left(宿舍信息. 宿舍,1) AS 层数;
　　FROM student!宿舍信息;
　　ORDER BY 学生信息·学号

* *

步骤3:保存文件,在命令窗口输入命令 DO mycha. txt,运行程序。

(2)【操作步骤】

步骤1:在命令窗口输入 CREATE QUERY chaxun,打开查询设计器,新建一个查询。

步骤2:在查询设计器中,分别将"宿舍情况"和"学生信息"两个数据表文件添加到查询设计器中,系统自动查找两个数据表中匹配的字段进行内部联接,单击"确定"按钮。

步骤3:在查询设计器的"字段"选项卡中,将"可用字段"列表框中的全部字段添加到右边的"选择字段"列表框中。

步骤4:在"筛选"选项卡中,在"字段名"下选择"表达式",在弹出的"表达式生成器"的表达式中输入"left(宿舍信息. 宿舍,1)"。单击右边的"确定"按钮,回到"筛选"选项卡,选择"条件"为" =",在实例文本框中输入2,在"排序依据"选项卡中,选择"学生信息. 学号"升序排序。

步骤5:保存查询设计,选择【查询】→【运行查询】命令,查看结果。

三、综合应用题

【解题思路】本大题考查的是表单设计,在本题中需要注意的地方是选项按钮组控件中改变单选按钮的属性是 ButtonCount,修改选项组中每个单选按钮的属性,可以通过属性面板中顶端的下拉列表框的控件名来选择,也可以用鼠标右键单击该控件,在弹出的快捷菜单中选择"编辑"命令,在编辑状态下单个选择控件;程序设计中,查询语句为基本 SQL 查询,在程序控制上可以通过分支语句 DO CASE – END-CASE 语句来进行判断选项组中选择的单选按钮,并执行相应的命令,选项组中当前选择的单选按钮,可通过 Case Thisform. Optiongroup1. Value = 1,2,3,…语句来判断。

【操作步骤】

步骤1:在命令窗口中输入命令 CREATE FORM account,打开表单设计器。

步骤2:通过"表单控件"工具栏向表单添加一个表格、一个选项按钮组和两个命令按钮。

步骤3:选中表单,在属性面板中修改将 Caption 的属性值改为"外汇持有情况",将 Name 属性修改为 account,然后在属性面板顶端的下拉列表框中选择 Command1,修改该命令按钮控件的 Caption 属性值为"查询",用同样的方法将第二个命令按钮的 Caption 属性值改为"关闭"。

步骤4:设置 Optiongroup1 的 Name 属性值为 myOption,用鼠标右键单击选项按钮组(myOption),在弹出的快捷菜单中选择"编辑"命令,在此状态下(编辑状态下,控件四周出现蓝色框线),分别修改两个单选项的 Caption 属性值为"现汇"和"现钞"。最后,在属性面板中,将表格(Grid1)的 RecordSourceType 设置为"4 – SQL 说明"。

步骤5:双击命令按钮"查询",编写该控件的 Click 事件,程序代码如下。

＊＊＊命令按钮Command1的Click事件代码＊＊＊＊

```
DO CASE
   CASE Thisform. myOption. option1. value = 1
      Thisform. Grid1. RecordSource = "SELECT 外币代码,
金额;
      FROM 外汇帐户;
      WHERE 钞汇标志 = '现汇';
      INTO CURSOR temp"
   CASE Thisform. myOption. option2. value = 1
      Thisform. Grid1. RecordSource = "SELECT 外币代码,
金额;
      FROM 外汇帐户;
      WHERE 钞汇标志 = '现钞';
      INTO CURSOR temp"
ENDCASE
```

＊＊＊＊＊＊＊＊＊＊＊＊＊＊＊＊＊＊＊＊＊

步骤6:以同样的方法为"关闭"命令按钮编写Click事件代码Thisform. Release。

步骤7:保存表单完成设计。

第47套 参考答案及解析

一、基本操作题

【解题思路】本大题主要考查的是通过项目管理器来完成一些数据库及数据库表的操作,项目的建立可以直接在命令窗口输入命令来实现,数据库添加可以通过项目管理器中的命令按钮,打开相应的设计器直接管理。对数据表进行连接及设置参照完整性都是在数据库设计器中完成。

【操作步骤】

(1)启动 Visual FoxPro 后,在命令窗口输入命令 CRE-ATE PROJECT myproject,新建一个项目管理器。

(2)在项目管理器 myproject 中,首先在"数据"选项卡中选择"数据库",然后单击选项卡右边的"添加"命令按钮,在系统弹出的"打开"对话框中,将考生文件夹中的数据库"供货"添加到项目管理器中,单击"确定"按钮。

(3)单击"数据库"前面的" + "号,依次展开数据库分支,选择"shangping"表,单击项目管理器中的"修改"命令按钮,打开表设计器。首先选中"数量"字段,然后在规则文本框中输入"数量 >0. AND. 数量 <10000",在信息文本框中输入""数量在范围之外""。单击"确定"按钮保存表设计结果。

(4)在项目管理器中选择"供货"数据库,单击项目管理器中的"修改"命令按钮,打开数据库设计器。在数据库设计器中,将"shangping"表中"索引"下面的"商品编号"主索引字段拖到"leixing"表中"索引"下面的"商品编号"索引字段上,建立了两个表之间的永久性联系。

二、简单应用题

【解题思路】本大题第1小题考查了 SQL 连接查询,设计过程中主要注意两个表之间进行关联的字段;第2小题表单控件的程序改错中,应注意常用属性和方法的设置。

(1)【操作步骤】

步骤1:在命令窗口中输入命令 MODIFY COMMAND

query1 打开程序文件编辑器。

步骤2:在程序文件编辑器窗口输入如下程序段。

＊＊＊＊＊＊＊＊＊＊＊＊＊＊＊＊＊＊＊＊＊

```
SELECT 商品. 商品编号,商品. 商品名称,销售. 价格,销
售数量,;
   销售. 价格 * 销售数量 AS 销售金额;
   FROM 商品,销售;
   WHERE 商品. 商品编号 = 销售. 商品编号;
   ORDER BY 销售金额 DESC;
   INTO TABLE xiao
```

＊＊＊＊＊＊＊＊＊＊＊＊＊＊＊＊＊＊＊＊＊

步骤3:在命令窗口输入命令 DO query1,运行程序,通过 BROWSE 命令可查看结果。

(2)【操作步骤】

步骤1:在命令窗口中输入命令 MODIFY FORM my,打开表单 my. scx。

步骤2:双击表单中的"更新标题"按钮,进入命令按钮的事件编辑窗口,在其 Click 事件中的程序段如下。

＊＊＊＊＊＊＊＊＊＊＊＊＊＊＊＊＊＊＊＊＊

```
ThisForm. 标题 = "商品销售数据输入"
```

＊＊＊＊＊＊＊＊＊＊＊＊＊＊＊＊＊＊＊＊＊

修改程序中的错误,正确的程序如下。

＊＊＊＊＊＊＊＊＊＊＊＊＊＊＊＊＊＊＊＊＊

```
ThisForm. Caption = "商品销售数据输入"
```

＊＊＊＊＊＊＊＊＊＊＊＊＊＊＊＊＊＊＊＊＊

步骤3:用同样的方法打开"商品销售输入"按钮,它的 Click 事件程序如下。

＊＊＊＊＊＊＊＊＊＊＊＊＊＊＊＊＊＊＊＊＊

```
DO sellcomm
```

＊＊＊＊＊＊＊＊＊＊＊＊＊＊＊＊＊＊＊＊＊

修改程序中的错误,正确的程序如下。

＊＊＊＊＊＊＊＊＊＊＊＊＊＊＊＊＊＊＊＊＊

```
DO Form 销售数据输入
```

＊＊＊＊＊＊＊＊＊＊＊＊＊＊＊＊＊＊＊＊＊

三、综合操作题

【解题思路】本大题考查的主要是表单控件的设计,页框属于容器控件,通过 PageCount 属性值可以指定页框中的页面数,一个页框中可以继续包含其他控件,对页框中单个页面进行编辑设计时,应使页框处于"编辑"状态下,此时,才可以对页框中所包含的控件进行编辑,利用表格显示数据表中的内容,主要是通过 RecordSourceType 和 RecordSource 两个属性来实现,需要注意的是在为表格选择数据表时,首先应该将该表添加到表单的数据环境中。

【操作步骤】

步骤1:在命令窗口中输入命令 CREATE FORM play,打开表单设计器。

步骤2:通过"表单控件"工具栏向表单添加一个页框控件和一个命令按钮。

步骤3:选中表单,在属性面板中修改 Caption 的属性值为"学生课程教师基本信息浏览",Height 属性值改为280,

Width 属性值改为 450,将 AutoCenter 的属性值设置为.T.,然后在属性面板顶端的下拉列表框中选择 Command1,修改该命令按钮控件的 Caption 属性值为"关闭"。在属性面板顶端的下拉列表框中选择 Pageframe1,修改其 Height 属性值为230,Width 属性值为420,Left 属性值为18,Top 属性值为10。

步骤4:在"表单设计器"工具栏中打开表单数据环境,将数据表文件 cla、stu 和 tea 添加到数据环境中。选择页框,修改 PageCount 属性值为3,增加一个页面。

步骤5:用鼠标右键单击页框控件,在弹出的快捷菜单中选择"编辑"命令,可以看到页框四周出现蓝色边框,表示处于编辑状态下,选择页面(Page1),修改页面标题 Caption 属性值为"学生表",添加一个表格控件,设置表格控件 Grid1 的 RecordSourceType 属性值为"0 – 表"(用来指定显示表中的数据),RecordSource 属性值为 stu。

步骤6:用同样的方法设置第二个页面的 RecordSource 属性值为 cla。设置第 3 个页面的 RecordSource 属性值为 tea。

步骤7:最后双击"关闭"按钮,在其 Click 事件中编写程序命令 Thisform. Release,保存并运行表单。

第48套　参考答案及解析

一、基本操作题

【解题思路】本大题主要考查的是数据库的添加,数据表的添加,SQL 语句及表单控件属性的修改。数据库、数据表添加可以通过项目管理器中的命令按钮,打开相应的设计器直接管理。考生应该熟悉 SQL 基本语句及表单各个控件的属性。

【操作步骤】

(1)在命令窗口中输入命令"CREATE DATABASE 中国外汇",新建一个数据库。

(2)在命令窗口中输入命令"MODIFY DATABASE 中国外汇",打开数据库设计器。用鼠标右键单击数据库设计器,在弹出的快捷菜单中选择"添加表"命令,系统弹出"打开"对话框,将考生文件夹下的"汇率"、"账户"和"代码"3 个自由表分别添加到数据库"中国外汇"中。

(3)在命令窗口中输入命令 MODIFY FILE hl,打开文本编辑器,在编辑器中输入程序语句:

CREATE TABLE HL(币种 1 代码 C(2),币种 2 代码 C(2),买入价 N(8,4),卖出价 N(8,4))。

保存文件,在命令窗口输入命令 DO hl. txt 执行文件。

(4)选择【文件】→【打开】命令,或直接单击工具栏上的"打开"按钮,在弹出的对话框中选择要打开的表单文件"test. scx"。单击表单上 Text1 控件,在其属性窗口中把"ReadOnly"的属性值改为".T. – 真"。

二、简单应用题

【解题思路】本大题第 1 小题考查了利用报表向导创建报表的操作,注意题目要求的字段及要求显示的格式;第 2 小题考查了通过表单调用 SQL 语句显示数据库信息的操作,注意将表添加进表单的数据环境,注意 SQL 语句体现排序的关键词。

(1)【操作步骤】

步骤1:选择【文件】→【新建】命令,接着选中"报表",单击右面的"向导"按钮,在弹出的对话框里选择"报表向导"。

步骤2:单击"数据库和表"右下角的按钮,双击考生文件夹下的"学生"表;将字段"学号"、"姓名"、"学院"、"宿舍"添加到选择字段,单击"下一步"按钮。

步骤3:不需要操作,单击"下一步"按钮。

步骤4:选择报表样式为"带区式",单击"下一步"按钮。

步骤5:将列数修改为3,方向为"纵向",单击"下一步"按钮。

步骤6:将"学号"添加到选择字段,排序方式选择"降序",单击"下一步"按钮。

步骤7:报表标题修改为"学生浏览",单击"完成"按钮。

步骤8:修改报表名称为:"报表 1",保存在考生文件夹下。

(2)【操作步骤】

步骤1:输入命令 MODIFY FORM studentform。

步骤2:在表单设计器上用鼠标右键单击空白处,在弹出的快捷菜单中选择"数据环境"命令,然后双击考生文件夹下的"学生"表,单击右面的"添加"按钮,单击"关闭"按钮,关闭添加表对话框。

步骤3:在表单上单击鼠标右键,在弹出的快捷菜单中选择"属性"命令,然后将其 Caption 属性修改为"学生信息"。

步骤4:双击 Command1 按钮,在其 Click 事件代码窗口内输入下列语句。

SELECT * FROM 学生 ORDER BY 年龄;

步骤5:保存并运行表单。

三、综合操作题

【解题思路】本大题考查了利用菜单存取数据库数据的操作,本题先将计算结果放到临时数据库文件 temp 中,然后才使用语句循环更新表"客户";菜单要记得生成可执行文件。

【操作步骤】

步骤1:在命令窗口中输入 CREATE MENU mymenu,新建菜单。

步骤2:在弹出的对话框中单击"菜单"按钮,进入菜单设计器。

步骤3:在第一行输入"计算",类型为"过程";在第二行输入"退出",类型为"命令",在右面的文本框里输入命令 SET SYSMENU TO DEFAULT。

步骤4:单击"计算"菜单项右面的"创建"按钮,在过程编辑窗口中输入:

```
* * * * * *计算"菜单项"中的程序代码* * * * * *
SELECT 订单号,SUM(单价 * 数量) AS 总金额;
    FROM 订货 GROUP BY 订单号 INTO CURSOR temp
    && 先计算每个订单的总金额
DO WHILE NOT EOF()　　&& 循环至客户表最后一条记录
  UPDATE 客户 SET 总金额 = temp. 总金额;
    WHERE 客户. 订单号 = temp. 订单号 && 更新
  SKIP && 下一记录
```

ENDDO

* *

步骤5:选择【菜单】→【生成】命令,生成一个可执行的菜单文件。

第49套　参考答案及解析

一、基本操作题

【解题思路】本大题考查的是主要是建立和修改表单的基本操作,注意使用表单向导只能通过菜单操作实现,通过输入命令是不能调用表单向导的;修改表单属性时,要注意"Caption"属性和"Name"属性的区别,"Caption"属性表示的是表单的标题,而"Name"属性表示的是系统内部该表单的标识。

【操作步骤】

(1) 选择【文件】→【新建】命令,在弹出的快捷菜单中选择"表单",单击"向导"按钮,然后选择"表单向导";在表单向导步骤1中:单击"数据库和表"右下角的按钮,然后选择考生文件夹下的"员工"表。选择全部可用字段添加到右边的"选择字段"列表框,单击"下一步"按钮;步骤2:表单样式选择"阴影式","文本按钮",单击"下一步"按钮;步骤3:排序字段选择"工号",排序方式为"升序",单击"下一步"按钮;步骤4:修改表单标题为"员工信息浏览",单击"完成"按钮。保存表单为myform2。

(2) 输入命令MODIFY FORM myform,在控件工具条上单击按钮控件,鼠标变成十字型,在表单上单击,则在该处加入一个按钮,在该按钮上单击鼠标右键,在弹出的快捷菜单中选"属性"命令,弹出属性对话框,将其Caption属性值改为"调用表单",保存修改。

(3) 在"调用表单"按钮上双击,进入命令编辑界面,在共Click事件中输入命令DO FORM myform2,后关闭该页。

(4) 输入命令MODIFY PROJECT myproj。选中"文档"选项卡下的"表单"项,单击右面的"添加"按钮,在弹出的对话框中,将考生文件夹下的myform表单添加到项目中。

二、简单应用题

【解题思路】本大题第1小题考查了建立视图的操作,应注意排序字段的先后次序;第2小题考查了通过修改属性使表单显示视图的操作,注意一定要将视图加入到表单的数据环境才能显示视图,注意可以通过属性框里的"数据"选项卡,快速找到RecordSourceType属性和RecordSource属性。

(1)【操作步骤】

步骤1:输入命令MODIFY DATABASE 销售。

步骤2:选择【文件】→【新建】命令,在弹出的对话框中选择"视图"选项,单击右面的"向导"按钮,进入本地视图向导。

步骤3:选择"业绩"表并将全部所用字段添加到选择字段。

步骤4:单击"下一步"按钮。

步骤5:将"业绩.地区号"添加到选择字段,然后将"业绩.销量"也添加到选择字段,选择"升序",单击"下一步"按钮。

步骤6:单击"完成"按钮。输入视图名"视图1",单击"确定"按钮完成菜单创建。

(2)【操作步骤】

步骤1:输入命令MODIFY FORM sellform打开表单设计器。

步骤2:在表单设计器上单击鼠标右键,在弹出的快捷菜单中选择"数据环境"命令,在弹出的对话框中选中右下方的"视图"单选按钮,接着选中"视图1",单击"添加"按钮,然后单击"关闭"按钮。

步骤3:在表格控件上单击鼠标右键,在弹出的快捷菜单中选择"属性"命令,在属性框里找到RecordSourceType属性并修改为"1-别名",将RecordSource属性修改为"视图1",保存表单。

三、综合操作题

【解题思路】本大题考查了在表单中操纵表中数据的操作,包括计算新字段、使用已有表更新;注意在表单中执行程序的方法。

【操作步骤】

步骤1:在命令窗口输入MODIFY COMMAND change。

步骤2:打开代码编辑窗口,输入以下程序段。

* * * * * * * 文件change中的程序段 * * * * * *

```
SET TALK OFF
SET SAFETY OFF
UPDATE 价格 SET 单价 = 厂价 * 1.15;
    WHERE LEFT(商品号,2) = "15"
USE 单价调整表
DO WHILE NOT EOF( )
    UPDATE 价格 SET 厂价 = 单价调整表.厂价;
        WHERE 商品号 = 单价调整表.商品号
    SKIP
ENDDO
SET TALK ON
SET SAFETY ON
```

* *

步骤3:选择【文件】→【新建】命令,在"新建"对话框中选中"表单",单击右面的"新建文件"按钮,进入表单设计器。

步骤4:单击表单控件工具条上的命令按钮控件,然后在表单上单击,创建按钮。在该按钮上单击鼠标右键,在弹出的快捷菜单中选择"属性"命令,在弹出的对话框里找到"Caption"属性,并将其修改为"退出"。

步骤5:用同样方法再创建一个按钮控件,并修改其Caption属性为"执行"。

步骤6:双击"执行"按钮,在其Click事件中输入DO change. prg。

步骤7:双击"退出"按钮,在其Click事件中输入Thisform. Release。

步骤8:选择【文件】→【保存】命令,输入表单名form1,运行表单,查看结果。

第50套 参考答案及解析

一、基本操作题

【解题思路】本大题考查的是有关建立项目、添加数据库及建立表的基本操作,第4小题还考察了创建菜单的方法。创建表时,字段的宽度是容易出错的地方,一定要细心。创建好菜单后,要记得生成菜单。

【操作步骤】

(1) 在命令窗口中输入 CREATE PROJECT project1,新建一个项目。

(2) 在项目管理器中选择"数据"选项卡,选择列表框中的"数据库",单击右面的"添加"按钮,双击考生文件夹下的"医院管理"数据库,将数据库添加到项目管理器中。

(3) 单击工具栏上的"打开"按钮,打开"医院管理"数据库。数据库设计器空白处单击鼠标右键,在弹出的快捷菜单中选择"新建表"命令;单击"新建表"按钮,输入表名 table1,单击"确定"按钮进入表结构设计器。依次输入各字段的名称、字段数据类型和宽度,单击"确定"按钮,保存表结构。

(4) 在命令窗口中输入 CREATE MENU mymenu 命令,单击"菜单"按钮,在菜单设计器中输入主菜单名"开始"和"退出"。在"退出"菜单项的结果下拉列表中选择"命令",在命令编辑框内输入"SET SYSMENU TO DEFAULT"。选择【菜单】→【生成】命令,生成一个可执行的菜单文件。

二、简单应用题

【解题思路】本大题第1小题考查的 SQL 的查询语句和插入语句,在此处需要注意的是当表建立了主索引或候选索引时,向表中追加记录必须用 SQL 的插入语句,而不能使用 APPEND 语句,注意使用数组传递每条记录即可;第2小题考查的是 SQL 基本查询语句及数据更新语句的语法,注意容易混淆的短语,如 ORDER BY 和 GROUP BY。

(1)【操作步骤】

步骤1:在命令窗口输入命令 MODIFY COMMAND query1,在程序文件编辑器窗口中输入如下程序段。

```
* * * * * * query1. prg文件的程序段 * * * * * * *
SET TALK OFF
CLOSE ALL
USE order_detail
ZAP
USE order_detail1
DO WHILE ! EOF( )
    SCATTER TO arr1
    INSERT INTO order_detail FROM ARRAY arr1
    SKIP
ENDDO
SELECT order_list. 订单号, order_list. 订购日期, order_list. 总金额,;
    order_detail. 器件号, order_detail. 器件名;
    FROM 订货管理! order_list INNER JOIN 订货管理! order_detail;
    ON order_list. 订单号 = order_detail. 订单号;
    ORDER BY order_list. 订单号, order_list. 总金额 DESC;
    INTO TABLE results. dbf
SET TALK ON
```

* *

步骤2:在命令窗口执行命令 DO query1,程序将查询结果自动保存到新表 results 中。

(2)【操作步骤】

步骤1:在命令窗口输入命令 MODIFY COMMAND modi1. prg,打开命令程序编辑窗口,程序内容如下。

```
* * * * * modi1. prg文件的源程序段 * * * * * * *
&& 所有器件的单价增加 5 元
UPDATE order_detail1 SET 单价 WITH 单价 + 5
&& 计算每种器件的平均单价
SELECT 器件号, AVG(单价) AS 平均价 FROM order_detail1;
ORDER BY 器件号 INTO CURSOR lsb
&& 查询平均价小于 500 的记录
SELECT * FROM lsb FOR 平均价 < 500
```

* *

步骤2:修改后的程序段如下:

```
* * * * * 修改后的modi1. prg文件内容 * * * * * *
UPDATE order_detail1 SET 单价 = 单价 + 5    && 语法错误
SELECT 器件号, AVG(单价) AS 平均价 FROM order_detail1;
GROUP BY 器件号 INTO CURSOR lsb    && ORDER 短语错误
SELECT * FROM lsb WHERE 平均价 < 500    && 语法错误
```

* *

三、综合操作题

【解题思路】本大题是考查的主要是在表单中显示多个表中数据的操作,本题中代码较多,但各部分较为相似;注意在表格中显示数据时,要先指明数据来源类别,然后再说明数据来源。

【操作步骤】

步骤1:选择【文件】→【新建】命令,在"新建"对话框中选中"表单",单击右面的"新建文件"按钮,进入表单设计器。

步骤2:在表单上单击鼠标右键,在弹出的快捷菜单中选择"数据环境"命令,这时系统会弹出"选择表或视图"对话框,选中表 student,单击"添加"按钮,将该表加入数据环境;用同样方法将表 course、score 加入数据环境。

步骤3:单击表单控件工具栏上的"表格"控件,然后在表单上单击,创建一个表格,在属性面板中修改其 RecordSourceType 属性值为"4 - SQL 说明"。

步骤4:单击表单控件工具栏上的"选项按钮组"控件,然后在表单上单击,添加一个选项按钮组控件;在该控件上右击,选择"属性",修改其"ButtonCount"属性为3,适当调整大小,以显示 Option3。

步骤5:在该控件上单击鼠标右键,在弹出的快捷菜单中选择"编辑"命令;在 Option1 上单击鼠标右键,在弹出的快捷菜单中选择"属性",在属性对话框里找到 Caption 属性,并修改为"课程"命令;用同样的方法修改"Option2"的 Caption 属性为"学生";修改"Option3"的 Caption 属性为"综合"。

步骤6:单击表单控件工具栏上的"命令按钮"控件,然后在表单上单击,创建按钮。在该按钮上右击,选择"属性",在弹出的对话框里找到 Caption 属性,并修改为"浏览"。用同样的方法,再建一个按钮控件,修改其 Caption 属性为"关闭"。

步骤7:双击"浏览"按钮,在其 Click 事件中输入如下代码。

```
*****按钮Command1的Click事件代码*****
DO CASE
    CASE THISFORM. optiongroup1. VALUE = 1
        THISFORM. grid1. RecordSource = ";
        SELECT 课程号,课程名;
            FROM course;
            INTO CURSOR temp"
    CASE THISFORM. optiongroup1. VALUE = 2
        THISFORM. grid1. RecordSource = ";
        SELECT 学号,姓名;
            FROM student;
            INTO CURSOR temp"
    CASE THISFORM. optiongroup1. VALUE = 3
        THISFORM. grid1. columncount = 3
        THISFORM. grid1. column3. header1. Caption = "成绩"
        THISFORM. grid1. RecordSource = ";
            SELECT student. 姓名, course. 课程名, score. 成绩;
            FROM score INNER JOIN student;
            ON score . 学号 = student. 学号;
            INNER JOIN course;
            ON score. 课程号 = course. 课程号;
            INTO CURSOR temp"
ENDCASE
*******************************
```

步骤8:双击该按钮,在其 Click 事件中输入命令 THISFORM. RELEASE。

选择【文件】→【保存】命令输入表单名 studentform,运行表单。

第51~100套 参考答案及解析(见光盘)

第四部分

2009年9月典型上机真题

Part 4

通过对历年上机考试的不断总结与分析，本书已收录了上机真考题库中的全部题目，上机真题不再是"镜花水月"。学通本书，考生就掌握了考试的"底牌"，复习起来轻松自如。

本部分选自2009年9月上机真考试题。由于篇幅有限，这里只列出了抽中几率较高的数套典型上机真题。本书第二部分（上机考试试题）囊括了真考题库中的所有试题。

 近年考试本书命中情况表

年份	命中率
2007年4月	88%
2007年9月	82%
2008年4月	87%
2008年9月	90%
2009年3月	85%
2009年9月	96%

4.1　2009 年 9 月典型上机真题

第 1 套　上机真题

一、基本操作题

(1)将数据库"图书"添加到新建立的项目 my 中。

(2)建立自由表 pub(不要求输入数据),表结构如下。

出版社　　字符型(30)
地址　　　字符型(30)
传真　　　字符型(20)

(3)将新建立的自由表 pub 添加到数据库"图书"中。

(4)为数据库"图书"中的 borr 表建立唯一索引,索引名称和索引表达式均为"借书证号"。

二、简单应用题

(1)首先打开考生文件夹下的数据库 stsc,然后使用表单向导制作一个表单,要求选择 student 表中所有字段,表单样式为阴影式,按钮类型为图片按钮,排序字段选择学号(升序),表单标题为"学生信息数据输入维护",最后将表单存放在考生文件夹中,表单文件名称为 st_form。表单运行结果如图 4.1 所示。

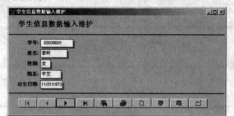

图 4.1

(2)在考生文件夹下有一个数据库 stsc,其中数据库表 student 存放学生信息,使用菜单设计器制作一个名称为 smenu1 的菜单,菜单包括"数据维护"和"文件"两个菜单项。每个菜单项都包括一个子菜单,菜单结构如下。

数据维护
　　数据表格式输入
文件
　　退出

其中,数据表格式输入菜单项对应的过程包括下列 4 条命令:打开数据库 stsc 的命令,打开表 student 的命令,浏览表 student 的命令,关闭数据库的命令。

退出菜单项对应的命令为 SET SYSMENU TO DE-FAULT,用于返回到系统菜单。

三、综合应用题

在考生文件夹下有学生成绩数据库 xuesheng3,包括如下所示 3 个表文件及相关的索引文件。

xs.dbf(学生文件:学号 C8,姓名 C8,性别 C2,班级 C5;

另有索引文件 xs.idx,索引键:学号)

cj.dbf(成绩文件:学号 C8,课程名 C20,成绩 N5,1;另有索引文件 cj.idx,索引键:学号)

cjb.dbf(成绩表文件:学号 C8,姓名 C8,班级 C5,课程名 C12,成绩 N5.1)

设计一个名称为 xs3 的菜单,菜单中有两个菜单项"计算"和"退出"。

程序运行时,选择"计算"命令应完成下列操作。

将所有选修了"计算机基础"的学生的"计算机基础"成绩,按由高到低的顺序填到成绩表文件 cjb.dbf 中(首先须将文件中原有数据清空)。

选择"退出"命令,程序终止运行。

注意:相关数据表文件存在考生文件夹下。

第 2 套　上机真题

一、基本操作题

在考生文件夹下完成下列基本操作。

(1)建立一个名称为"外汇管理"的数据库。

(2)将表 currency_sl.dbf 和 rate_exchange.dbf 添加到新建立的数据库中。

(3)将表 rate_exchange.dbf 中"卖出价"字段的名称改为"现钞卖出价"。

(4)通过"外币代码"字段建立表 rate_exchange.dbf 和 currency_sl.dbf 之间的一对多永久联系(需要首先建立相关索引)。

二、简单应用题

在考生文件夹下完成如下简单应用。

(1)使用报表向导建立一个简单报表。要求选择 salarys 表中所有字段;记录不分组;报表样式为"随意式";列数为"1",字段布局为"列",方向为"纵向";排序字段为"雇员号"(升序);报表标题为"雇员工资一览表";报表文件名称为 print1。

(2)在考生文件夹下有一个名称为 form1 的表单文件,表单中的两个命令按钮的 Click 事件下的语句都有错误,其中一个按钮的名称有错误。请按如下要求进行修改,修改完成后保存所做的修改。

① 将按钮"刘缆雇员工资"名称修改为"浏览雇员工资"。

② 单击"浏览雇员工资"按钮时,使用 SELECT 命令查询 salarys 表中所有字段信息供用户浏览。

③ 单击"退出表单"按钮时,关闭表单。

注意:每处错误只能在原语句上进行修改,不能增加语句行。

三、综合应用题

为"部门信息"表增加一个新字段"人数",编写满足如下要求的程序:根据"雇员信息"表中的"部门号"字段的值确定"部门信息"表的"人数"字段的值,即对"雇员信息"表中的记录按"部门号"归类。将"部门信息"表中的记录存储到 ate 表中(表结构与"部门信息"表完全相同)。最后将程序保存为 myp. prg 文件,并执行该程序。

第3套　上机真题

一、基本操作题

(1)将数据库 stu 添加到项目 my 当中。

(2)在数据库 stu 中建立数据库表"比赛安排",表结构如下。

场次　　字符型(20)
时间　　日期型
裁判　　字符型(15)

(3)为数据库 stu 中的"住址"表建立"候选"索引,索引名称和索引表达式为"电话"。

(4)设置"比赛安排"表"裁判"的字段的默认值为 tyw。

二、简单应用题

(1)在考生文件夹中有一个数据库 mydb,其中包括表 stu、kech 和 chj。利用 SQL 语句查询选修了"日语"课程的学生的全部信息,并将结果按"学号"升序排序放在 new. dbf 中(库的结构同 stu,并在其后加入课程号和课程名字段),将 SQL 语句保存在 query1. prg 文件中。

(2)在考生文件夹中有一个数据库 mydb,使用"一对多报表向导"建立一个名称为 myre 的报表,并将其存放在考生文件夹中。

要求:选择父表 stu 表中的"学号"和"姓名"字段,从子表 kech 中选择"课程号"和"成绩"字段,并按"学号"升序排序,报表样式为"简报式",方向为"纵向",报表标题为"学生成绩信息"。

三、综合应用题

对考生目录下的数据库 rate 建立文件名称为 myf 的表单。表单含有一个表格控件,用于显示用户查询的信息;表单上有一个按钮选项组,包括"外币浏览"、"个人持有量"和"个人资产"3 个选项按钮:表单上有一个命令按钮,标题为"浏览"。

当选择"外币浏览"选项按钮并单击"浏览"按钮时,在表格中显示"汇率"表的全部字段;选择"个人持有量"选项按钮并单击"浏览"按钮时,表格中显示"数量"表中的"姓名"、"汇率"表中的"外币名称"和"数量"表中的"持有数量";选择"个人资产"选项按钮并单击"浏览"按钮时,表格中显示"数量"表中每个人的"总资产"(每个人拥有的所有外币中每种外币的基准价×持有数量的总和)。

单击"关闭"按钮,退出表单。

第4套　上机真题

一、基本操作题

(1)对数据库 sala 中的"工资"表使用表单向导建立一个简单的表单,要求显示表中的所有的字段,使用"标准"样式,按"部门编号"降序排序,标题为"工资",并以文件名 my 对其进行保存。

(2)修改表单 modi,为其添加一个命令按钮,标题为"登录"。

(3)把修改后的表单 modi 添加到项目 my 中。

(4)建立简单的菜单 myme,要求有两个菜单项"查看"和"退出"。其中"查看"菜单项有子菜单,包括"查看电话"和"查看住址"两个菜单项。"退出"菜单项负责返回到系统菜单,其他菜单项不做要求。

二、简单应用题

(1)建立表单,标题为"系统时间",文件名称为 my1。完成如下操作。

表单上有一个命令按钮,标题为"显示日期",还有一个标签控件。单击命令按钮,在标签上显示当前系统时间,显示格式为:yyyy 年 mm 月 dd 日。如果当前月份为 1～9 月,如 3 月,则显示为"3 月",不显示为"03 月"。显示示例:如果系统时间为 2004 - 04 - 08,则标签显示为"2004 年 4 月 08 日"。

(2)在考生文件夹下对数据库"图书借阅信息"中表 book 的结构做如下修改:指定"书号"为主索引,索引名称为 sh,索引表达式为"书号"。指定"作者"为普通索引,索引名和索引表达式均为"作者"。字段"价格"的有效性规则是"价格 >0",默认值为10。

三、综合应用题

使用报表设计器建立一个报表,具体要求如下。

① 报表的内容(细节带区)是 order_list 表的订单号、订购日期和总金额。

② 增加数据分组,分组表达式是"order_list. 客户号",组标头带区的内容是"客户号",组注脚带区的内容是该组订单的"总金额"合计。

③ 增加标题带区,标题是"订单分组汇总表(按客户)",要求字体 3 号字、黑体,括号是全角符号。

④ 增加总结带区,该带区的内容是所有订单的总金额合计。最后将建立的报表文件保存为 report1. frx 文件。

提示:在考试的过程中可以通过选择【显示】→【预览】命令查看报表的效果。

第5套　上机真题

一、基本操作题

(1)将数据库"成绩"添加到项目 my 当中。

(2)对数据库"成绩"下的表 stu,使用报表向导建立报表 myre,要求显示表 stu 中的全部字段,样式选择为"经营式",列数为3,方向为"纵向",标题为 stu。

(3)修改"积分"表的记录,为学号是"5"的考生的学分加五分。

(4)修改表单 my,将其选项按钮组中的按钮个数修改为4个。

二、简单应用题

（1）在"汇率"数据库中查询"个人"表中每个人所拥有的外币的总净赚（总净赚＝持有数量×（现钞卖出价－现钞买入价）），查询结果中包括"姓名"和"净赚"字段，并将查询结果保存在一个新表 new 中。

（2）建立名称为 my1 的表单，要求如下：为表单建立数据环境，并向其中添加表 hl；将表单标题改为"汇率浏览"；修改命令按钮（标题为查看）的 Click 事件，使用 SQL 的 select 语句查询卖出买入差价在 5 个外币单位以上的外币的"代码"、"名称"和"差价"，并将查询结果放入表 new2 中。

三、综合应用题

"销售"数据库中含有两个数据库表"购买信息"和"会员信息"。对销售数据库设计一个表单 myf。表单的标题为"会员购买统计"。表单左侧有标题为"请选择会员"标签和用于选择"会员号"的组合框及"查询"和"退出"两个命令按钮。表单中还有一个表格控件。

表单运行时，用户在组合框中选择会员号，单击"查询"按钮，在表单上的表格控件中显示查询该会员的"会员号"、"姓名"和所购买的商品的"总金额"。

单击"关闭"按钮，关闭表单。

第6套 上机真题

一、基本操作题

（1）从项目"项目1"中移去数据库"图书馆管理"（只是移去，不是从磁盘上删除）。

（2）建立自由表"学生"（不要求输入数据），其表结构如下。

```
学号      字符型(6)
宿舍号    字符型(8)
补助      货币型
```

（3）将考生文件夹下的自由表"学生"添加到数据库"图书馆管理"中。

（4）从数据库中永久性地删除数据库表"借阅清单"，并将其从磁盘上删除。

二、简单应用题

（1）根据学校数据库中的表用 SQL select 命令查询学生的"学号"、"姓名"、"课程名称"和"成绩"信息，将结果按"课程名称"升序排序，"课程名称"相同时按"成绩"降序排序，并将查询结果存储到 chengji 表中，将 SQL 语句保存到 query1.prg 文件中。

（2）使用表单向导下生成一个名称为 fenshu 的表单。要求选择成绩表中的所有字段，表单样式为"凹陷式"；按钮类型为"文本按钮"；排序字段选择"学号"（升序）；表单标题为"成绩数据维护"。

三、综合应用题

在考生文件夹下有职员管理数据库 staff_10，数据库中有 yuangong（职工编码 C(4)、姓名 C(10)、夜值班天数 I、昼值班天数 I、加班费 N(10,2)）；zhiban（值班时间 C(2)，每天加班费 N(7,2)）。zhiban 表中只有两条记录，分别记载了白天和夜里的加班费标准。

请编写并运行符合下列要求的程序：

设计一个名称为 staff_menu 的菜单，菜单中有两个菜单项"计算"和"退出"。

程序运行时，选择"计算"命令应完成下列操作。

① 计算 yuangong 表的加班费字段值，计算方法是：

加班费＝夜值班天数×夜每天加班费＋昼值班天数×昼每天加班费

② 根据上面的结果，将员工的职工编码、姓名、加班费存储到自由表 staff_d 中，并按加班费降序排列，如果加班费相等，则按职工编码的升序排列。

选择"退出"命令，程序终止运行。

第7套 上机真题

一、基本操作题

（1）在考生文件夹下建立数据库 ks7，并将自由表 scor 加入到数据库中。

（2）按下面给出的表结构。为数据库添加表 stud。

字段	字段名	类型	宽度	小数
1	学号	字符型	2	
2	姓名	字符型	8	
3	出生日期	日期型	8	
4	性别	字符型	2	
5	院系号	字符型	2	

（3）为表 stud 建立主索引，索引名称为"学号"，索引表达式为"学号"，为表 scor 建立普通索引，索引名称为"学号"，索引表达式为"学号"。

（4）stud 表和 scor 表必要的索引已建立，为两表建立永久性的联系。

二、简单应用题

（1）在考生文件夹下有一个数据库 stsc，其中有数据库表 student、score 和 course，利用 SQL 语句查询选修了"网络工程"课程的学生的全部信息，并将结果按学号降序存放在 netp.dbf 文件中（表的结构同 student，并在其后加入课程号和课程名字段）。

（2）在考生文件夹下有一个数据库 stsc，其中有数据库表 student，使用一对多报表向导制作一个名称为 cjb 的报表，存放在考生文件夹下。要求：从父表 student 中选择学号和姓名字段，从子表 score 中选择课程号和成绩，排序字段选择学号（升序），报表样式为"简报式"，方向为"纵向"。报表标题为"学生成绩表"。

三、综合应用题

在考生文件夹下有仓库数据库 chaxun3，它包括如下所示的3个表文件。

zg（仓库号 C(4)，职工号 C(4)，工资 N(4)）

dgd（职工号 C(4)，供应商号 C(4)，订购单号 C(4)，订

购日期 D,总金额 N(10))

gys(供应商号 C(4),供应商名 C(16),地址 C(10))

设计一个名称为 cx3 的菜单,菜单中有两个菜单项"查询"和"退出"。

程序运行时,选择"查询"命令应完成下列操作:检索出工资多于 1230 元的职工向北京的供应商发出的订购单信息,并将结果按总金额降序排列存放在 order 文件中。

选择"退出"命令,程序终止运行。

注意:相关数据表文件存在考生文件夹下。

第 8 套　上机真题

一、基本操作题

(1)将数据库 tyw 添加到项目 my 中。

(2)对数据库 tyw 下的表"出勤",使用视图向导建立视图 shitu,要求显示出"出勤"表中的"姓名"、"出勤次数"和"迟到次数",记录并按"姓名"排序(升序)。

(3)为"员工"表的"工资"字段设置完整性约束,要求"工资 > =0",否则弹出提示信息"工资必须大于 0"。

(4)设置"员工"表的"工资"字段的默认值为"1000"。

二、简单应用题

(1)考生文件夹下有一个分数表,使用菜单设计器制作一个名称为 my 的菜单,该菜单只有一个菜单项"信息查看"。该菜单中有"查看学生信息","查看课程信息"和"关闭"3 个菜单项:选择"查看学生信息"命令,按"学号"排序查看成绩;选择"查看课程信息"命令,按"课程号"排序查看成绩;"关闭"菜单项负责返回系统菜单。

(2)在考生文件夹下有一个数据库 mydb,其中有数据库表"购买情况",在考生文件夹下设计一个表单 myf,该表单为"购买情况"表的窗口输入界面,表单上还有一个标题为"关闭"的按钮,单击该按钮,则退出表单。

三、综合应用题

对"图书借阅管理"数据库中的表"借阅"、"loans"和"图书",建立文件名称为 myf 的表单,标题为"图书借阅浏览",表单上有 3 个命令按钮"读者借书查询"、"书籍借出查询"和"关闭"。

单击"读者借书查询"按钮,查询出 02 年 3 月中旬借出书的所有的读者的"姓名"、"借书证号"和"图书登记号",同时将查询结果保存在表 new1 中。

单击"书籍借出查询"按钮,查询借"数据库原理与应用"一书的所有读者的"借书证号"和"借书日期",查询结果中含"书名"、"借书证号"和"日期"字段,同时将其保存在表 new2 中。

单击"关闭"按钮关闭表单。

第 9 套　上机真题

一、基本操作题

(1)建立项目文件,名称为 my。

(2)将数据库"课本"添加到新建立的项目当中。

(3)为数据库中的表"作者"建立主索引,索引名称和索引表达式均为"作者编号";为"书籍"建立普通索引,索引名和索引表达式均为"作者编号"。

(4)建立表"作者"和表"书籍"之间的关联。

二、简单应用题

(1)在考生文件夹下有一个数据库 stsc,其中有数据库表 student、score 和 course。利用 SQL 语句查询选修了"C++"课程的学生的全部信息,并将结果按学号升序存放在 cplus. dbf 文件中(库的结构同 student,并在其后加入课程号和课程名字段)。

(2)在考生文件夹下有一个数据库 stsc,其中有数据库表 student,使用报表向导制作一个名称为 p1 的报表,存放在考生文件夹下。要求:选择 student 表中所有字段,报表样式为"经营式";报表布局:列数为 1,方向为纵向,字段布局为列;排序字段选择学号(升序);报表标题为"学生基本情况一览表"。

三、综合应用题

考生文件夹下有"定货"表和"客户"表,设计一个文件名称为 myf 的表单,表单中有两个命令按钮,按钮的标题分别为"计算"和"关闭"。

程序运行时,单击"计算"按钮应完成下列操作。

① 计算"客户"表中每个订单的"总金额"(总金额为"定货"表中订单号相同的所有记录的"单价×数量"的总和)。

② 根据上面的计算结果,生成一个新的自由表 newt,该表只包括"客户号"、"订单号"和"总金额"项,并按客户号升序排序。

单击"关闭"按钮,程序终止运行。

第 10 套　上机真题

一、基本操作题

(1)在考生文件夹下建立数据库 kehu。

(2)把考生文件夹下的自由表 ke 和 ding 加入到刚建立的数据库中。

(3)为 ke 表建立普通索引,索引名和索引表达式均为"客户号"。

(4)为 ding 表建立候选索引,索引名称为 can,索引表达式为"订单号"。

二、简单应用题

(1)建立视图 my,并将定义视图的代码放到 mycha. txt 中。具体要求是:视图中的数据取自表"宿舍信息"的全部字段和新字段"楼层";按"楼层"排序(升序)。其中"楼层"是"宿舍"字段的第一位代码。

(2)根据表"宿舍信息"和表"学生信息"建立一个查询,该查询包含住在 2 楼的所有学生的全部信息和宿舍信息。要求按学号排序,并将查询保存为 chaxun。

三、综合应用题

设计一个文件名和表单名均为 account 的表单。表单的标题为"外汇持有情况"。

　　表单中有一个选项按钮组控件(myOption)、一个表格控件(Gridl)及两个命令按钮"查询"(Command1)和"退出"(Command2)。其中,选项按钮组控件有两个按钮"现汇"(Option1)、"现钞"(Option2)。运行表单时,在选项组控件中选择"现钞"或"现汇",单击"查询"命令按钮后,根据选项组控件的选择将"外汇帐户"表的"现钞"或"现汇"(根据钞汇标志字段确定)的情况显示在表格控件中。

　　单击"退出"按钮,关闭并释放表单。

　　注意:在表单设计器中将表格控件 Grid1 的数据源类型设置为 4-"SQL 说明"。

4.2　参考答案

附　录

附录 A　　Visual FoxPro 常用命令

命　　令	功　　能
&&	标明命令行尾注释的开始
*	标明程序中注释行的开始
:: 操作符	在子类方法程序中运行父类的方法程序
? |??	计算表达式的值，并输出计算结果
ACCEPT	从显示屏接受字符串，现用 TextBox 控件代替
ALTER TABLE – SQL	以编程方式修改表结构
APPEND	在表的末尾添加一条或者多条记录
APPEND FROM	将其他文件中的记录添加到当前表的末尾
AVERAGE	计算数值型表达式或字段的算术平均值
BROWSE	打开浏览窗口
CANCEL	终止当前运行的 Visual FoxPro 程序文件
CHANGE	显示要编辑的字段
CLEAR	清除屏幕，或从内存中释放指定项
CLOSE	关闭各种类型的文件
CONTINUE	继续执行前面的 LOCATE 命令
COPY FILE	复制任意类型的文件
COPY STRUCTURE	创建一个同当前表具有相同数据结构的空表
COPY TO	将当前表中的数据复制到指定的新文件中
COPY TO ARRAY	将当前表中的数据复制到数组中
COUNT	计算表记录数目
CREATE	创建一个新的 Visual FoxPro 表
CREATE DATABASE	创建并打开数据库
CREATE FORM	打开表单设计器
DECLARE	创建一维或二维数组
DELETE	为要删除的记录做标记
DELETE FILE	从磁盘上删除一个文件
DELETE VIEW	从当前数据库中删除一个 SQL 视图
DIMENSION	创建一维或二维的内存变量数组
DISPLAY	在窗口中显示当前表的信息
DISPLAY MEMORY	显示内存或者数组的当前内容
DISPLAY STRUCTURE	显示表的结构
DO	执行一个 Visual FoxPro 程序或者过程
DO CASE…ENDCASE	执行第一组条件表达式计算为"真"（.T.）的命令
DO FORM	运行已编译的表单或者表单集
DO WHILE…ENDDO	在条件循环中运行一组命令
DROP TABLE	把表从数据库中移出，并从磁盘中删除

命　　令	功　　能
DROP VIEW	从当前数据库中删除视图
EDIT	显示要编辑的字段
EXIT	退出 DO WHILE、FOR 或 SCAN 循环
FIND	现用 SEEK 命令来代替
FOR…ENDFOR	按指定的次数执行一系列命令
FUNCTION	定义一个用户自定义函数
GATHER	将选择表中当前记录的数据替换为某个数组、内存变量组或对象中的数据
GO ┃ GOTO	移动记录指针,使它指向指定的记录
IF…ENDIF	根据逻辑表达式,有条件地执行一系列命令
INDEX	创建成一个索引文件
INPUT	从键盘输入数据,送入一个内存变量或数组元素
INSERT	在当前表中插入新记录
INSERT INTO – SQL	在表尾追加一个包含指定字段值的记录
JOIN	连接两个已有的表来创建新表
LIST	显示表或者环境信息
LIST MEMORY	显示变量信息
LOCATE	按顺序查找满足指定逻辑表达式的第一条记录
MENU	创建菜单系统
MENU TO	激活菜单栏
MODIFY COMMAND	打开编辑窗口,以便修改或创建程序文件
MODIFY DATABASE	打开数据库设计器,允许交互地修改当前数据库
MODIFY FORM	打开表单设计器,允许修改或创建表单
MODIFY MENU	打开菜单设计器,以便修改或创建菜单系统
MODIFY PROJECT	打开项目管理器,以便修改或创建项目文件
MODIFY QUERY	打开查询设计器,以便修改或创建查询
MODIFY REPORT	打开报表设计器,以便修改或创建报表
MODIFY STRUCTURE	显示"表结构"对话框,允许在对话框中修改表的结构
MODIFY VIEW	显示视图设计器,允许修改已有的 SQL 视图
OPEN DATABASE	打开数据库
PACK	对当前表中具有删除标记的所有记录进行永久删除
PARAMETERS	把调用程序传递过来的数据赋给私有内存变量或数组
PRIVATE	在当前程序文件中指定隐藏调用程序中定义的内存变量和数组
PROCEDURE	标记一个过程的开始
PUBLIC	定义全局内存变量或数组
QUIT	结束当前运行的 Visual FoxPro 应用程序,返回操作系统
RECALL	在选择表中去掉指定记录的删除标记
RELEASE	从内存中删除内存变量或数组
REPLACE	更新表记录
RETURN	返回调用程序
SAVE TO	把当前内存变量或数组存储到内存变量文件或备注字段中
SCAN…ENDSCAN	记录指针遍历当前所选表,并对所有满足指定条件的记录执行一组命令
SCATTER	把当前记录的数据复制到一组变量或数组中
SEEK	在当前表中查找首次出现的索引关键字与通用表达式匹配的记录
SELECT	激活指定的工作区
SELECT – SQL	从表中查询数据
SET DATE	指定日期表达式(日期时间表达式)的显示格式

续表

命　　令	功　　能
SET DEFAULT	指定默认驱动器、目录和文件夹
SET INDEX	打开索引文件
SET ORDER	为表指定一个控制索文件或索引标识
SET RELATION	建立两个或多个已打开的表之间的关系
SET TALK	确定是否显示命令执行结果
SKIP	使记录指针在表中向前或向后移动
SORT	对当前表排序，并将排序后的记录输出到一个新表中
STORE	把数据存储到内存变量、数组或数组元素中
SUM	对当前表的指定数值字段或全部数值字段进行求和
TOTAL	计算当前表中数值字段的总和
TYPE	显示文件的内容
UPDATE – SQL	以新值更新表中的记录
UPDATE	用其他表中的数据更新当前选择工作区中打开的表
USE	打开表及其相关索引文件，或打开一个 SQL 视图或关闭表
WAIT	显示信息并暂停 Visual FoxPro 应用程序的执行
ZAP	从表中删除所有记录，只留下表的结构

附录 B　Visual FoxPro 常用函数

函　数　名	功　　能
& < 字符型内存变量 > [. < 字符表达式 >]	用于替换一个字符型变量的内容
ABS(< 数组值表达式 >])	求绝对值
ALIAS([< 工作区号或别名 >])	返回当前或者指定工作区中打开的数据表文件名的别名
ALLTRIM(< 字符表达式 >)	删除字符串左侧和右侧的空格
ASC(< 字符表达式 >)	返回字符表达式中最左边一个字符的 ASCII 码对应的十进制数
AT(< 子字符串 > , < 主字符串 > [, < 数字 >])	找出子字符串在主字符串中的起始位置
BOF([工作区号或别名])	测试当前或指定工作区中数据表的记录指针是否位于首记录之前
CHR(< 数值表达式 >)	将数值表达式的值作为 ASCII 码的十进制数，给出对应的字符
CTOD(< 字符表达式 >)	将日期形式的字符中转换为日期型数据
DATE( )	返回当前系统日期
DAY(< 日期型表达式 > / < 日期时间型表达式 >)	返回日期中的日的数值
DTOC(< 日期型表达式 > / < 日期时间型表达式 > [, 1])	将日期型数据转换成字符型数据
EOF([< 工作区号或别名 >])	测试当前或指定工作区中数据表中的记录指针是否位于末记录之后
FOUND([< 工作区号或别名 >])	测试查询结果，即是否找到
INT(< 数值表达式 >)	对 < 数值表达式 > 的结果取整
LEN(< 字符表达式 >)	计算字符串中的字符个数
LOWER(< 字符表达式 >)	将字符表达式中的大写字母转换成小写字母
LTRIM(< 字符表达式 >)	删除字符串左侧的空格
MAX(< 数值表达式 1 > , < 数值表达式 2 >)	返回两个数值表达式中最大的值
MIN(< 数值表达式 1 > , < 数值表达式 2 >)	返回两个数值表达式中最小的值
MOD(< 数值表达式 1 > , < 数值表达式 2 >)	取模

续表

函 数 名	功 能
MONTH(＜日期型表达式＞)／＜日期时间型表达式＞)	返回日期中的月份数值
RIGHT(＜字符表达式＞,＜数值表达式＞)	从指定的字符表达式的右边截取指定个数的字符
ROUND(＜数值表达式 1＞,＜数值表达式 2＞)	对＜数值表达式 1＞的结果进行四舍五入运算
SELECT([0/1 别名])	返回当前工作区号或者未使用的工作区的最大编号
SPACE(＜数值表达式＞)	产生由数值型表达式指定数目的空格
SQRT(＜数值表达式＞)	求算术平方根
STR(＜数值表达式 1＞,[＜数值表达式 2＞,[数值表达式 3]])	将数值型表达式的值转换成字符型数据
SUBSTR(＜字符表达式＞,＜数值表达式 2＞,＜数值表达式 2＞)	在给定的字符表达式中截取一个子字符串
TIME([＜数值表达式＞])	返回当前系统时间
TRIM(＜字符表达式＞)	删除字符串尾部空格
TYPE("＜表达式＞")	判断＜表达式＞值的数据类型
UPPER(＜字符表达式＞)	将字符表达式中的小写字母转换成大写字母
VAL(＜字符表达式＞)	将数字形式的字符表达式的值转换为数值型数据
YEAR(＜日期型表达式＞/＜日期时间型表达式＞)	返回日期中的年份的数值

附录 C　Visual FoxPro 常用对象

Visual FoxPro 中对象的属性列

属 性	说 明	应 用 于
Alignment	指定与控制相关联的文本对齐方式	标签,文本框,列表框,组合列表框等
AutoSize	指定是否自动调整控件大小以容纳其内容	标签,命令按钮,选项按钮组等
BackColor	指定对象内部的背景色	表单,标签,文本框,列表框等
BackStyle	指定对象背景透明否(透明则背景着色无效)	表单,文本框,图像等
BorderColor	指定对象的边框颜色	线条
BorderStyle	指定边框样式为无边框、单线框等	表单,标签,文本框等
BorderStyle	指定对象边框的宽度	线条
BorderWidth	指定对象的边框宽度	线条
ButtonCount	指定命令按钮组或选项按钮组中的按钮个数	任何对象
Caption	指定对象的标题(显示时标识对象的文本)	表单,标签,命令按钮等
Enabled	指定表单或控件能否由用户引发的事件	任何对象
FontBold	指定文字是否为粗体	任何对象
FontName	指定用于显示文本的字体名	任何对象
FontSize	指定对象文本的字号大小	任何对象
ForeColor	指定对象中的前景色(文本和图形的颜色)	表单,标签,文本框,命令按钮等
Height	指定屏幕上一个对象的高度	任何对象
InputMask	指定在一个控件中如何输入和显示数据	文本框
Interval	指定调用计时器事件的间隔,以毫秒为单位	计时器
KeyboardHighValue	指定微调控件中允许输入的最大值	微调控件
KeyboardLowValue	指定微调控件中允许输入的最小值	微调控件
Left	指定对象距其父对象的左边距	任何对象
MaxButton	是否最大化按钮	表单
MinButton	是否最小化按钮	表单

属 性	说 明	应 用 于
Name	指定对象的名字(用于在代码中引用对象)	任何对象
PageCount	指定页框对象所含的页数目	页框
Parent	引用一个对象的容器控制	任何对象
PasswordChar	指定文本框控件内是否显示用户输入的字符还是显示占位符	文本框
Picture	指定显示在控件上的图形文件或字段	图像
ReadOnly	指定控件是否为只读而不能编辑	文本框,列表框
TabIndex	指定控件的 Tab 键次序	表单,表单集,页对象
Top	指定对象距其父对象的上边距	任何对象
Value	指定控件的当前取值、状态	文本框,列表框,命令按钮组,选项按钮组,复选按钮等
Visible	指定对象是可见还是隐藏	任何对象

Visual FoxPro 中对象的事件列

事 件	触 发 时 机
Activate	对象激活时
Click	单击鼠标左键时
DblClick	双击鼠标左键时
Destroy	对象释放时
Error	对象发生错误时
Init	创建对象时
KeyPress	按下并释放某键盘键时
Load	创建对象前
MouseDown	按下鼠标键时
MouseMove	移动鼠标键时
MouseUp	释放鼠标键时
RightClick	单击鼠标右键时
Unload	释放对象时

附录 D　Visual FoxPro 文件类型

扩 展 名	文 件 类 型	扩 展 名	文 件 类 型
DBC	数据库	MPR	生成的菜单程序
DBC	数据库	MPX	编译后的菜单程序
DCX	数据库索引	PJT	项目备注
DBF	表	MNX	菜单
DLL	Windows 动态链接库	PJX	项目
EXE	可执行程序	PRG	程序
FMT	格式文件	QPR	生成的查询程序
FPT	表备注	QPX	编译后的查询程序
FRT	报表备注	SCT	表单备注
FRX	报表	SCX	表单
FXP	编译后的程序	TBK	备注备份
IDX	索引,压缩索引	TXT	文本
MEM	内存变量保存	VCT	可视类库备注
MNT	菜单备注	VCX	可视类库

＊只适用于 FoxPro 以前的版本

反侵权盗版声明

电子工业出版社依法对本作品享有专有出版权。任何未经权利人书面许可，复制、销售或通过信息网络传播本作品的行为；歪曲、篡改、剽窃本作品的行为，均违反《中华人民共和国著作权法》，其行为人应承担相应的民事责任和行政责任，构成犯罪的，将被依法追究刑事责任。

为了维护市场秩序，保护权利人的合法权益，我社将依法查处和打击侵权盗版的单位和个人。欢迎社会各界人士积极举报侵权盗版行为，本社将奖励举报有功人员，并保证举报人的信息不被泄露。

举报电话：(010) 88254396；(010) 88258888

传　　真：(010) 88254397

　E-mail：dbqq@phei.com.cn

通信地址：北京市万寿路 173 信箱

　　　　　电子工业出版社总编办公室

邮　　编：100036